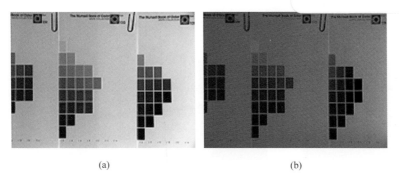

(a)　　　　　　　　　　　　　(b)

图 1-2　不同光源下同一场景的图像对比

（a）在钨光灯下拍摄；（b）在红色光照下拍摄

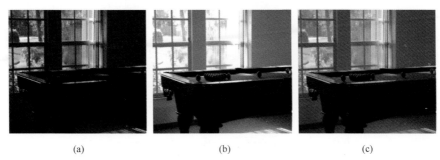

(a)　　　　　　　　　(b)　　　　　　　　　(c)

图 1-3　典型场景示例

（a）低曝光；（b）高曝光；（c）真实场景信息

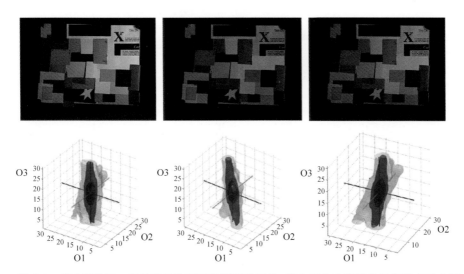

图 2-1　第 1 行为同一场景在 3 种不同光照下的图像，第 2 行为 3 幅图像对应的在对立颜色空间的颜色导数分布，形成一个相对规则的椭圆形分布，并且椭圆的长轴与图像的光照方向一致

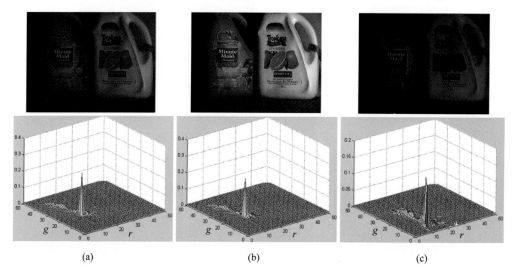

图 2-8　第 1 行为同一场景在 3 种不同光照下的图像,第 2 行为 3 幅图像对应的色度直方图

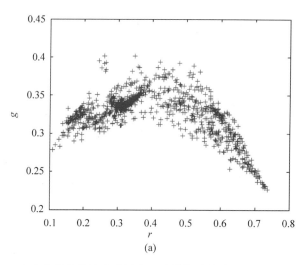

(a)

图 3-2　rg 色度空间中基于分裂层次 k-均值聚类的索引树结构示例($d=3$)

(a)第一层包含 1 个组;(b)第二层包含 3 个组;(c)第三层包含 9 个组

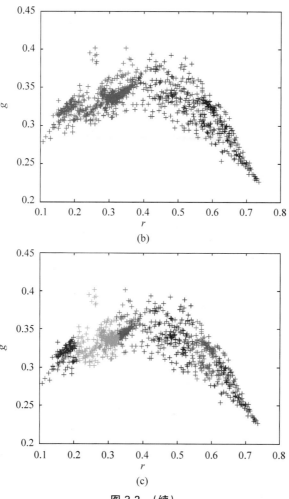

(b)

(c)

图 3-2　（续）

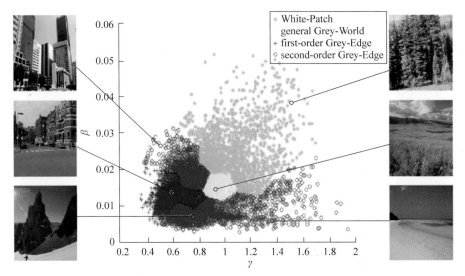

图 4-2　不同的纹理特征空间对应的最优的颜色恒常性算法

(a)　　　　　　　　(b)　　　　　　　　(c)

图 6-5　HDR-VDP 概率图比较,其中每组包括一个结果图像和一个 HDR-VDP 概率图

(a)Drago；(b)Fattal；(c)Pattanaik；(d)Reinhard02；(e)Reinhard05；

(f)Meylan06；(g)Meylan07；(h)Yuanzhen Li；(i)Krawczyk；

(j)本章提出的算法(图像来源于 Laurence Meylan)

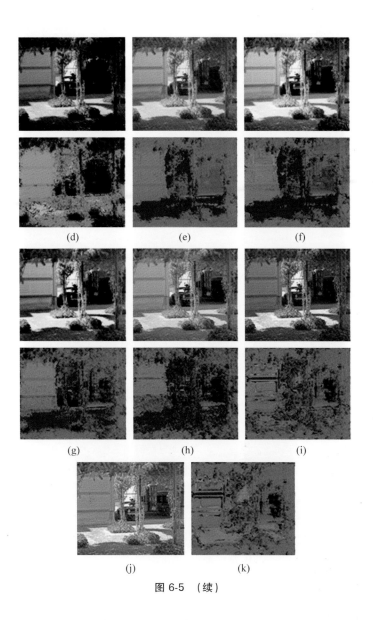

(d)　　　　　　　(e)　　　　　　　(f)

(g)　　　　　　　(h)　　　　　　　(i)

(j)　　　　　(k)

图 6-5 （续）

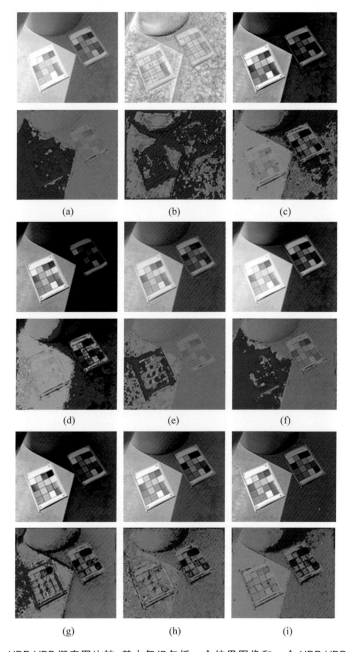

图6-6　HDR-VDP 概率图比较，其中每组包括一个结果图像和一个 HDR-VDP 概率图

(a)Drago；(b)Fattal；(c)Pattanaik；(d)Reinhard02；

(e)Reinhard05；(f)Meylan06；(g)Meylan07；(h)Yuanzhen Li；

(i)Krawczyk；(j)本章提出的算法（图像来源于 Laurence Meylan）

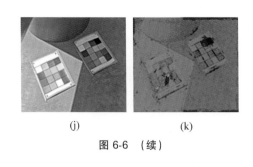

(j)　　　　　　　　　　(k)

图 6-6 （续）

(a)　　　　　　　　　　　　　　　(b)

(c)　　　　　　　　　　　　　　　(d)

图 6-9　颜色校正示例，每组左图为未经过颜色校正的图像，右图为经过颜色校正后的图像

(a)

图 7-9　自适应权重平均 AWA 和加权平均 WA 融合规则的比较结果

（a）Source image；（b）AWA_Block Fusion；（c）WA Fusion

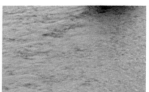

(b)

(c)

图 7-9 （续）

(a)

图 7-10　SC-PDTDFB 和 SC-EF 的比较结果

（a）Source image；（b）SC-PDTDFB；（c）SC-EF；（d）Part rooftop of image（b）；（e）Part rooftop of image（c）

(b)

(c)

(d)

(e)

图 7-10 （续）

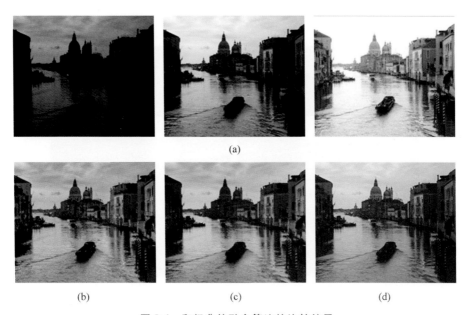

(a)

(b)

(c)

(d)

图 8-4　和经典的融合算法的比较结果

（a）源图像序列；（b）Merterns 算法得到；（c）Goshtasby 算法得到；（d）EFCNN 算法得到

图 9-16　源图像序列示例图

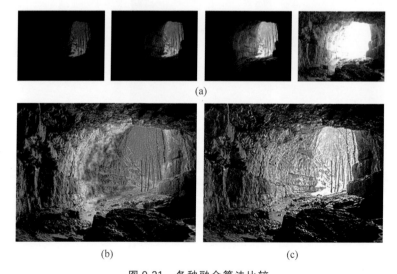

(a)

(b)　　　　　　　　　　　　　　　　(c)

图 9-21　各种融合算法比较

(a)源图像序列；(b)Shen；(c)Li；(d)Mertens；(e)Raman；
(f)Li Shuto；(g)Bruce；(h)Ma；(i)GAN-EF(VDSR＋RaGAN)

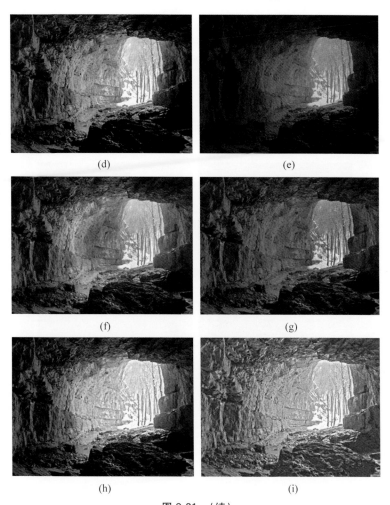

图 9-21 （续）

图 9-22　各种融合算法比较

(a)源图像序列；(b)Shen；(c)Li；(d)Mertens；(e)Raman；(f)Li Shuto；
(g)Bruce；(h)Ma；(i)GAN-EF(VDSR＋RaGAN)

Color in Computer Vision

计算机视觉中的颜色感知

王金华　李兵　著
Wang Jinhua　Li Bing

清华大学出版社
北 京

内 容 简 介

本书主要探讨计算机视觉中的颜色感知,包含颜色恒常性计算和 HDR 场景可视化技术(色调映射和多曝光图像融合)两部分内容。如果将颜色分解为色度和亮度两个因素,则颜色恒常性计算主要是从颜色的色度信息的角度研究人对颜色的感知;而 HDR 场景可视化技术主要是从颜色的亮度度量表示的角度研究人对颜色的感知。颜色恒常性计算的目的是消除光照对图像颜色的影响,从而得到物体表面与光照无关的颜色特性,为计算机视觉系统提供类似于人类视觉系统的颜色恒常性感知功能。HDR 场景可视化技术能够更好地再现真实场景的信息,得到的图像给人眼带来的视觉感知与人眼直接观察真实场景的感官体验更接近。

本书可供计算机视觉、图像处理等领域的科研人员参考,也可作为高等院校的教学参考书。

图书在版编目(CIP)数据

计算机视觉中的颜色感知/王金华,李兵著.—北京:清华大学出版社,2021.2
ISBN 978-7-302-56873-5

Ⅰ.①计… Ⅱ.①王… ②李… Ⅲ.①计算机视觉 Ⅳ.①TP302.7

中国版本图书馆 CIP 数据核字(2020)第 228095 号

责任编辑:郭　赛
封面设计:何凤霞
责任校对:时翠兰
责任印制:刘海龙

出版发行:清华大学出版社
　　　网　　　址:http://www.tup.com.cn, http://www.wqbook.com
　　　地　　　址:北京清华大学学研大厦 A 座　　　邮　　　编:100084
　　　社 总 机:010-62770175　　　邮　　　购:010-83470235
　　　投稿与读者服务:010-62776969, c-service@tup.tsinghua.edu.cn
　　　质量反馈:010-62772015, zhiliang@tup.tsinghua.edu.cn
　　　课件下载:http://www.tup.com.cn,010-83470236
印 装 者:大厂回族自治县彩虹印刷有限公司
经　　销:全国新华书店
开　　本:185mm×230mm　　印　张:14.75　　插页:6　　字　　数:300 千字
版　　次:2021 年 4 月第 1 版　　　印　　次:2021 年 4 月第 1 次印刷
定　　价:59.00 元

产品编号:087990-01

前　言

　　人类视听觉系统可以直接感知与视听觉认知密切相关的图像、语音和文本(语言)信息,但计算机的处理能力远逊于人类视听觉系统,处理效率远不能满足当今社会的发展需求。在图像理解领域,如何借鉴人类的认知机理和数学领域中相关的最新研究成果,建立新的计算模型和方法,从而大幅度提高计算机对此类信息的理解能力与处理效率,已经成为新的研究热点。

　　近些年,计算机视觉领域中兴起了 Computational Photography(计算摄影学)的研究方向,其宗旨是克服成像和显示设备的局限性,用计算技术为视觉世界生成内容丰富、逼真的图像,使其符合人类视觉系统对客观世界的感知。这是一个交叉性很强的研究领域,涉及计算机图形学、计算机视觉、图像处理、视觉感知、光学和传统摄影等技术。在数字图像成像过程中,真实场景、人类视觉系统和显示设备等都具有不同的亮度级别。亮度级别可以用动态范围定义,即图像的最大亮度与最小亮度之比。人类视觉系统和真实场景所具有的亮度动态范围要远远大于显示设备的动态范围。近年来,随着数字摄影和计算机软硬件技术的深入发展,人们在获取 HDR 场景信息方面已经取得了很大的进步,可以通过专用相机或者软件合成算法生成 HDR 图像。但是,现有的通用显示设备仅能显示约两个数量级动态范围的亮度,这一状况由于受到硬件成本的制约,短时期内难以改变。由于人们在日常生活和工作中也对高质量的图像有强烈的需求,如照片编辑、便携设备的高质量成像、医用图像增强等,因此可以通过对多曝光图像序列进行融合(即多曝光图像融合)获取细节信息丰富的高质量图像。多曝光图像融合的最终目标是使人类从结果图像获得的感知和其置身于真实环境中一样。经过处理后得到的结果图像不仅有助于人眼对场景的辨识,而且对边缘检测、图像分割、图像锐化等数字图像后续处理和计算机视觉系统研究也具有积极意义,所以,多曝光图像融合已经成为计算机视觉领域的一个研究热点。

　　此外,如何消除光照对颜色中色度的影响,得到一种与光照无关的颜色描述子也是计算机视觉领域的研究热点之一。如果能够真正实现计算机视觉的颜色恒常性功能,则将会给计算机视觉系统带来质的飞跃。颜色恒常性计算的目的是将未知光照条件下的图像矫正为标准白光下的图像。目前,颜色恒常性计算的部分研究成果已经被应用到计算机视觉的许多领域中,如视频监控、人脸监测、物体识别等,但是效果仍不理想,有待进一步提高。同时,颜色恒常性的部分研究成果也已经应用到人们的日常生活中,人们日常使用的数字摄像机的"自动白平衡"功能就是颜色恒常性算法的一个典型应用。

计算摄影学涵盖众多的研究主题,*IEEE Computer Graphics & Application* 学术期刊曾以专刊形式刊登了计算摄影学方面的论文。自 2009 年起,国际上每年都以计算摄影学为主题召开 IEEE International Conference on Computational Photography 学术会议。一些国内外顶级期刊都刊登过该领域的论文。另外,计算机视觉领域的著名国际会议,如 ACM SIGGRAPH、ICCV、CVPR、ECCV 等均发表过该领域的研究成果。简言之,目前已有越来越多的研究机构和科研工作者投入计算摄影学的研究工作中,该领域的研究方兴未艾、日趋蓬勃。

本书共 10 章,王金华负责第 1、2、6、7、8、9、10 章(约 19.2 万字)的编写和全书的统稿工作,李兵负责第 3、4、5 的编写工作。除第 1 章外,其余章节的安排如下。

第 2 章梳理颜色恒常性计算模型,对现有算法进行分类介绍,包括无监督颜色恒常性计算、有监督颜色恒常性计算、颜色恒常性融合算法、颜色不变性描述,最后对颜色恒常性计算常用的数据集和评价指标进行详细介绍。

第 3 章介绍一种基于树结构联合稀疏表示的多线索光照估计框架 TGJSR。该框架同时结合低、中、高三个层次的线索所提供的信息进行光照估计。实验表明,它具有较好的性能。作为一个通用框架,TGJSR 还可以很容易地进行扩展。

第 4 章介绍一种基于纹理相似性的自然图像的颜色恒常性算法。利用威布尔分布的参数描述自然图像的纹理特性,根据纹理相似性为图像在训练库中找到最相似的参考图像。参考图像的最优算法为该图像选取最合适的颜色恒常性算法或者算法组合。通过实验结果对算法的性能进行验证。

第 5 章对自然场景光照估计融合算法进行系统评价。首先对现有的单一颜色恒常性算法和融合算法的基础假设进行分类介绍;然后使用 4 种不同的误差度量方法对 3 个图像集上的融合算法进行全面的分析和比较。

第 6 章介绍基于亮度感知理论的 HDR 场景再现算法。本章在梳理现有的一些基于人类视觉系统的色调映射算法后,对现有算法的优缺点进行深入分析,并针对现有算法存在的问题提出一种基于双锚亮度感知理论的色调映射算法,通过大量的实验和分析对算法的性能进行验证。

第 7 章介绍一种基于稀疏表示和可平移复方向金字塔变换的多曝光融合算法。通过多尺度分解得到的低频图像近似模拟原始图像,并利用"原子利用率"设计一种融合规则,实现稀疏表示理论框架的低频信息融合处理。对于高频图像,利用像素的邻域信息作为衡量标准的融合策略,可以获取更多的图像边缘和纹理信息。

第 8 章介绍一种基于深度学习框架下的多曝光图像融合算法,利用卷积神经网络实现一种端到端的多曝光图像融合。卷积神经网络的输入是多幅具有不同曝光度的图像序列,经过网络直接得到一幅高质量的融合结果图像。通过网络训练过程能够得到不同曝光度的图像和真实场景图像(标准光照)之间的映射关系。最后通过主观和客观的实验比较验证本算法的性能。

第 9 章介绍一种基于生成对抗网络的多曝光图像融合框架。在该框架中,生成的网络结构采用递归残差网络,目的是在不损失融合结果图像质量的前提下,构建参数更少、计算复杂度更低、网络结构更紧凑的模型结构,使多曝光图像融合算法能够在实际生活中得到更好的应用。实验将对比和分析多种残差网络作为生成网络对融合结果的影响。

第 10 章对本书中的研究内容和成果进行总结,并对未来需要继续开展的工作做出展望。

在本书的撰写过程中,北京联合大学智慧城市学院的何宁教授对大部分书稿进行了审校,并提出了很多宝贵意见,作者在此表示衷心的感谢。最后,感谢国家自然科学基金项目(61572077,61872042,61871039,U1803119,U1936204)、北京市教委科技计划项目(KM202111417009、CIT&TCD 201704069)、北京市自然科学基金杰出青年基金项目(JQ18018)、北京市自然科学基金委和北京市教委联合重点项目(KZ201911417048)、北京联合大学人才强校优选计划(BPHR2020AZ01)、北京联合大学科研项目(ZK50202001)资助以及中国科学院青年促进会项目(2017174)对本书的资助。

作者编写本书的目的是希望和同领域的研究者分享研究成果,为我国的“视听觉信息认知计算”工作贡献绵薄之力。作者才疏学浅,书中难免存在不严谨、不准确之处,敬请读者不吝指教。

王金华

2021 年 1 月于北京联合大学智慧城市学院

目　录

第 1 章

引 言

1.1 背景与意义

近几年,计算机视觉领域中兴起了计算摄影学(Computational Photography)方向的研究,其宗旨是克服成像和显示设备的局限性,用计算技术为视觉世界生成内容丰富、逼真的图像,并使其符合人类视觉系统(Human Vision System,HVS)对客观世界的感知。如何使已获得的高动态范围的图像在低动态范围的显示设备上有效地进行显示输出已成为一个越来越重要的课题。此外,如何消除光照对颜色中色度的影响,得到一种与光照无关的颜色描述子也是计算机视觉领域的研究热点之一。如果能实现真实场景在计算机中的再现,将会给计算机视觉系统带来质的飞跃。

1.1.1 颜色恒常性

如果没有颜色,很难想象人类生活的现实世界会是什么样子。颜色不仅使大千世界多姿多彩,而且为人们提供了其他许多有用的信息,例如红色代表热情,绿色代表希望等。同时,颜色信息也方便了人们的日常生活,例如颜色使得公共交通可以有条不紊地进行,行人遵守着"红灯停,绿灯行,黄灯亮了等一等"的公共交通规则。自从牛顿在 1704 年提出了颜色的基本理论,颜色已经被许多不同领域关注和研究,如光学、物理学、心理学等。尤其近年来随着计算机视觉领域的蓬勃发展,颜色也逐渐成为研究的热点与重点。但是,颜色也是极不稳定的,很容易受到光照变化的影响。幸运的是,人类的视觉系统拥有颜色恒常性这一重要的视觉感知功能,它能消除(或者减轻)光照对颜色的影响,得到物体表面真正的物理反射特性。为了提高计算机视觉系统的稳定性,使计算机视觉系统也具有这种颜色恒常性的感知功能,计算机学者将颜色恒常性理论引入了计算机视觉,提出了颜色恒常性计算理论。

颜色是通过眼、脑和人们的生活经验所产生的一种对光的视觉效应。图 1-1 描述了人眼成像的基本原理。环境光照经过物体表面反射到人眼,人眼中有 3 种不同的锥状细胞,用来感知颜色:第一种主要感知红色,它的最敏感点在 565nm 左右;第二种主要感知绿色,它的最敏感点在 535nm 左右;第三种主要感知蓝色,其最敏感点在 420nm 左右。每种锥状细胞的敏感曲线大致是钟形的,因此进入眼睛的光一般会被分为 3 个不同强度的信号。因为每种细胞也对其他波长有反应,所以并非所有的光谱都能被区分,比如绿光不仅可以被绿色锥状细胞感知,其他锥状细胞也会产生一定强度的信号,所有信号的组合就是人眼能够区分的颜色的总和。

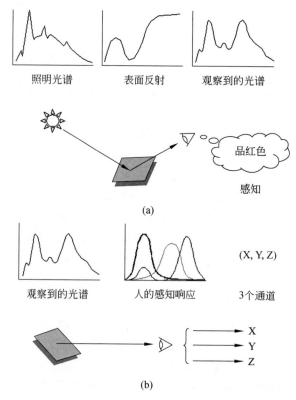

图 1-1 图像中物体表面颜色的形成过程

(a)光线经反射进入人眼后,人感知物体表面的颜色;(b)3 个通道的颜色信号

根据朗伯特反射模型,人眼、相机以及其他成像设备在获取图像时,至少依赖于 3 个方面的因素:成像时场景所处的光照条件、场景中物体表面的反射率以及成像设备镜头的感光系数。从图 1-1 中可以看出,3 个方面的因素中的任何一个发生变化都会给最终的颜色信号造成很大的影响。一般地,如果忽略镜头感光系数的差异对颜色的影响,那么仍然存在光照这个外界因素会对图像颜色产生影响。对于同一物体表面,

不同的光照可能会产生完全不同的颜色,因此颜色是一种极不稳定的视觉特征。但幸运的是,人类视觉系统对颜色的感知不仅由光的物理性质所决定。大量实验显示,不管所处的光照颜色如何变化,人眼视觉系统都能很轻松地识别出物体并实现对其表面颜色的恢复,这种能够消除或减轻光源影响并实现更精确地"看到"实际表面颜色的能力被称为颜色恒常性(Color Constancy)。人类的视觉系统所拥有的颜色恒常性能消除光照对颜色的影响,得到物体表面真正的颜色特性。如图 1-2 所示,同一场景在不同光照下拍摄的图像颜色差别很大,但是人类视觉系统可以辨别出这是同一个景像,不论它是在室内钨光灯下,还是在红色光照下。颜色恒常性使人类视觉系统能够稳定地感知物体表面的颜色。为了提高计算机视觉系统的稳定性,计算机学者将颜色恒常性理论引入计算机视觉,提出了颜色恒常性计算理论。颜色恒常性计算的目的是消除光照对图像颜色的影响,从而得到物体表面与光照无关的颜色特性,为计算机视觉系统提供类似于人类视觉系统的颜色恒常性感知功能。如果计算机视觉系统具有与人类视觉系统一样的颜色恒常性能力,能够提供稳定的颜色特征,那么许多棘手的计算机视觉问题就能迎刃而解。

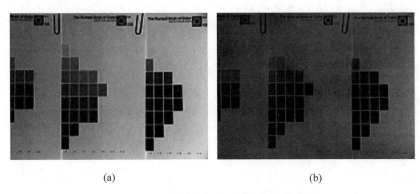

(a)　　　　　　　　　　　　　　　　(b)

图 1-2　不同光源下同一场景的图像对比

(a)在钨光灯下拍摄;(b)在红色光照下拍摄

1.1.2　HDR 图像处理

在日常生活中,当我们用传统相机在室内拍摄有阳光射入的门、窗等场景图像时,或对着太阳、灯光拍摄图像时,不管怎样调整相机参数,都会存在严重丢失场景细节信息的现象。如图 1-3 给出的典型场景示例,图 1-3(a)表示采用低曝光度获得的图像,可以看出,室外树木的细节信息可以被人眼感知,但室内台球案的细节严重丢失。图 1-3(b)表示同一个场景下用高曝光度获取的图像,虽然台球案的细节信息可以很好地表现出来,但窗外的树木信息丢失严重。图 1-3(c)表示真实场景的信息。

(a)   (b)   (c)

图 1-3　典型场景示例

(a)低曝光；(b)高曝光；(c)真实场景信息

　　为什么会出现这种信息严重丢失的现象呢？原因在于真实场景所展现的亮度范围超出了相机本身所能显示的动态范围。真实场景具有非常广的动态范围,比如从夜空中的星光到耀眼的太阳,这种场景亮度变化涵盖大约 9 个数量级(10^9)的动态范围。但是,目前普通的显示/输出设备受到软硬件水平的限制,使得数字图像的存储、传输、处理、显示等都是基于 8 位二进制数进行的,只能表示 256(约10^2)个灰度等级,图像的亮度级别十分有限。正是由于动态范围的不匹配才导致了图 1-3(a)和图 1-3(b)的细节信息丢失。如何使获取的图像带给人眼的视觉感知与人们直接观察真实场景具有的感官体验尽可能相同,这一问题吸引了众多研究者的关注。为了解决这个问题,人们提出了高动态范围(High Dynamic Range,HDR)场景可视化技术,使该类场景能够在普通显示设备上得到最优化的再现。高动态范围场景指具有高于普通显示设备动态范围的场景。

　　在数字图像的成像过程中,真实场景、人类视觉系统和显示设备等都具有不同的亮度级别。亮度级别可以用动态范围定义,即图像的最大亮度与最小亮度之比。人类视觉系统和真实场景所具有的亮度动态范围要远远大于显示设备的动态范围。近年来,随着数字摄影和计算机软硬件技术的深入发展,在获取 HDR 场景信息方面已经取得了很大的进步,可以通过专用相机或者软件合成算法生成 HDR 图像。有研究者利用多幅同一场景不同曝光的图像序列,恢复成像系统的响应曲线,并获得相机曝光量和图像亮度值之间的映射关系,从而将上述多曝光图像序列合成一幅该场景的 HDR 图像。但是,现有的通用显示设备(如液晶显示器)仅能显示约 2 个数量级的动态范围亮度,这一状况由于受到硬件成本的制约,短时期内难以改变。所以,如何使已获得的 HDR 图像在低动态范围的显示设备上有效地显示、输出,即 HDR 图像的色调映射问题成为一个越来越重要的课题。

　　由于一组同一场景不同曝光度的图像序列要比单一图像能够提供更多的信息,

较暗的照片可以提供场景明亮处的细节,而较亮的图像可以较好地显示暗处细节,因此可以分别提取每幅图像的有用信息,然后进行融合以得到一幅尽可能多地包含场景信息的高质量图像。所以,可以利用多曝光融合技术解决 HDR 场景可视化问题。

色调映射和多曝光融合技术作为本书主要研究内容,它们的共同点是:均采用了一组不同曝光度的图像序列作为输入数据源,目的都是通过一定的算法将不同曝光度下的图像细节融合到同一张高质量的图像中,并在普通显示器上显示,且要接近场景的真实内容,符合人眼的视觉感知。二者的主要区别是处理对象不同,色调映射处理的是由多曝光图像(一般需要成像参数)生成的 HDR 图像(采用浮点数进行存储);而曝光融合算法直接处理多幅具有不同曝光的图像序列,二者所采取的融合思路是完全不同的。经过色调映射算法或多曝光融合算法处理后得到的结果图像,不仅有助于人眼对场景的辨识,而且对边缘检测、图像分割、图像锐化等数字图像的后续处理和计算机视觉系统的研究也具有积极的意义。此外,在应用方面,HDR 技术能够在复杂环境下获得更高质量的成像,在很多领域中也有极其广泛的应用前景,如高清影片、游戏特效、航空航天、卫星气象、医疗、印刷等领域。对 HDR 图像处理的研究不仅具有非常重要的学术价值,而且具有较高的经济价值和社会效益。

1.2 国内外研究现状

1.2.1 颜色恒常性计算

根据图像成像时的光照条件,颜色恒常性计算可分为单一光照下的颜色恒常性计算与多光照下的颜色恒常性计算[1,2]。

单一光照下的颜色恒常性计算又可分为两个主要的方向:图像的光照估计(颜色恒常性计算)和颜色不变性描述。一般地,为了简单起见,很多论文中都将图像的光照估计直接称为颜色恒常性计算(Computational Color Constancy 或 Color Constancy Computation)。

1. 图像的光照估计

图像的光照估计旨在将未知光照条件下的图像矫正到标准白光下的图像,这个过程一般可分为两个步骤[3]:首先估计出图像成像时的光照颜色,然后利用对角模型将图像映射到标准白光下。由于第二步只是相对简单的计算过程,因此绝大多数的颜色恒常性算法都主要关注图像的光照估计问题。光照估计得越精确,图像矫正得就越准确,也就可以获得更好的白平衡效果。在不考虑相机本身对颜色影响的情况下,图像的光照估计也就是估计出光照颜色。但在整个成像过程中,由于光源的光谱分布和成像设备的感光函数都是未知的,因此图像的光照估计本身是一个"病态"的问题。在没有任何进一步的假设和限定条件下,图像的光照估计问题是不可解的。因此,几乎现有的所有光照估计算法都是基于特定的假设条件提出的。根据光照估计算法的过程,可将图像的光照估计算法分为无监督的算法、有监督的算法以及融合算法。

(1) 无监督的颜色恒常性算法

无监督的颜色恒常性算法是指利用图像本身底层的颜色特征估计得到图像成像时的光照颜色,而不依赖于其他任何的先验知识。由于图像的光照估计本身是一个"病态"的问题,因此为了解决这个问题,各种各样的假设被提出。最简单的是 White Patch 假设[4]:图像中 RGB 颜色通道的最大响应是由场景中的白色表面引起的,即 White Patch 假设认为图像中存在白色表面,于是 RGB 三个颜色通道的最大值将被用作图像的光照颜色。因此,White Patch 算法又被称为 max-RGB 算法。Grey World 算法[5]是另一个比较简单且应用广泛的颜色恒常性算法,该算法是基于 Grey World 假设提出的。Grey World 假设认为:场景中所有物理表面的平均反射是无色差的(灰色的)。也就是说,在 RGB 三个颜色通道下,场景中对三个颜色通道的平均反射率是相等的。因此,三个通道的平均值可以看作图像的光照颜色。为了将 Grey World 算法更一般化,Finlayson 等人[6]将闵可夫斯基范式(Minkowski-norm)引入 Grey World 算法,提出了 Shades of Grey (SoG)算法。SoG 算法利用 Minkowski-norm 距离代替简单求平均值的方法。最近,Weijer 等人[7]通过对对立颜色空间(Opponent Color Space)上的图像颜色导数分布进行观察,提出了一种新的 Grey Edge 假设:场景中所有物理表面的平均反射差分是无色差的(灰色的)。基于新的 Grey Edge 假设,Weijer 等人提出了一个统一的颜色恒常性计算框架,该框架不仅包含 max-RGB、Grey World 以及 Shades of Grey 算法,并且可将颜色恒常性计算推广到图像的高阶导数空间上进行。W. Xiong 等人[8]借鉴 Grey World 和 max-RGB 算法的优点,提出了一种图像光照估计的技巧:由于场景中无色差(achromatic)表面(即标准白光下的灰色表面)能够完全反映入射光照的颜色,因此只要提取场景中这些无色差表面,然后利用这些表面的颜色就能精确地估计出图像的光照颜色。基于该思想,W. Xiong 等人[8]提出了一种名为灰色表面提取(Grey Surface Identification,GSI)的颜色恒常性算法。除了上述算法外,无监督的颜色恒常性算法还有基于无色差表面的颜色恒常性算法[9]、基于局部均值的颜色恒常性计算等[10]。

(2) 有监督的颜色恒常性算法

有监督的颜色恒常性算法是指通过对各种光照下可能出现的颜色(或色度)的学习而预测未知光照图像的光照颜色。色域映射算法(Gamut Mapping)是一种重要的有监督的颜色恒常性算法,它由 Forsyth 等人[11]提出,后经 Finlayson 等人[12]扩展,最近 Gijsenij 等人又将其提升到图像的高阶导数空间[13]。色域映射算法基于如下假设:

在某一特定光照下可能出现的所有颜色在色度空间上构成一个封闭的、有界的凸集。详细的色域映射相关算法可参考文献[11,12,13]。基于贝叶斯推理的颜色恒常性计算（Bayesian Color Constancy）也是一种重要的有监督的颜色恒常性算法，它最早是由Brainard 等人提出的[14]，后由 Rosenberg[15]、Gehler[16] 等人进行了一系列改进。为了克服基于贝叶斯推理的颜色恒常性算法计算复杂的缺点，Finlayson 等人[17] 提出了一种更实用化的算法——基于相关性的颜色恒常性计算（Color by Correlation）。实际上，Color by Correlation 算法就是 Bayesian Color Constancy 算法的一种离散化的实现。Color by Correlation 算法的最大问题在于所有光照估计的结果必须是在算法已给出的光照候选集中概率最大的。然而，由于候选集本身是离散的，因此不可能提供所有可能的光照色度。为了解决这个问题，Cardei 等人[18] 引入了 BP 神经网络的方法进行图像的光照估计，这种方法最直接的好处是能够给出连续的任意输出结果。W. Xiong 等人[19] 提出的基于支持向量回归（Support Vector Regression，SVR）的颜色恒常性算法也是一种重要的有监督的算法，相对于基于 BP 神经网络的方法，SVR 是一种基于全局最优的回归算法。除此之外，其他有监督的方法还包括基于薄板样条插值的颜色恒常性计算[20]、基于 KL-divergence 的颜色恒常性计算[21] 等。

（3）融合的颜色恒常性算法

除了无监督的颜色恒常性算法和有监督的颜色恒常性算法外，还有很多学者利用现有的颜色恒常性算法的融合进行光照估计，以提高光照估计的精确度。由于 Grey Edge 算法的提出使得系统地产生各种不同的颜色恒常性算法成为可能，因此，如何根据图像自身的特征从现有的颜色恒常性算法中选择一个最为合适的算法或算法组合也是颜色恒常性计算问题中的一个重要课题。现有的融合算法主要包括：基于委员会的融合算法[22]、基于自然图像统计的融合算法[23]、基于室内室外场景分类的融合算法[24] 以及基于场景三维几何的融合算法[25]。

2. 颜色不变性描述

颜色不变性描述是实现颜色恒常性功能的另一种重要途径。由于图像的光照估计本身就是一个很难解决的问题，与图像的光照估计相比，颜色不变性描述的最大优点在于它不需要精确地估计出图像的光照，而是从图像中提取与光照无关的颜色特征信息。颜色作为一种最简单、直接且有效的特征已经广泛应用于计算机视觉的实际应用中，颜色直方图就是颜色特征的一种简单而有效的表现形式。Swain 等人[26] 提出的直方图相交算法应用于物体识别，取得了很好的效果。颜色直方图虽然具有对图像旋转、仿射等变换的鲁棒性，但是很容易受到光照变化的影响。为了消除光照强度对颜色的影响，可将 RGB 颜色空间转换为 rg 色度空间，从而构成色度直方图。但是，色度直方图仍然不能够消除光照颜色变化对图像颜色带来的影响。为了克服该问题，

Fun 等人[27]提出了一种既对光照强度变化鲁棒又对光照颜色变化鲁棒的颜色不变性描述子——颜色恒常性的颜色索引（Color Constancy Color Index，CCCI）。该描述子可利用颜色对数空间的导数消除光照的影响。Gevers 等人[28]又将 CCCI 进行了扩展，进一步消除了视角和阴影对颜色的影响。由于 CCCI 描述子是基于颜色的导数得到的，因此依赖于图像的边缘信息，很容易受到图像模糊的干扰。为了克服 CCCI 描述子对图像模糊的敏感性，Weijer 等人[29]提出了一种对模糊鲁棒的颜色不变性描述子的构造方案。除此之外，还有基于颜色比的颜色不变性描述[30]、基于直方图均衡化的颜色不变性描述[31]等。

　　相对于单一光照条件，多光照下的颜色恒常性计算要更困难、更复杂。现有的多光照条件下的颜色恒常性算法主要为 E.Land 等人提出的 Retinex 算法[32]。Retinex 算法来源于 E.Land 等人对人类视觉的颜色感知的研究成果。该研究表明，人眼对颜色的感知不仅依赖于物体表面反射入人眼的光线的绝对值，而且与其周围表面的颜色也有很大的关系。E.Land 认为这种视觉机制不仅与视网膜（Retinal）有关，还依赖于人脑（Cortex）的进一步处理，于是将该算法命名为 Retinex（Retinal＋Cortex）。Retinex 算法假设图像中颜色平滑、微小的变化是由光照的变化引起的，而剧烈、快速的变化是由物体表面反射率的变化引起的。Retinex 算法不需要精确估计图像中各像素点成像时的光照颜色，而是直接计算出其真实的颜色值。Retinex 算法现在有很多改进版本[32-35]；最近，W. Xiong 等人[36]又提出了一种新的 Retinex 算法——Stereo Retinex。Retinex 算法不仅应用于颜色恒常性计算，还广泛地应用于图像增强、遥感图像处理等[37-39]。M.Ebner 等人提出的多种多光照颜色恒常性算法都以像素点的局部平均颜色（Local Average Color）作为该点的初始光照值[40-42]，然后通过迭代的方法优化光照的估计结果。因此，可以将这类方法统称为基于局部均值的算法。除此之外，Barnard、Finlayson 和 Funt 等人提出了一些变化光照下的颜色恒常性算法[43,44]。但是，目前更多的研究仍然集中在单一光照下的颜色恒常性的计算。单一光照下的颜色恒常性计算的前提是假设图像成像时场景中只有一种光照，即使存在多种光照，也将其平均地看作一种光照[45]。

　　Lou 等人[46]是最早利用深度卷积神经网络进行光照色度估计的研究者，他们针对光源色度估计数据集的特点，提出了一种多步骤的训练方法，逐步将现有分类模型微调为适宜于光照色度估计的模型，这样分步训练的目的是获得颜色恒常视觉特征的层次结构。Barron[47]将颜色恒常性作为二维色度空间内的定位任务，学习卷积滤波器以区别地估计色度平面中可能的光照色度。Oh 等人的算法[48]将训练数据集中的光照色度聚类为若干类，利用卷积神经网络对图像所对应的光照颜色所属的簇进行分类判别，根据分类结果的概率加权求得场景光照估计。此类基于深度学习的算法将整体图像作为光源色度估计的输入，可以充分利用场景中更多的结构和语义上下文信息。还有一些代表性的算法在局部图像块上学习网络参数，也获得了不错的性能。

Bianco 等人[49]首次提出对局部图像块进行光源色度估计,使用构建的浅层卷积神经网络对图像块进行局部光源色度估计,从局部估计结果到全局估计使用了简单的池化方法并获得了不错的效果。DS-Net[50]是在 UV 色度空间对图像块进行光源色度估计,得到了两种估计结果,选择网络通过从估计网络的两种估计结果中进行选择,得到了图像块的高精度估计,而局部到全局则采用中值池化的方式。FC4 模型[51]是目前性能最优的网络模型,该模型利用全卷积网络得到输入图像各区域估计结果的可信度,通过对估计结果进行权重求和而得到最终的估计结果,该模型的输入尺寸不受限制,同时兼顾了局部与全局之间的平衡。

目前,颜色恒常性计算的研究越来越受到国内外研究机构和大学的关注。在国际上,有加拿大的西蒙弗雷泽大学,荷兰的阿姆斯特丹大学,美国的哈佛大学、宾夕法尼亚大学、伊利诺伊大学厄本那-香槟分校、卡耐基-梅隆大学,英国的东英吉利大学,德国的 Max Planck 研究所、蒂宾根大学,日本的东京大学等。在国内,主要有中国科学院自动化所、清华大学、北京交通大学以及山东大学等。

1.2.2　HDR 图像处理

在图像处理领域中,HDR 场景可视化技术得到了广泛的关注和深入的研究。本节就 HDR 场景可视化技术的国内外研究现状,分别从三方面进行梳理和介绍：HDR 图像的获取；HDR 图像的存储；HDR 图像的显示。

1. HDR 图像的获取

在介绍和梳理 HDR 图像获取技术之前,首先简要介绍相机的成像原理。传统胶片相机成像过程是基于光化学理论,而现在通用的数码相机成像则是基于光电子学理论。用传统的胶片相机进行拍摄时,光线会通过相机的镜头到达胶片的感光介质上,使胶片的光学密度发生变化。通常是曝光度越高,光学密度越小,但是这种关系不是线性的。将得到的底片或照片经过扫描等非线性处理生成数字图像,就可以在显示设备上显示。与胶片相机不同,目前广泛应用的数码相机利用感光器件把接收到的光信号转变为正比于曝光量的模拟电信号,之后通过模拟/数字转换器的处理,将其变成数字信号,最后经过后续的非线性运算将其转换为图像文件进行存储。由这种通用的数码相机获取的图像被称为低动态范围(Low Dynamic Range,LDR)图像,它记录的亮度值被限制在显示设备或打印机所能承载的亮度范围内,所以它是“设备相关”或“输出相关”的。而高动态范围图像存储的信息是真实场景中的辐射亮度值,是“场景相关”的。目前,被广泛使用的 CCD/CMOS 图像传感器在获取该类场景内容时,其局限性越来越暴露出来,在一个明暗变化较大的环境中很难获得理想的图像,太亮的区域若为饱和输出,太暗的区域则可能根本无法分辨场景中的物体。针对该问题,如何获取 HDR 图像得到了研究者的广泛关注。提高图像传感器的动态范围是获取 HDR 场景信息的重要途径。下面对 HDR 图像获取技术进行简要介绍。

为了解决 CCD 摄像机成像动态范围小的问题，Mann 和 Picard 率先尝试以多张不同曝光度的图像合成 HDR 图像[52]。该方法对一个观察场景做出可信度估计，然后对不同的曝光图像进行加权平均，从而得到该场景的高质量图像。随后，许多研究者基于该思想提出了各种不同的 HDR 图像获取方法。

Debevec 等人通过多幅曝光图像融合成一幅 HDR 图像，可以得到较令人满意的结果[53]，但是必须要精确知道相机成像时的曝光参数，限制了该方法的实际应用。Konishi 等人[54]设计了一种可进行两次曝光以合成一幅 HDR 图像的获取装置，该方法对一个静态场景按照不同的曝光时间进行拍摄，曝光时间短，有利于获取场景高亮区域的细节；反之，曝光时间长有利于获取暗区域的细节。该方法仅适用于静态场景，而且要求在多次曝光时，图像采集系统、场景及其光照情况相对不变。Mitsunaga 等人用 N 次多项式模拟响应函数[55]，使用曝光度比的估计值计算多项式的系数，然后用计算出来的多项式重新估计曝光度比，重复上述过程直到算法收敛，可以得到相机的相应函数。该算法的稳定性不高，当迭代结束条件的精度设置得稍高时容易发散，而且当曝光度比的估计值偏离正确值稍远时会收敛到错误的结果。为了解决这个问题，文献[56]对其进行了改进，它不需要给定初始曝光度比，也能够得到较好的实验效果。

文献[57]中提出了采用多个成像系统（如采用分光镜）产生同一场景的多个影像。成像时，每幅影像都有单独的图像传感器，它的曝光参数是预先设置好的，比如通过光学衰减器或者感光器件的曝光时间等方式实现，然后将多幅曝光量不同的图像融合为一幅 HDR 图像。这与算法[53]中的分时多次曝光不同，这种方法采用了多个感光器件同时曝光的方法，因此可用于动态场景。但是这种方法需要多个感光器件，光学系统较为复杂。

图像传感器感光单元的动态范围受很多因素的影响，其中很重要的一点就是它所能容纳的电荷数。如果感光单元容纳的电荷数一定，为了不使其饱和，可以改变一些参数，如减少曝光时间等；反之，如果入射光强度小，则可以增大曝光时间，使感光单元的输出尽可能处于其线性工作区。基于这个思想，美国卡耐基-梅隆大学的 Brajovic 等人[58]设计了一款模拟 VLSI，在每个感光单元处增加了一个局部处理电路，相邻的几个局部处理电路都与一个全局处理电路相连。每个局部处理电路能够完成一定的预设或者预编程的功能。这种方法虽然能得到较好的结果，但是在高分辨率的情况下，受加工工艺和成本的限制，实现起来很困难。另外，在光线较暗时，由于曝光时间长，对运动场景来说易造成"运动模糊"。

美国哥伦比亚大学的 Nayar 等人提出的 SVE（Spatially Varying Pixel Exposures）方法用于 HDR 图像的获取[59]，该方法在感光阵列之前增加一个模板，在该模板上，每 4 个方格构成一组，对应于感光阵列上的 4 个相邻像素。每个方格对入射光的吸收是不同的，在成像单元曝光积分时间一定时，感光阵列上对应点的曝光量是确定的。通过灰度差值的方法得到饱和点或者暗点的灰度值,从而得到一幅 HDR 图像。Aggarwal[60] 提出了光束分离的方法以获取 HDR 图像,成像过程中采用特定的光路,使所有图像能够一次性获取,从而大大提高了成像的效率,使用多面的分光棱镜将光束分成多束,每个分光面对应一个传感器,这样便可以通过设定每个传感器的曝光时间或者采用非均匀的分光策略,得到同一场景具有不同曝光度的图像序列。Robertson 等人考虑了成像过程中的噪声影响,从噪声分布的概率统计角度解决扩展动态范围的问题[61]。利用输入图像的加权平均方法构造 HDR 图像,该方法使得具有高曝光度的图像可以分配到较大的权值。

　　2003 年的 ICCV 国际会议上发表了一篇采用光学衰减器获取自适应 HDR 图像的文章[62],它采用光学衰减器对入射光强进行控制,以调整对应点的曝光量。从光学衰减器平面上的点映射到图像平面上的点是透视变换关系,要根据入射光强控制光学衰减器,还要准确透视变换矩阵,因此需要进行系统标定才能使用。2004 年的 CVPR 国际会议上提出了数字 micromirror 阵列技术[63],采用可编程控制的微反射镜阵列实现 HDR 图像的获取。这种微反射镜阵列的工作原理是,在阵列上的每个微反射镜角度能够被高位置精度和速度控制,当场景光通过微反射镜阵列时,可以选择是否让其通过,或者对入射光进行调制,不同的控制对应于不同的图像获取功能[64]。

2. HDR 图像的存储

　　JPEG、PNG 和 BMP 等图像存储格式能够存储的亮度范围十分有限,仅解决了对普通 LDR 图像的存储,无法胜任于对 HDR 场景亮度信息的存储。因此,HDR 图像的存储格式也是重要的研究内容。一般采用浮点数进行数据存储,这样可以大范围、高精度地记录真实场景的光照信息。常用的 HDRI 存储格式包括 Pixar 的 log-encoded TIFF[65] 格式、SGI 的 LogLuv TIFF 格式、ILM 的 OpenEXR[66] 格式和 Radiance 的 RGBE 格式[67] 等。

　　Pixar 的 log-encoded TIFF 格式存储的是红、绿、蓝 3 种颜色的对数值,并且每种颜色用 11 位二进制数存储,这样每个像素占用 33 位存储空间。这种格式可以利用 ZIP 熵编码无损压缩,但同样不能表现所有可见光,动态范围不是很广。SGI 将 log-encoded TIFF 格式扩展,得到 LogLuv TIFF 格式,它以人的视觉感知为基础,它的量子化步长低于人眼区分颜色和对比度的门限值,适合人眼感知。这种存储格式将亮度和色度通道分开,并对亮度通道进行对数编码。它有两种具体的编码格式:24b LogLuv TIFF 格式,即每个像素用 24 位存储所有的亮度和颜色信息,此格式的动态范围能达到 4.8 个数量级;32b LogLuv TIFF 格式,即每个像素占用 32 位,此格式的动态范围能达到 38 个数量级。尽管 LogLuv 格式具有很多优点,但是,一方面人们不愿意放弃习惯的色彩空间,另一方面没有合作者的加盟,因此这种格式还没有得到较广泛的应用。ILM(Industrial Light and Magic)公司在 2002 年提出了 HDR 图像的

OpenEXR 存储格式[65]，利用半数据类型保存浮点型像素值，每种颜色占 16 位，其中 1 位保存符号，5 位保存指数，10 位保存尾数，即每个像素占用 48 位。这种格式可以表示整个色域，动态范围达 107 个数量级。

文献[67]采用以 Radiance RGBE 格式存储的 HDR 图像作为测试图像。RGBE 格式是由美国 Berkeley 国家实验室提出的一种 HDR 图像格式，每个像素用 32 位存储，像素值被分为两部分——尾数和指数。其中，尾数部分用 3 位分别存储 R、G、B 颜色分量，另用 8 位存储公用的以 2 为底的指数。该格式的优点是既保证了小数的精度，又节省了空间。将小数像素值转化成整数时，先将原始的 R、G、B 值标准化成尾数和以 2 为底的指数相乘的形式，并保证尾数的最大值为 0.5～1.0；再将每个尾数线性映射成 0～255 的整数。RGBE 格式可以存储的动态范围可达到 76 个数量级。

另外，微软和惠普公司合作开发的 scRGB 格式[68]在 2001 年的 WinHEC 年会上被确定为 IEC 标准。scRGB 格式分为两类，一类是每个像素用 48 位保存，另一类是用 36 位保存。这种格式在扩展色域的同时减少了动态范围。

3. HDR 图像的显示

近年来，图形图像、计算机视觉等领域对获取和使用 HDR 图像的需求不断上升[69]。随着半导体技术的飞速发展，图像传感器的动态范围有了较大程度的提高[70]，有专用相机可以直接对 HDR 场景进行信息获取。另外，相应的软件方法也逐渐成熟，HDR 场景获取技术也取得了很大进展。但是，数字图像显示设备和传播媒介承载动态范围的能力无法适应于图像获取设备技术的迅速发展，主流的显示设备的动态范围仅为 1～2 个数量级。通过线性变换映射 HDR 图像到较低的显示设备上往往会导致高亮区域和暗区域的细节信息严重丢失：较暗区域的细节变得不易从黑色中识别，而高亮区域的细节变得不易从白色中分辨[71]。因此，如何使 HDR 场景信息在常规的显示设备上得到最优化的输出，使其符合人类视觉系统的感知，还需要进一步研究。

随着深度学习[72]在计算机图形学和计算机视觉领域的兴起[73—77]，立足于卷积神经网络对数字图像强大的处理和解析能力[76]，深度模型也开始应用于 HDR 图像生成领域[78]。由于深度学习技术的日渐成熟与计算框架的简化[79]，基于深度模型的 HDR 图像生成算法比传统的算法模型更加简便快速。

参考文献

第2章

颜色恒常性计算

颜色恒常性计算是一个学科交叉性很强的研究主题,融合了计算机视觉、信号处理、人工智能和认知科学等学科的相关知识,因此吸引了各学科领域的众多研究者分别从视觉心理学、物理光学和计算机视觉等不同角度进行研究。目前,颜色恒常性计算的部分研究成果已经被应用到相机白平衡、图像的颜色映射、人脸识别等实际的应用领域。

本章将梳理颜色恒常性计算模型,对现有算法进行分类介绍,包括无监督颜色恒常性计算、有监督颜色恒常性计算、颜色恒常性融合算法、颜色不变性描述,最后对颜色恒常性计算常用的数据集和评价指标进行详细介绍。

2.1 朗伯特反射模型

下面利用朗伯特反射模型从数学的角度分析整个成像的过程。朗伯特(Lambert)反射模型又称理想漫反射模型[1,2],它是对不光滑表面的一种理想化的近似,是大多数辐射度方法的基础。理想的朗伯特反射模型假设所有方向上的反射光线强度相同,不随入射方向或观测方向的改变而改变。以 RGB 三个颜色通道为例,场景中某物理表面上一点的颜色 $f(X)=(R,G,B)^{\mathrm{T}}$ 可通过在整个可见光范围内对光谱分布、反射面的反射率以及相机的感光系数的乘积进行积分得到,公式如下。

$$f(X)=\int_{\omega}e(\lambda)S(X,\lambda)c(\lambda)\mathrm{d}\lambda \tag{2-1}$$

其中,X 表示空间位置的三维坐标,λ 为光谱的波长,ω 代表整个可见光范围(即波长范围为 $380\sim780\mathrm{nm}$),$e(\lambda)$ 为光源的光谱分布,空间中点 X 处物体表面对波长为 λ 的光线的物理反射率为 $S(X,\lambda)$,$c(\lambda)=(R(\lambda),G(\lambda),B(\lambda))^{\mathrm{T}}$ 则是成像设备(一般为相机)的感光函数。

2.2 颜色恒常性计算

人眼、相机以及其他各种成像设备在获取图像时，至少依赖于三方面的因素：成像时场景所处的光照条件、场景中物体表面的反射率以及成像设备镜头的感光系数。这三方面因素中的任何一个发生变化都会给最终的颜色信号造成很大的影响。一般地，可以忽略镜头感光系数的差异对图像的影响，但仍然存在光照对图像颜色产生影响。对于同一物体表面，不同的光照可能会产生完全不同的颜色，因此颜色是一种极不稳定的视觉特征。但是幸运的是，人类的视觉系统拥有颜色恒常性这一重要的视觉感知功能，它能消除光照对颜色的影响，得到物体表面真正的颜色特性（一般指白光下的物体表面的颜色）。为了提高计算机视觉系统的稳定性，计算机学者将颜色恒常性理论引入计算机视觉，提出了颜色恒常性计算理论。颜色恒常性计算的目的是消除光照对图像颜色的影响，从而得到物体表面与光照无关的颜色特性，为计算机视觉系统提供类似于人类视觉系统的颜色恒常性的感知功能。

2.3 对角模型

朗伯特反射模型描述了彩色图像的成像过程，对于同一表面在不同光照下的颜色又是如何转换的呢？对角模型就是同一表面在不同光照下进行颜色转换的转换公式。假设成像设备的感光函数具有窄带的特性，即成像设备仅在某一个特定波长处有响应，即假设 $c(\lambda)=\delta(\lambda-\lambda_c)$，那么根据狄拉克函数的性质，图像的成像公式(2-1)可以改写成如下形式：

$$f(X)=\int_\omega e(\lambda)S(X,\lambda)\delta(\lambda-\lambda_c)\mathrm{d}\lambda=e(\lambda_c)S(X,\lambda_c) \tag{2-2}$$

假设在光照 $e^1(\lambda_c)$ 和光照 $e^2(\lambda_c)$ 下，对同一反射表面得到的图像颜色分别为 $f^1=(R^1,G^1,B^1)^\mathrm{T}$ 和 $f^2=(R^2,G^2,B^2)^\mathrm{T}$，则对应像素满足如下关系：

$$
\begin{aligned}
f^1 &= \begin{bmatrix} e^1(\lambda_c^R)S(X,\lambda_c^R) \\ e^1(\lambda_c^G)S(X,\lambda_c^G) \\ e^1(\lambda_c^B)S(X,\lambda_c^B) \end{bmatrix} \\
&= \begin{bmatrix} e^1(\lambda_c^R)/e^2(\lambda_c^R) & 0 & 0 \\ 0 & e^1(\lambda_c^R)/e^2(\lambda_c^G) & 0 \\ 0 & 0 & e^1(\lambda_c^R)/e^2(\lambda_c^B) \end{bmatrix} \times \begin{bmatrix} e^2(\lambda_c^R)S(X,\lambda_c^R) \\ e^2(\lambda_c^G)S(X,\lambda_c^G) \\ e^2(\lambda_c^B)S(X,\lambda_c^B) \end{bmatrix} \\
&= \begin{bmatrix} e^1(\lambda_c^R)/e^2(\lambda_c^R) & 0 & 0 \\ 0 & e^1(\lambda_c^R)/e^2(\lambda_c^G) & 0 \\ 0 & 0 & e^1(\lambda_c^R)/e^2(\lambda_c^B) \end{bmatrix} \times f^2
\end{aligned} \tag{2-3}
$$

公式(2-3)可以简写成公式(2-4)。

$$f^1 = \begin{bmatrix} \alpha & 0 & 0 \\ 0 & \beta & 0 \\ 0 & 0 & \gamma \end{bmatrix} \times f^2 \qquad (2\text{-}4)$$

其中，α、β 和 γ 都是常数，为两种光照颜色的比值。公式(2-4)就是著名的对角模型(Diagonal Model，又称 Von Kries 模型[3])。对角模型是一种不同光照条件下同一反射表面的颜色转换关系。公式(2-2)到(2-4)的推导过程基于成像设备是窄带的假设，满足狄拉克函数。然而在现实生活中，摄像机并不满足该假设条件，Finlayson 等人[4, 5]提出了一些敏感函数锐化算法，使得摄像机的敏感函数满足窄带假设。后来 Finlayson 等人[6]的进一步研究表明，尽管日常使用的摄像机不满足窄带的条件，但也可以应用对角模型对拍摄图像进行光照矫正。

2.4　颜色恒常性计算研究现状

颜色恒常性计算一般可划分为单一光照下的颜色恒常性计算和多光照下的颜色恒常性计算这两个方向[7, 8]。单一光照下的颜色恒常性计算又分为两个主要的研究方向：图像的光照估计(颜色恒常性计算)和颜色不变性描述。

根据公式 2-1，在不考虑相机本身对颜色产生影响的情况下，图像的光照估计也就是估计出光照颜色 e：

$$e = \int_\omega e(\lambda)c(\lambda)\mathrm{d}\lambda \qquad (2\text{-}5)$$

2.4.1　无监督的颜色恒常性计算

无监督的颜色恒常性计算是指利用图像本身底层的颜色特征估计得到图像成像时的光照颜色，而不依赖于其他任何先验知识。

1. White Patch 假设

Whit Patch 假设认为：一幅图像中，RGB 颜色通道的最大响应是由场景中的白色表面引起的[10]。由于白色表面能够完全反映出场景光照的颜色，因此 RGB 三个颜色通道的最大值将被用作图像的光照颜色。由于该算法是选取图像中每个颜色通道的最大响应，因此 White Patch 算法又称为 max-RGB 算法，数学公式表示如下：

$$\max_X f(X) = ke \qquad (2\text{-}6)$$

其中，X 表示空间的位置坐标，k 为常数，e 表示光照的颜色。其中的 max 操作分别对 3 个颜色通道独立进行，即不必要求在同一像素上选取颜色通道的最大响应。

$$\max_{X} f(X) = (\max_{X} R(X), \max_{X} G(X), \max_{X} B(X)) \tag{2-7}$$

max-RGB 算法的最大优点是算法简单,计算复杂度低。根据 White Patch 假设,场景中至少要存在一个白色(标准白光下)像素(或者 3 个颜色通道的最大反射率相等),该算法才会有比较高的光照估计精度。然而在实际情况下,这种假设条件很难满足,因此该算法的适应能力较差。

2. Grey World 假设

Grey World 算法是另一个比较简单且广泛应用的颜色恒常性算法,该算法是基于 Grey World 假设提出的。Grey World 假设认为:场景中所有物理表面的平均反射是无色差的[11](灰色的)。也就是说,在 RGB 三个颜色通道下,场景中对三个颜色通道的平均反射率是相等的。该假设条件用数学语言表示如下:

$$\frac{\int S(X,\lambda)\mathrm{d}X}{\int \mathrm{d}X} = k \tag{2-8}$$

其中,k 为常数,表示无色差的概念。光源的颜色可通过对整幅图像的三个颜色通道分别求平均值得到,如公式(2-9)所示。

$$\frac{\int f(X)\mathrm{d}X}{\int \mathrm{d}X} = \frac{\iint\limits_{\omega} e(\lambda)S(X,\lambda)c(\lambda)\mathrm{d}\lambda\,\mathrm{d}X}{\int \mathrm{d}X}$$

$$= \int\limits_{\omega} e(\lambda)\frac{\int S(X,\lambda)\mathrm{d}X}{\int \mathrm{d}X}c(\lambda)\mathrm{d}\lambda = k\int e(\lambda)c(\lambda)\mathrm{d}\lambda = ke \tag{2-9}$$

简而言之,Grey World 算法就是将整幅图像的平均颜色作为图像的光照颜色。由于 Grey World 假设的条件比 max-RGB 算法相对宽松,因此 Grey World 算法具有比 max-RGB 算法更强的适应能力,并得到了广泛使用。

为了使 Grey World 算法更一般化,Finlayson 等人[12]将闵可夫斯基范式(Minkowski-norm)引入 Grey World 算法,提出了 Shades of Grey(SoG)算法。SoG 算法利用 Minkowski-norm 距离代替简单求平均值的方法,如公式(2-10)所示。

$$\left(\frac{\int (f(X))^p\mathrm{d}X}{\int \mathrm{d}X}\right)^{1/p} = ke \tag{2-10}$$

并且,SoG 算法可以将 Grey World 算法和 max-RGB 算法包含到同一个计算框架下,对于公式(2-10)有以下几种情况:

- 当 $p=1$ 时，公式（2-10）就退化成了公式（2-9），直接求图像颜色的平均值。SoG 算法也就退化成了 Grey World 算法。

- 当 p 为 ∞ 时，公式（2-10）等价于求 $f(X)$ 的最大值 $\max f(X)$，此时，SoG 算法也就等价于 max-RGB 算法。

- 当 $1<p<\infty$ 时，就是一般性的 SoG 算法。Finlayson 等人通过实验分析指出，当 $p=6$ 时，SoG 算法会取得最好的光照估计效果。因此，在一般情况下，使用 SoG 算法时都采用 $p=6$ 的参数设置。

3. Grey Edge 假设

上述几种颜色恒常性算法都是基于原始图像的颜色特征提出的。J. V. Weijer 等人[13]通过观察对立颜色空间（Opponent Color Space）中图像颜色导数的分布发现，图像的颜色导数在对立颜色空间中会形成一个相对规则的椭圆形分布，并且椭圆的长轴与图像的光照方向一致，如图 2-1 所示。其中，对立颜色空间中的颜色导数与 RGB 空间中的颜色导数的换算关系如下[13]：

$$\begin{cases} O1_X = \dfrac{R_X - G_X}{\sqrt{2}} \\[2mm] O2_X = \dfrac{R_X + G_X - 2B_X}{\sqrt{6}} \\[2mm] O3_X = \dfrac{R_X + G_X + B_X}{\sqrt{3}} \end{cases} \tag{2-11}$$

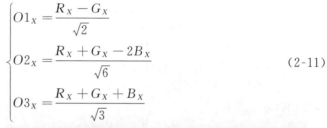

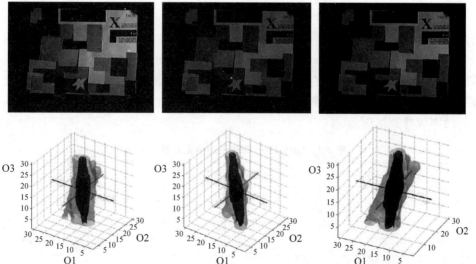

图 2-1 第 1 行为同一场景在 3 种不同光照下的图像，第 2 行为 3 幅图像对应的在对立颜色空间的颜色导数分布，形成一个相对规则的椭圆形分布，并且椭圆的长轴与图像的光照方向一致[13]

根据图像颜色导数分布的特点，J. V. Weijer 提出了一种 Grey Edge 假设：场景中所有物理表面的平均反射的差分是无色差的（灰色的），用公式表示如下：

$$\frac{\int |S_X(X,\lambda)|\,\mathrm{d}X}{\int \mathrm{d}X} = k \qquad (2\text{-}12)$$

根据 Grey Edge 假设和公式(2-12)，图像的光照颜色可以通过计算图像的平均颜色导数得到，推导过程如下：

$$\frac{\int |f_X(X)|\,\mathrm{d}X}{\int \mathrm{d}X} = \frac{1}{\int \mathrm{d}X}\iint_\omega e(\lambda)\,|S_X(X,\lambda)|\,c(\lambda)\,\mathrm{d}\lambda\,\mathrm{d}X$$

$$= \int_\omega e(\lambda)\left(\frac{\int |S_X(X,\lambda)|\,\mathrm{d}X}{\int \mathrm{d}X}\right)c(\lambda)\,\mathrm{d}\lambda \qquad (2\text{-}13)$$

$$= k\int_\omega e(\lambda)c(\lambda)\,\mathrm{d}\lambda = ke$$

为了得到更具一般性的 Grey Edge 算法，闵可夫斯基范式（Minkowski-norm）也被引入了 Grey Edge 算法；同时为了减少噪音的影响，Grey Edge 算法还引入了高斯平滑操作，并且将颜色导数推广到更高的 n 阶，于是得到了一个更通用的颜色恒常性计算的算法框架如下：

$$\left(\int \left|\frac{\partial^n f^\sigma(X)}{\partial X^n}\right|^p \mathrm{d}X\right)^{1/p} = ke^{n,p,\sigma} \qquad (2\text{-}14)$$

公式(2-14)中，$f^\sigma = f\otimes G^\sigma$ 表示图像 f 与高斯滤波器 G^σ 的卷积；$\partial^n/\partial X^n$ 表示阶求导的过程。通过选择不同的 n、p、σ 参数值，公式(2-14)不仅包含 max-RGB、Grey World、Shades of Grey 等现有的颜色恒常性算法（如表 2-1 所示），其更为重要的意义在于 Grey Edge 计算框架将颜色恒常性算法从原来的 0 阶原始图像结构提升到了更高阶的图像导数结构上。

表 2-1 Grey Edge 框架下的颜色恒常性算法

算　　法	标　　识	公　　式
Grey World	$e^{0,1,0}$	$\left(\int f(X)\,\mathrm{d}X\right) = ke$
max-RGB	$e^{0,\infty,0}$	$\left(\int |f(X)|^\infty \mathrm{d}X\right)^{\frac{1}{\infty}} = ke$
Shades of Grey	$e^{0,p,0}$	$\left(\int |f(X)|^p \mathrm{d}X\right)^{\frac{1}{p}} = ke$

算　　法	标　　识	公　　式
General Grey World	$e^{0,p,\sigma}$	$\left(\int \mid f^{\sigma}(X)\mid^{p}\mathrm{d}X\right)^{\frac{1}{p}}=ke$
1st Order Grey Edge	$e^{1,p,\sigma}$	$\left(\int \mid f^{\sigma}_{X}(X)\mid^{p}\mathrm{d}X\right)^{\frac{1}{p}}=ke$
max Edge	$e^{1,\infty,\sigma}$	$\left(\int \mid f^{\sigma}_{X}(X)\mid^{\infty}\mathrm{d}X\right)^{\frac{1}{\infty}}=ke$
2nd Order Grey Edge	$e^{2,p,\sigma}$	$\left(\int \mid f^{\sigma}_{XX}(X)\mid^{p}\mathrm{d}X\right)^{\frac{1}{p}}=ke$

4. Grey Surface Identification 算法

max-RGB、Grey World、Shades of Grey 等基于底层特征的无监督的颜色恒常性算法由于具有过程简单、算法复杂度低和容易实现等优点,因此被广泛应用。最近,W.Xiong 等人[14]借鉴 Grey World 和 max-RGB 算法的优点提出了一种图像光照估计的技巧:提取图像中的无色差表面。由于场景中的无色差表面(即标准白光下的灰色表面,以下简称灰色表面)能够完全反映入射光照的颜色,因此只要提取场景中的这些灰色表面,然后利用这些灰色表面的颜色就能精确地估计出图像的光照颜色。基于该思想,W.Xiong 等人[14]提出了一种名为灰色表面提取(Grey Surface Identification,GSI)的颜色恒常性算法。GSI 算法的关键问题是如何从未知光照场景中提取灰色表面。我们知道,灰色表面在白色光照下显示为灰色,但是在未知光照条件下,它可能显示为任何一种颜色;因此仅仅从颜色上是无法直接判断灰色表面的。

为了消除光照的影响,从场景中准确地提取灰色表面,W.Xiong 等人[14]利用 Finlayson 等人[6]提出的基于黑体辐射的颜色恒常性理论,又提出了一种新的可分离光照信息的颜色坐标系——LSI 坐标系,具体的推导过程如下。首先假设公式(2-1)中相机的感光函数 $c(\lambda)$ 是一个窄带函数,根据 Dirac Delta 函数可得

$$f(X)=E_{c}S_{c}(X) \tag{2-15}$$

其中,$S_{c}(X)=S(X,\lambda_{c})$,$E_{c}=e(\lambda_{c})$,$\lambda_{c}$ 是每个颜色通道的中心波长。根据普朗克定理[6],入射光照可以近似成一个理想的黑体,光照 E 可写成公式(2-16)。当具有某光谱分布的发光体是理想黑体时,其绝对温度和辐射的光谱分布具有一一对应关系;也就是说,当该黑体的绝对温度变化时,其辐射出的光谱分布也随之变化。这个绝对温度称为色温;因此用色温这一参数就可以表示光谱的分布。

$$E(\lambda,T)=Ic_{1}\lambda^{-5}\mathrm{e}^{-\frac{c_{2}}{T\lambda}} \quad (\text{e 为自然对数}) \tag{2-16}$$

公式(2-16)中,I 表示光照的强度,T 为黑体的色温(绝对温度),c_{1} 和 c_{2} 为常数,并有 $c_{1}=3.74183\times10^{-16}\mathrm{Wm^2}$,$c_{2}=1.4388\times10^{-2}\mathrm{mK}$。将公式(2-16)代入公式(2-15),并

对等式两端求对数,可得

$$\log f(X) = \log I + \log(S_c(X)) + \log(c_1 \lambda_c^{-5}) - \frac{c_2}{T\lambda} \qquad (2\text{-}17)$$

根据公式(2-17)可以得出,对于同一个物理表面,当光照发生变化(即色温 T 发生变化)时,颜色对数$[\log R, \log G, \log B]$只会在同一平面发生平移(详细的推导过程参阅文献[7])。根据这一结论,W. Xiong 等人将$[\log R, \log G, \log B]$转换到一个新的 LSI 颜色空间(L:光照颜色;S:表面反射;I:光照强度),如图 2-2 所示,并指出对于灰色表面,无论光照如何变化,都有表面反射坐标 $S \approx 0$。利用这个结论,可以在任何光照下准确地提取出场景中的灰色表面,并以此进行准确的光照估计。GSI 算法在几乎不增加算法复杂度的前提下,在很大程度上提高了图像光照估计的精确度。

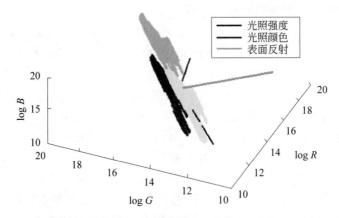

图 2-2　$[\log R, \log G, \log B]$颜色空间中的 LSI 坐标系示例

2.4.2　有监督的颜色恒常性计算

有监督的颜色恒常性计算是指通过对各种光照下可能出现的颜色(或色度)的学习预测未知光照图像的光照颜色。

1. 基于贝叶斯推理的颜色恒常性计算

基于贝叶斯推理的颜色恒常性计算(Bayesian Color Constancy,BCC)最早是由 D. H. Brainard 等人[15]提出的,后经 Rosenberg[16] 和 Gehler[17] 等人进行一系列改进。图像中像素的颜色在 RGB 通道中可表示为 $f = (f_R, f_G, f_B)$,光照颜色为 $e = (e_R, e_G, e_B)$,物体表面反射率 $s = (s_R, s_G, s_B)$,三者之间的关系为

$$f_c = e_c s_c, \quad c = \{R, G, B\}$$
$$f = \boldsymbol{E}s, \qquad \boldsymbol{E} = \text{diag}(e_c) \qquad (2\text{-}18)$$

给定一幅有 N 个像素的图像,存在颜色 $\boldsymbol{F} = (F(1), F(2), \cdots, F(N))$ 以及未知表面

反射 $S=(S(1),S(2),\cdots,S(N))$。一般假设光照与物体表面的反射率的概率分布是独立的,于是就有联合概率 $p(s,e)=p(s)p(e)$。对于光照的概率分布 $p(e)$,可以通过对真实光照的测量得到。如何得到表面反射率的概率分布模型 $p(S)$ 成为基于贝叶斯推理的颜色恒常性计算的关键问题。为了解决这个问题,Brainard 等人[15]提出了场景中的各反射表面独立分布且满足高斯分布的假设。但是,Rosenberg 等人[16]认为 Brainard 的假设过于苛刻,并提出了一种限制条件较弱的非高斯模型的假设。由于基于贝叶斯推理的颜色恒常性算法的计算过程非常复杂,本书仅给出简要说明,详细信息可参阅文献[15]。基于贝叶斯推理的颜色恒常性计算的最大问题是计算过程非常复杂,并且在场景中准确提取具有相同反射率的区域也是一个比较困难的任务。

2. 基于相关性的颜色恒常性计算

为了克服基于贝叶斯推理的颜色恒常性计算的缺点,Finlayson 等人[18]提出了一种更为实用化的算法——基于相关性的颜色恒常性计算(Color by Correlation)。实际上,Color by Correlation 算法是 Bayesian Color Constancy 算法的一种离散化的实现。

Color by Correlation 算法的整体思路如下。

步骤一:将 RGB 颜色空间转化到 rg 色度空间,以消除颜色的强度信息,并将 rg 色度空间均匀地划分成 $N\times N$ 个面积相等的方格,如图 2-3(a)所示。对于给定的一幅图像,将其色度分布映射到离散化的 rg 色度空间中,构成一个 $1\times N^2$ 的色度分布直方图 $hist(1,N_{rg})$ $(1\leqslant N_{rg}\leqslant N^2)$,并将色度直方图 $hist(1,N_{rg})$ 按照公式(2-19)的方式进一步离散化,以构成图像的 $1\times N^2$ 色度表示向量 h。实质上,只要图像在对应色度空间方格中有色度出现,则 h 对应的位置就标为 1,否则标为 0;不用考虑图像色度分布的比例。

$$h(1,N_{rg})=\begin{cases}0 & hist(1,N_{rg})=0\\1 & hist(1,N_{rg})>0\end{cases} \qquad (2\text{-}19)$$

步骤二:利用大量的图像数据统计出各种不同光照下的不同色度出现的概率分布特征,如图 2-3(b)所示,并将这些分布特征构建成一个相关性矩阵 M,如图 2-3(c)所示。

步骤三:当给定一个未知光照图像时,首先按照步骤一中的方法构建该图像的离散的色度表示向量 h_u,如图 2-4(a)所示;然后将 h_u 乘以相关性矩阵 M,得到向量 l,如公式(2-20)和图 2-4(b)所示。实际上,最后的行向量 l 中的每个元素都表示了对应光照为该幅图像的真实光照的概率。最后,可选取 l 中最大值所对应的光照作为待估计图像的光照颜色,或者通过加权平均的方法计算出待估计图像的光照颜色。

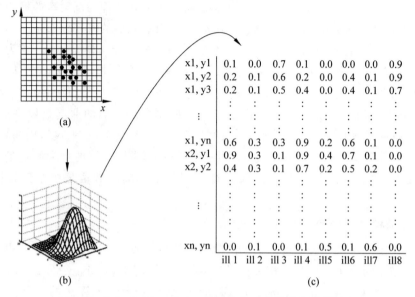

	ill 1	ill 2	ill 3	ill 4	ill5	ill6	ill7	ill8
x1, y1	0.1	0.0	0.7	0.1	0.0	0.0	0.0	0.9
x1, y2	0.2	0.1	0.6	0.2	0.0	0.4	0.1	0.9
x1, y3	0.2	0.1	0.5	0.4	0.0	0.4	0.1	0.7
x1, yn	0.6	0.3	0.3	0.9	0.2	0.6	0.1	0.0
x2, y1	0.9	0.3	0.1	0.9	0.4	0.7	0.1	0.0
x2, y2	0.4	0.3	0.1	0.7	0.2	0.5	0.2	0.0
xn, yn	0.0	0.1	0.0	0.1	0.5	0.1	0.6	0.0

图 2-3　Color by Correlation 算法中构建相关性矩阵的过程

(a)将 RGB 颜色空间映射到二维的 rg 色度空间；(b)统计各种光照条件下的色度分布；
(c)根据各种光照条件下的色度分布构建 Color by Correlation 算法的相关性矩阵

$$l = h_u^{\mathrm{T}} M \tag{2-20}$$

从上述三个步骤可以看出，Color by Correlation 算法的关键在于如何构建相关矩阵 M。Finlayson 等人[18]从贝叶斯推理的角度构建相关矩阵 M。给定图像 C_{im}，估计其成像时光照 E 的过程，实质上就是求后验概率 $p(E|C_{im})$，根据贝叶斯公式可得

$$p(E \mid C_{im}) = \frac{p(C_{im} \mid E) p(E)}{p(C_{im})} \tag{2-21}$$

假设光照 E 下色度值 c 出现的条件概率 $p(c|E)$ 已知，同时图像的色度之间的概率分布是独立的。给定一幅图像 C_{im}，它出现的概率 $p(C_{im})$ 为一固定常量，则公式(2-21)等价于

$$p(E \mid C_{im}) = \Big[\prod_{\forall c \in C_{im}} p(c \mid E) \Big] p(E) \tag{2-22}$$

Finlayson 等人[18]进一步假设所有光照都以相同概率出现，即 $p(E) = k$，则公式(2-21)可写成

$$p(E \mid C_{im}) = k \prod_{\forall c \in C_{im}} p(c \mid E) \tag{2-23}$$

根据公式(2-23)，可定义似然函数 $l(E|C_{im})$ 如下

$$l(E \mid C_{im}) = \sum_{\forall c \in C_{im}} \log(p(c \mid E)) \tag{2-24}$$

根据以上推理过程,对于拥有最大似然 $l(E|C_{im})$ 的光照估计,同样也拥有最大的后验概率 $p(E|C_{im})$。因此,色度值的条件概率的对数 $\log(p(c|E))$ 就可以构建相关性矩阵 $\boldsymbol{M}$,从而完成整个 Color by Correlation 算法。

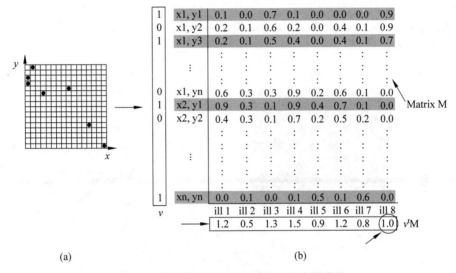

图 2-4　根据相关性矩阵估计待测图像的光照
（a）计算待测图像的二值化色度特征向量；
（b）利用色度特征向量与相关性矩阵的乘积,选择待测图像的光照值

　　除了原始的 Color by Correlation 算法,Barnard 等人[33] 还将 Color by Correlation 算法扩展到了三维的颜色空间中。除了 rg 的色度之外,还加上了颜色的强度信息 $I=R+G+B$,将 $I=R+G+B$ 作为第三维颜色信息并划分成 m 等份,从而构成了三维的颜色直方图特征。实验表明,颜色的强度信息有利于 Color by Correlation 算法性能的提高。

3. 基于 BP 神经网络的颜色恒常性计算

　　Color by Correlation 算法的最大问题在于所有光照估计的结果必须是算法预先给出的光照候选集中概率最大的。然而,该候选集是一个离散的集合,不可能给出所有可能的光照色度。为了解决这个问题,Cardei 等人[19] 引入了 BP（Back Propagation）神经网络的方法以进行光照估计。由于神经网络可以给出连续的输出,因此可以得到所有可能的光照色度。

　　基于 BP 神经网络的颜色恒常性计算使用的是三层（输入层、隐藏层和输出层）BP 神经网络。输入层使用的输入向量类似于 Color by Correlation 算法的色度直方图向量;不同的是此处采用的是公式（2-27）的色度转换方式,然后将 rg 色度空间均匀地划

分成 $N \times N$ 个等面积的方格。根据公式(2-27)可得, $r+g \leqslant 1$,图像的色度只分布于色度空间的下三角区域;因此一般只通过下三角区域的色度值降低输入向量的维数。然后根据公式(2-19)将色度直方图转换为由 0 和 1 组成的输入向量,作为 BP 网络的输入。在隐藏层中,一般采用 16～32 个神经元,在输出层使用二维的输出,分别表示光照色度的 r 分量和 g 分量。整个基于神经网络的颜色恒常性计算的过程和体系结构如图 2-5 所示。

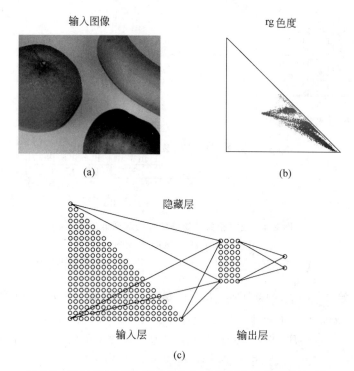

图 2-5　基于 BP 神经网络的颜色恒常性算法的光照估计过程

(a)待估计光照图像;(b)图像(a)的色度分布,根据该分布计算该图像的二值化的色度特征向量;
(c)BP 神经网络的结构,将(b)得到色度特征向量作为输入向量输入 BP 网络,输出层可得到光照的色度值

4. 基于 SVR 的颜色恒常性计算

在上述所有有监督的颜色恒常性算法中,都要根据已知的二值化的色度特征向量与图像光照色度之间的关系构建一个从二值化的图像色度直方图到光照色度之间的映射函数。在解决这个问题时,支持向量回归(Support Vector Regression,SVR)要优于现有的一些回归算法。相比于基于贝叶斯推理、基于图像相关性的颜色恒常性算法,是基于 SVR 的方法能够给出连续的图像光照色度输出。而相对于基于 BP 神经网络的方法,SVR 是一种基于全局最优的回归算法,并且 SVR 方法已经被广泛地应

用于金融市场预测、电力消费预测、高速路车流预测等实际应用中。

为了借鉴 SVR 回归算法的各种优点，W. Xiong 等人[20]将 SVR 引入了颜色恒常性计算中。在各种数据集上的实验结果表明，基于 SVR 的颜色恒常性算法是目前各种有监督的颜色恒常性算法中表现最优的。在基于 SVR 的颜色恒常性算法中，将光照色度估计分为 r 分量和 g 分量分别独立进行，因此 SVR 的输出为单一输出。在输入向量中，除了使用与神经网络方法相同的二值化的色度向量之外（记作 SVR(2D)），W. Xiong 等人[20]还参照了 3D Color Correlation 算法，将颜色的强度信息 $I = R + G + B$ 也加入了二维的 rg 色度空间，构成了三维的颜色空间，并在三维的颜色空间中构建了新的二值化的图像特征表示向量（该方法记作 SVR(3D)）。在 SVR 的核函数选择上，W. Xiong 等人试用了线性（linear）、径向基（RBF）、多项式（Polynomial）等多种核函数以及相应的参数，最终选定了表现最优的 RBF 核函数。

大量的实验结果表明，SVR(3D)的方法优于 SVR(2D)，并且比现有的绝大多数有监督的算法具有更好的光照估计精度。

2.4.3　颜色恒常性融合算法

除了无监督的颜色恒常性计算和有监督的颜色恒常性计算外，还有很多学者利用现有的颜色恒常性算法的融合进行光照估计，以提高光照估计的精确度。由于 Grey Edge 算法的提出使得系统地产生各种不同的颜色恒常性算法成为可能，因此如何根据图像自身的特征从现有的颜色恒常性算法中选择一个最为合适的算法或算法组合也是颜色恒常性计算中的一个重要课题。现有的融合算法主要包括：基于委员会的融合算法[21]、基于自然图像统计的融合算法[22]、基于室内-室外场景分类的融合算法[23]以及基于场景三维几何的融合算法[24]。

1. 基于委员会的融合算法

基于委员会的颜色恒常性计算（Committee-based Color Constancy）是由 Cardei 等人[21]提出的一种颜色恒常性算法的融合方案。该算法是由 Grey World 算法、White Patch 算法（max-RGB）以及基于 BP 神经网络的算法通过"投票"得到的，该算法也因此得名。由于该算法提出得较早，当时已有的颜色恒常性算法并不多，也没有一个统一的计算框架可以得到更多的颜色恒常性算法。因此 Cardei 等人只选择了上述 3 种算法，提出了两种主要的融合方案。第一种是简单平均的方法，如公式（2-25）所示。

$$[r_c, g_c] = [r_{NN}, g_{NN}, r_{GW}, g_{GW}, r_{WP}, g_{WP}] \begin{bmatrix} \frac{1}{3}, 0, \frac{1}{3}, 0, \frac{1}{3}, 0 \\ 0, \frac{1}{3}, 0, \frac{1}{3}, 0, \frac{1}{3} \end{bmatrix}^T \tag{2-25}$$

其中，$[r_c,g_c]$表示最终光照的色度值。$[r_{NN},g_{NN}]$，$[r_{GW},g_{GW}]$，$[r_{WP},g_{WP}]$分别表示基于 BP 神经网络的算法、Grey World 算法以及 White Patch 算法得到的光照色度的估计值。实质上，这种方法只是一种在简单的色度向量之间求平均的结果，并且色度 r 和 g 的计算是相互独立的。为了进一步提高融合算法的准确度，Cardei 等人[21]利用最小二乘法通过在已知光照图像集上的训练得到了最优的加权融合权值，如公式(2-26)所示。然后利用这些权值对新的图像进行光照估计。

$$[r_c,g_c]=[r_{NN},g_{NN},r_{GW},g_{GW},r_{WP},g_{WP}]\begin{bmatrix}0.002,0.807,-0.18,0.040,0.015,0.150\\0.675,0.113,0.041,-0.45,0.260,-0.60\end{bmatrix}^{T}$$

$$(2\text{-}26)$$

公式(2-25)与公式(2-26)的最大不同是：首先，公式(2-26)不再是简单的平均加权，其中出现了负的权值；其次，更重要的是，加权融合的过程中光照色度 r 和 g 之间不再是独立进行计算，而是互相影响。除此之外，Cardei 等人[21]还尝试了两种算法之间平均的融合和加权融合等更多的融合方案。

2. 基于室内-室外场景分类的融合算法

除了上述基于图像纹理特征的颜色恒常性算法的融合策略，Bianco 等人[23]提出了基于室内-室外场景分类的改进的颜色恒常性算法（Improving Color Constancy Using Indoor-Outdoor Image Classification，CCIO），该算法的框架如图 2-6 所示。

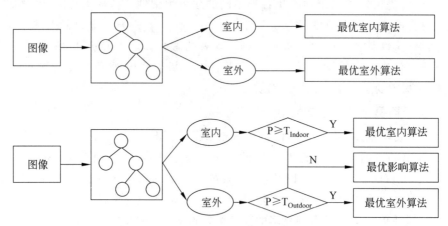

图 2-6 基于室内-室外场景分类的融合算法的选择框架

由于室内和室外场景光照的差异很大，该算法利用室内-室外图像分类改进颜色恒常性算法的性能，设计了以下四种不同的选择和调节算法参数的策略。

① 与图像所属类无关的策略（Class-Independent，CI）：使用同样的颜色恒常性算法而不考虑图像所属的图像类。在训练集上对候选颜色恒常性算法的参数进行优

化，然后应用到测试集上。

② 依赖于图像所属类的参数优化策略（Class-Dependent Parameterization，CDP）：S.Bianco 等人[23]使用了同一类型的颜色恒常性算法的两个不同实例，只是算法的参数不同，在各个图像类的训练集上对参数分别进行优化。对于一幅新的输入图像，首先利用分类器将其分类到室内或室外图像类，然后使用其所属类的最优参数进行光照估计。

③ 依赖于图像类的颜色恒常性算法（Class-Dependent Algorithms，CDA）：在训练集上分别为室内场景类和室外场景类训练最为适合的颜色恒常性算法。对于一幅新的测试图像，首先将其分类到室内场景类或室外场景类，然后使用其所属类的最优颜色恒常性算法进行光照估计。

④ 依赖于图像场景类，但是其所属类不明确的策略（Class-Dependent Algorithms with Uncertainty Class，CDAUC）：对于测试图像，首先对其进行分类，如果图像可以很明确地分类到室内场景类或室外场景类，则利用策略 CDA，否则利用策略 CI。

2.4.4　颜色不变性描述

颜色不变性描述是实现颜色恒常性功能的另一种重要途径。由于图像的光照估计本身就是一个很困难的任务；与图像的光照估计相比，颜色不变性描述的最大优点在于它不需要精确地估计出图像的光照，而是从图像中提取与光照无关的颜色特征信息。

在构建输入特征向量时，一般都采用色度分布直方图，将 RGB 颜色空间转换到 rg 色度空间，转换公式一般有以下两种。

$$
\begin{cases}
r = \dfrac{R}{R+G+B} \\[2mm]
g = \dfrac{G}{R+G+B} \\[2mm]
b = 1 - r - g
\end{cases}
\tag{2-27}
$$

$$
\begin{cases}
r = \dfrac{R}{B} \\[2mm]
g = \dfrac{G}{B}
\end{cases}
\tag{2-28}
$$

在公式（2-27）中，b 分量可以通过 r 和 g 计算得到，因此一般情况下，都只使用 r 和 g 分量进行色度空间的表示。将 RGB 颜色空间转换到 rg 色度空间的一个重要作用是消除光照强度对颜色的影响。颜色恒常性计算更关注图像的色度（RGB 矢量的方向信息）而不是图像亮度（RGB 矢量的模值），因为图像的亮度可以通过同时对 3 个颜色通道进行缩放来调节。在 rg 色度空间中,颜色向量(R,G,B)与$(kR,kG,kB)(k\neq0)$具有相同的色度值,从而消除了光照强度对颜色的影响。

1. 颜色直方图

对图像颜色特征最为直接的一种表达方式就是颜色直方图。对于一幅给定的灰度图像,首先将其灰度范围划分成 L 个离散区间,那么该图像的颜色直方图可定义为一个离散函数 $H(k)$。

$$H(k)=\frac{n(k)}{N}\quad k=0,1,\cdots,L-1 \qquad (2\text{-}29)$$

其中,N 表示图像中像素的总数;$n(k)$表示灰度在第 k 个离散区间中的像素的数量。对于彩色图像的颜色直方图,需要分别将 RGB 这 3 个颜色通道划分成 L 个离散区间,从而构成三维的颜色直方图。

$$\mathrm{CH}(k_1,k_2,k_3)=\frac{n(k_1,k_2,k_3)}{N}\quad k_1,k_2,k_3=0,1,\cdots,L-1 \qquad (2\text{-}30)$$

其中,$n(k_1,k_2,k_3)$表示 RGB 这 3 个颜色通道分别处于(k_1,k_2,k_3)区间的像素的个数。图 2-7 给出了一个图像颜色直方图的实例。从图 2-7 中可以看出,两幅图像虽然场景内容完全一样,但是由于受到光照影响,它们的颜色直方图分布差异非常大。颜色直方图作为一种简单、有效的颜色特征被广泛应用于图像检索、物体识别等领域。Swain 等人[25]提出的直方图相交算法在应用于物体识别时更是取得了很好的效果。颜色直方图虽然具有对图像旋转、缩放、仿射等变换的鲁棒性,但是它很容易受到光照变化的影响。

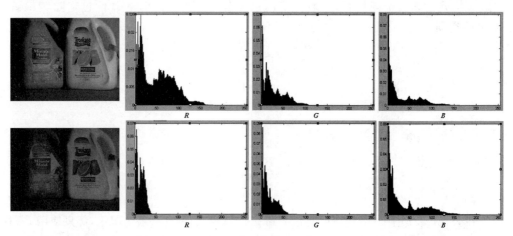

图 2-7　不同光照下同一场景的两幅图像对应的 3 个颜色通道的直方图

2. 色度直方图

色度直方图可以将颜色空间转化到色度空间后再进行直方图统计。与颜色直方图相比,色度直方图的最大优点是对光照强度具有鲁棒性。假设颜色$(R,G,B)^T$在光照强度发生变化后变为$(\varepsilon R,\varepsilon G,\varepsilon B)^T(\varepsilon \neq 0)$。以色度分量$r$为例,根据公式(2-27)的转换方式,$(\varepsilon R,\varepsilon G,\varepsilon B)^T$的色度值与$(R,G,B)^T$的色度值完全一样,如公式(2-31)。

$$r = \frac{\varepsilon R}{\varepsilon R + \varepsilon G + \varepsilon B} = \frac{R}{R + G + B} \tag{2-31}$$

图 2-8 所示为同一场景中的 3 幅不同光照下的图像。其中,图像(a)和(b)的光照色度相同而光照强度不同,图像(a)、(b)与(c)的光照色度不相同。由于色度直方图能够消除光照强度对颜色带来的影响,因此,图像(a)和(b)的色度直方图的分布完全一样。而图像(c)的色度直方图却发生了很大的变化。这说明色度直方图只能消除光照强度变化对图像颜色的影响,而不能消除光照色度变化对图像颜色的影响。

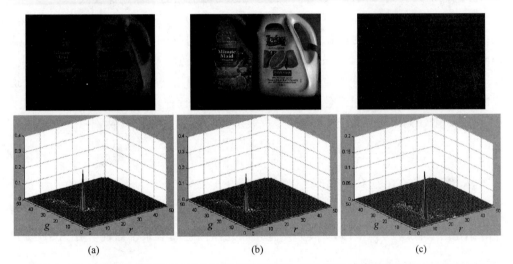

(a)　　　　　　　　　　　(b)　　　　　　　　　　　(c)

图 2-8　第 1 行为同一场景在 3 种不同光照下的图像,第 2 行为 3 幅图像对应的色度直方图

3. 颜色恒常性的颜色索引

颜色恒常性的颜色索引(Color Constancy Color Index,CCCI)是 Funt 等人[26]提出的既对光照强度变化鲁棒又对光照颜色变化鲁棒的颜色不变性描述子。当相机的感光函数$c(\lambda)$满足窄带函数时,根据 Dirac Delta 函数,图像的成像公式可写为

$$f(X) = E_c S_c(X) \tag{2-32}$$

其中,$S_c(X) = S(X,\lambda_c)$,$E_c = e(\lambda_c)$,λ_c是每个颜色通道的中心波长。Funt 等人[26]进一步指出,$\frac{\partial}{\partial X}\ln(f(X))$只与物体表面的物理反射性质有关,与光照无关,即

$$\frac{\partial}{\partial X}\ln(f(X)) = \frac{\partial}{\partial X}(\ln S_c(X) + \ln E_c) = \frac{(S_c)_X}{S_c} \qquad (2\text{-}33)$$

其中，$(S_c)_X$ 代表物理反射系数的导数。在 RGB 颜色通道下，$\frac{\partial}{\partial X}\ln(f(X))$ 又可以写成

$$\frac{\partial}{\partial X}\ln(f(X)) = \frac{\partial}{\partial X}(\ln R, \ln G, \ln B) = \left(\frac{R_X}{R}, \frac{G_X}{G}, \frac{B_X}{B}\right) \qquad (2\text{-}34)$$

根据公式 2-34，可以得到一个与光照无关的图像颜色不变性描述子 p：

$$p = \{p_1, p_2, p_3\} = \left\{\frac{R_X}{R}, \frac{G_X}{G}, \frac{B_X}{B}\right\}$$

虽然描述子 p 具有对光照的鲁棒性，但是 Gevers 等人[27]指出成像公式(2-32)过于理想化。为了使公式(2-34)更具有普遍性，视角变化对图像颜色的影响因子 $M(X)$ 也被加入公式(2-34)中，从而得到更接近实际情况的图像成像公式，即

$$f(X) = M(X)E_c S_c(X) \qquad (2\text{-}35)$$

其中，$M(X)$ 只与场景中的位置 X 有关。此时，为了得到颜色不变性描述子，不仅要消除光照 E_c 对颜色的影响，同时还要消除视角因素 $M(X)$ 对颜色的影响。因此，Gevers 等人[27]提出了一种新的颜色不变性描述子。利用同一像素点上不同颜色通道之间的比值，先消除视角对颜色的影响，然后利用这个比值对数的导数消除光照因素 E_c。以 R 和 G 两个通道为例，上述操作可表示为

$$\frac{\partial}{\partial X}\left(\ln\left(\frac{R(X)}{G(X)}\right)\right) = \frac{\partial}{\partial X}\left(\ln\left(\frac{M(X)E_c^R S_c^R}{M(X)E_c^G S_c^G}\right)\right) = \frac{(S_c^R)_X}{S_c^R} - \frac{(S_c^G)_X}{S_c^G} \qquad (2\text{-}36)$$

其中，$R(X)$ 和 $G(X)$ 是 R 和 G 两个颜色通道的值；E_c^R 和 E_c^G 为光照颜色的 r 和 g 分量；S_c^R 和 S_c^G 表示物体表面的光照反射率在 r 和 g 通道上的分量。根据公式(2-36)的推导结论，$\frac{\partial}{\partial X}\left(\ln\left(\frac{R(X)}{G(X)}\right)\right)$ 同时具有对视角和光照颜色的双重鲁棒性。在 RGB 颜色通道中，$\frac{\partial}{\partial X}\left(\ln\left(\frac{R(X)}{G(X)}\right)\right)$ 又可写为

$$\frac{\partial}{\partial X}\left(\ln\left(\frac{R(X)}{G(X)}\right)\right) = \frac{R_X}{R} - \frac{G_X}{G} = \frac{R_X G - G_X R}{RG} \qquad (2\text{-}37)$$

如果将公式(2-37)推广到 RGB 三个颜色通道上，就可以得到一种新的颜色不变性描述子 $m = \{m_1, m_2\} = \left\{\frac{R_X G - G_X R}{RG}, \frac{G_X B - B_X G}{GB}\right\}$。

4. 模糊鲁棒的颜色不变性描述子

上述两种颜色不变性描述子 p 和 m 虽然都具有对光照变化的鲁棒性，但是这两种描述子都是基于颜色的导数空间而得到的。因此，这两种颜色不变性描述子都依赖

于图像的边缘信息。然而,图像的边缘很容易受到图像模糊的干扰。因此,颜色不变性描述子 $\boldsymbol{p}$ 和 $\boldsymbol{m}$ 对图像模糊非常敏感。图 2-9 所示为同一场景下的两幅图像,由于相对运动造成的图像模糊,两幅图像的边缘产生了很大的差异。在成像过程中,图像的模糊现象是非常常见的,例如散焦、相机与物体之间的相对运动以及镜头受到灰尘的污染等都会造成图像的模糊。

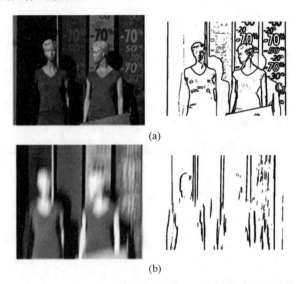

(a)

(b)

图 2-9　左侧为原始图,右侧为使用 Canny 算子提取的边缘图像

下面以描述子 $\boldsymbol{p}$ 中的 p_1 分量为例,用高斯滤波器 G^σ 模拟图像的模糊效应[28],图像的模糊程度与高斯滤波器的方差 σ 相关;同时用阶跃函数模拟图像的边缘部分,即 $f(x) = A^I \mu(x) + b$,其中 $I \in \{R, G, B\}$,A^I 表示 3 个不同的颜色通道的幅值。当图像发生模糊效应后,图像 $f(x)$ 将会变为 $f(x) \otimes G^\sigma$,描述子 p_1 的值也随之变化为 p_1^σ。

$$p_1^\sigma = \frac{R_X^\sigma}{R^\sigma} = \frac{\frac{\partial}{\partial X}((A^R\mu(x)+b)\otimes G^\sigma(x))}{(A^R\mu(x)+b)\otimes G^\sigma(x)} = \frac{A^R\left(\frac{\partial}{\partial X}(\mu(x))\otimes G^\sigma(x)\right)}{(A^R\mu(x)+b)\otimes G^\sigma(x)}$$

$$(2\text{-}38)$$

由于 $\frac{\partial}{\partial X}(\mu(x)) = \delta(x)$,考虑边缘点 $x=0$ 处的描述子 p_1^σ 的值,则公式(2-38)可写为

$$p_1^\sigma = \frac{A^R\delta(x)\otimes G^\sigma(x)}{(A^R\mu(x)+b)\otimes G^\sigma(x)} = \frac{A^RG^\sigma(0)}{b+\frac{1}{2}A^R} = \frac{A^R}{b+\frac{A^R}{2}}\frac{1}{\sigma\sqrt{2\pi}} \qquad (2\text{-}39)$$

由公式(2-39)可以发现,p_1^σ 与图像的模糊程度 σ 相关,因此描述子 $\boldsymbol{p}$ 很容易受到图像

模糊的影响。根据类似的推理可得，m 也是对图像模糊敏感的描述子。

为了克服描述子 p 和 m 对图像模糊的敏感性，Weijer 等人[28] 提出了一种对模糊鲁棒的颜色不变性描述子的构造方案。以 p 描述子为例，通过两个分量之间的比值可以消除图像模糊对 p 的影响。根据公式(2-38)和公式(2-39)可得

$$\frac{p_1^{\sigma}}{p_2^{\sigma}} = \frac{\dfrac{A^R}{b + \dfrac{A^R}{2}} \dfrac{1}{\sigma\sqrt{2\pi}}}{\dfrac{A^G}{b + \dfrac{A^G}{2}} \dfrac{1}{\sigma\sqrt{2\pi}}} = \frac{\dfrac{A^R}{b + \dfrac{A^R}{2}}}{\dfrac{A^G}{b + \dfrac{A^G}{2}}} \tag{2-40}$$

由公式(2-40)可以看出，$p_1^{\sigma}/p_2^{\sigma}$ 只与图像本身的颜色值有关，与模糊程度 σ 无关，已经消除了图像模糊对描述子的影响。根据这个结论，同时为了方便计算，Weijer 等人[28] 引入了反正切操作，基于 p 和 m 描述子提出了对图像模糊鲁棒的两个颜色不变性描述子 φ_p 和 φ_m。

$$\boldsymbol{\varphi}_p = \{\varphi_p^1, \varphi_p^2\} = \left\{\arctan\left(\frac{p_1}{p_2}\right), \arctan\left(\frac{p_2}{p_3}\right)\right\}$$

$$\boldsymbol{\varphi}_m = \left\{\arctan\left(\frac{m_1}{m_2}\right)\right\} \tag{2-41}$$

2.5 颜色恒常性计算实验数据集

实验数据的搜集是颜色恒常性计算研究的重要基础工作。加拿大的西蒙弗雷泽大学计算视觉实验室[29] 在数据采集和整理工作中做出了巨大的贡献。颜色恒常性计算研究除了需要图像数据外，还需要准确地测量出成像场景中的光照颜色。目前，常用的数据集有 5 个，分别是西蒙弗雷泽大学 321 幅图像集、900 幅图像集、SFU 图像集、Gehler-Shi 图像集和 Barcelona 图像集。

321 幅图像集是由西蒙弗雷泽大学计算视觉实验室提供的实验室环境下的图像集。该图像集包含在 30 个场景、11 种不同人工光照下得到的图像。由于部分图像不宜用于颜色恒常性计算实验，最后从 330 幅图像中保留了 321 幅图像，并且这些图像的真实光照都已被测量得出。该图像集被广泛使用于各种颜色恒常性算法实验。图 2-10 给出了 321 幅 SFU 图像库中的部分图像示例。从图 2-10 中可以看出，由于光照的影响，同一场景的图像颜色有很大的差异。

900 幅图像集是采用不同的相机在室内和室外的各种场景下拍摄的自然图像。拍摄所用的相机包括 Kodak、Olympus、HP、Fuji Polaroid、PDC、Canon、Ricoh 和 Toshiba 等不同品牌。在拍摄过程中，每个场景中都放置了一张灰色的卡片，该卡片

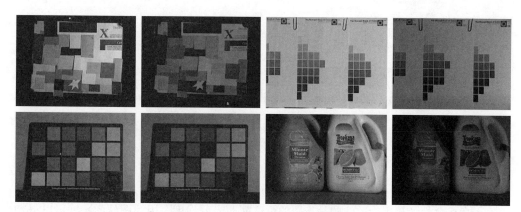

图 2-10　321 幅图像集中的示例图像

的颜色将被用作图像成像时的真实光照颜色值。

　　SFU 图像集是由 Ciurea 等人[36]提供的包含 11 346 幅图像的图像集。该图像集中的图像是在大量的室内和室外场景下使用索尼 VX-2000 数字摄像机拍摄的。室外场景有着完全不同的地理条件和气象条件,包括北美洲的范库弗峰、英国的哥伦比亚和斯科特溪谷、亚利桑那州等。这些图像是从包含上述场景的近 2 小时的视频片断中提取出的 11 346 幅图像。在构建该数据库时,为了获取图像成像时的光照,图像集的制作者自制了一种新的摄像设备,他们将一个灰色的小球固定在数字摄像机上,通过一个支架将其与相机相连,这样小球就能够一直出现在观察者的视野范围中,并通过这个灰色的小球获得场景光照的颜色。为了克服灰色小球对实验结果的影响,在实验中将切除图像的右半部分。Bianco 等人[37]应用基于视频的分析选择 1135 个相关性较低的图像子集,本书的测试就是使用这个子集完成的。原始图像包含一个哑光灰色球,用于测量照明色度。为了确保灰球对结果没有影响,本书将对图像进行裁剪以将其移除,生成的图像为 240×240 像素。该集合的另一个问题是原始图像在非线性 RGB 颜色空间(NTSC-RGB)中的表示,虽然在这些图像中应用的确切色调再现曲线是未知的,但是 Gijsenij 等人[38]应用伽马校正(Gamma＝2.2)获得了假定的近似线性图像。

　　Gehler-Shi 图像集中的图像按拍摄顺序命名,序列中的相邻图像会比其他图像更可能具有相似的场景。为了确保训练集和测试集中的场景没有重叠,本书将所有图像按其文件名排序,将结果列表一分为三,并使用三重交叉法进行验证。前两个子集的每个子集包含 189 幅图像,其余子集包含 190 幅图像。

　　Barcelona 图像集包含 210 幅室外图像,包括城市地区、森林和海边的场景,由一个校准的 Sigma Foveon D10 相机拍摄,同样带有一个灰色球,图像由 CIE XYZ 坐标得到。与 SFU 图像集类似,Barcelona 图像集包含在 3 个不同位置拍摄的 3 组图像。

2.6 光照估计的性能评价标准

误差度量也是颜色恒常性计算研究的一个重要基础。在误差度量和性能评价的选择上,本书介绍 Banard[30,31] 和 Finlayson[32] 分别提出的两套颜色恒常性算法的评价体系,采用角度误差、色度误差和 wilcoxon 符号秩检验的方法判定算法的性能。在整个图像集上使用了角度误差和色度误差的中值、最大值,以及均方根作为算法性能评定的 3 个指标。

1. 角度误差

颜色恒常性计算更为关注的是光照的色度而非光照强度。因为图像的亮度可以很容易地通过缩放颜色向量的模值进行调整,因此在进行误差度量时,关注的是估计得到的光照与真实光照之间的向量方向的差异,而忽略向量模值的差异。于是,两个颜色向量之间的角度就可以被用来判断估计光照与真实光照之间的差异。假设图像的真实光照为 $e_a = (R_a, G_a, B_a)$,算法估计得到的光照值为 $e_e = (R_e, G_e, B_e)$,角度误差 E_a 的定义为

$$E_a = \text{angular}(e_a, e_e) = \cos^{-1}\left[\frac{(R_a, G_a, B_a) \cdot (R_e, G_e, B_e)}{\sqrt{R_a^2 + G_a^2 + B_a^2} \times \sqrt{R_e^2 + G_e^2 + B_e^2}}\right] \times \frac{180°}{\pi}$$

(2-42)

其中,$\cos^{-1}$ 表示反余弦函数,$(R_a, G_a, B_a) \cdot (R_e, G_e, B_e)$ 表示两个向量的内积运算。角度误差 E_a 越小,说明算法的准确度越高,理想状况下 $E_a = 0$,此时算法得到的光照色度与测量得到的色度完全一致。根据公式(2-42),假设图像库共有 N 幅测试图像,其中第 i 幅图像的角度误差为 $E_a(i)$,那么,我们将采用这 N 个角度误差值的中值、最大值以及均方根作为角度误差评定的 3 个指标。其中,均方根的定义为

$$\text{RMS}_a = \sqrt{\frac{1}{N}\sum_{i=1}^{N} E_a^2(i)}$$

(2-43)

2. 色度误差

除了角度误差外,色度误差也是颜色恒常性计算中的一个重要的性能评价指标。同样,为了消除颜色强度的影响,可将颜色 (R, G, B) 空间投影到平面 $R + G + B = 1$ 上,从而得到一种光照强度归一化后的色度空间 (r, g, b)。

$$\begin{cases} r = \dfrac{R}{R+G+B} \\[2mm] g = \dfrac{G}{R+G+B} \\[2mm] b = \dfrac{B}{R+G+B} \end{cases}$$

(2-44)

由于色度 b 属于冗余的信息（$b=1-r-g$），因此一般采用二维的色度值（r,g）。假设图像的真实光照色度值为 $c_a=(r_a,g_a)$，算法估计得到的光照色度值为 $c_e=(r_e,g_e)$，那么色度的欧氏距离将作为色度误差 E_d。

$$E_d=\sqrt{(r_a-r_e)^2+(g_a-g_e)^2} \tag{2-45}$$

类似于角度误差，假设图像库共有 N 幅测试图像，也将 N 个色度误差的中值、最大值以及均方根作为色度误差评定的 3 个指标。

3. wilcoxon 符号秩检验

wilcoxon 符号秩检验是结合符号检验和秩检验的优点而形成的一种更为有效的检验方法。Finlayson 等人[32]将其应用到颜色恒常性算法的误差比较中的目的是通过统计的方法比较两种颜色恒常性算法之间的误差分布有没有显著的差异。假设两种颜色恒常性算法 A 和 B 在 N 幅测试图像上得到的角度误差样本分别为（$A_1,A_2,\cdots,A_N$）和（$B_1,B_2,\cdots,B_N$），考虑假设检验问题：

$$H_0:A=B \tag{2-46}$$

实际上，假设检验 H_0 表示的是两种颜色恒常性算法 A 和 B 的角度误差无明显差异。wilcoxon 符号秩检验有一个显著性水平参数 α，wilcoxon 符号秩检验的结果将通过参数 p 和 h 给出。

- $p\leqslant\alpha$ 时，$h=1$，表明检验的结果拒绝原假设 H_0。
- $p>\alpha$ 时，$h=0$，表明检验的结果接受原假设 H_0。

2.7　本章小结

本章首先介绍了朗伯特表面的图像成像过程以及同一表面在不同光照下的颜色转换的对角模型。在此基础上，本章详细描述了颜色恒常性以及颜色恒常性计算，并就颜色恒常性计算的国内外研究现状进行了深入讨论。此外，对于颜色恒常性计算研究常用的数据集以及性能评价标准进行了详细介绍。

参考文献

第 **3** 章

基于树结构联合稀疏表示的
多线索光照估计

目前,大多数光照估计算法仅仅根据图像的单个线索信息进行,例如二值化颜色直方图或简单的图像统计信息(如平均 RGB)。大多数光照估计算法常采用的线索包括:①低层 RGB 颜色分布的特征;②中层无监督方法提供的初始光照估计值;③高层场景内容的知识(如室内和室外场景类别信息)。本章提出的多线索(Multi-cue,MC)光照估计算法能够在树结构联合稀疏表示(Tree-structured Group Joint Sparse Representation,TGJSR)框架内同时结合这三种线索提供的信息。在 TGJSR 中,训练数据被聚类成树结构。未知光源下的测试图像,其特征由分组训练数据构建的联合稀疏表示模型重建。然后,根据联合稀疏表示模型得到的权重估算测试图像的光照估计值。实验表明,该算法具有较好的性能,并且作为一个通用框架,TGJSR 框架还可以很容易地扩展,可以包含将来可能发现的用于光照估计的任何新特征或线索。

3.1　引言

在图像处理和计算机视觉领域,颜色信息已经成为图像分割、图像匹配和视觉跟踪等许多应用的基础[1-2]。然而,由成像设备捕获的颜色信号随场景照明的强度和频谱而变化,这给那些不考虑光照条件的方法造成了困难。本章将讨论一种场景光照的色度估计问题。

如第 2 章描述,光照色度估计得到了众多研究学者的关注,并提出了许多不同的光照估计方法[3-5]。大多数光照估计方法通常依赖于单一类型的线索,其中线索可以是图像统计信息,如 RGB 的平均值、颜色直方图或所有可能的 RGB 值的色域。然而,也有一些方法依赖于多种类型的线索。有些线索可能与其他线索处于不同的"层次"。例如,在室内拍摄图像的线索比平均像素值线索的层次更高。本章将提出一种在层次结构中结合多个线索进行光照估计的框架,它的基本思想基于以下 3

种观测结果。

① 具有相似颜色信号分布的图像往往是在相似的光源下拍摄的。基于这一观测结果的光照估计方法有基于神经网络的估计算法[6]、支持向量回归的估计算法[7]和基于相关的估计算法[8]等。

② 将几种不同已有光照估计方法[9-11]的结果融合起来可以改进光照估计的精度。

③ 相同场景类别的图像(如室内与室外)往往在相似的光照条件下拍摄,因此可以利用场景类别的知识进行光照估计[12-13]。

本章提出的 MC 光照估计方法将这三种类型的线索集成到一个框架中,以获得比单个线索更好的光照估计。该框架基于树结构的联合稀疏表示,能够同时包含低层颜色特征、中层的初始光照估计和高层图像内容信息的方式,从而组合各种线索。

3.2　研究背景

3.2.1　成像模型

由相机记录的在空间坐标 x 下的颜色信号 $f(x)=[f_R(x),f_G(x),f_B(x)]^T$ 取决于表面反射率 $S(x,\lambda)$、入射光的光谱功率分布 $P(\lambda)$ 和相机的光谱灵敏度函数 $\rho(\lambda)=[\rho_R(\lambda),\rho_G(\lambda),\rho_B(\lambda)]^T$,定义如下。

$$f_c(x)=\int_\omega P(\lambda)S(x,\lambda)\rho_c(\lambda)\mathrm{d}\lambda,\quad c=\{R,G,B\} \tag{3-1}$$

其中,ω 为波长,λ 为可见光谱区间。一个常见的假设是,尽管入射光的强度可能不同,但在整个场景中相对光谱的功率分布是相同的。对于理想的"白色"反射率,得到的颜色信号对应的光照为 $e=[e_R,e_G,e_B]^T$。由于光照的强度将在整个场景中变化,因此其通常是未知的,因此估计的是光照色度 $c=[c_r,c_g]^T=[e_R/(e_R+e_G+e_B),e_G/(e_R+e_G+e_B)]^T$,而不是其颜色信号 e。

3.2.2　光照估计相关工作

在过去的几十年里,许多算法都曾被提出以解决这一问题,即给定一个单一光源场景的图像,估计场景光源的色度。虽然也有相关算法[60-62]可以解决在某些多光源场景中存在的多光源估计问题,但多光源估计与本章的问题有很大的不同。在本章中,"光照估计"是指单光源估计。Gijsenij 等人[4]、Li 等人[5]以及 Foster[14]对颜色恒常性的研究提供了最新的光照估计算法综述。基于所使用的线索,我们将现有的光照估计方法分为三大类:低层的颜色信息驱动方法、中层初始估计驱动方法和高层场景内容驱动方法。本书分别将低、中、高层的方法称为 LL(Low Level)、ML(Mid Level) 和 HL(High Level)。

1. 低层颜色信息驱动方法

LL 方法将颜色信号的低层分布作为光源信息的单一来源。根据是否需要训练，LL 方法可以进一步分为两类：无监督 LL (Unsupervised LL，ULL) 和监督 LL (Supervised LL，SLL)。

ULL 方法包括 MaxRGB 算法[15]，它根据每个不同颜色通道的最大响应估计光照。灰色世界(GW)算法[16]假设各通道的平均值分别代表光源的颜色信号。Funt 等人[57]表示，一些简单的预处理操作可以显著提高 maxRGB 算法的性能。Finlayson 等人[17]使用 Minkowski-norm 将 GW 和 maxRGB 算法推广到灰度算法(SoG)。Weijer 等人[18]提出了灰度边缘法(Grey Edge，GE)框架，该框架假设局部空间图像导数的平均值代表光源颜色信息，同时还将高阶导数和闵可夫斯基范数推广到该框架中。最近，Gao 等人[19]提出了一种基于人类视觉系统双目标细胞建模的 ULL 方法。Tan 等人[55]提出的通过反强度色度空间进行光照估计是基于二色反射模型的另一种 ULL 方法。

SLL 方法通过训练过程建立光照估计模型。第一个重要的 SLL 方法是 Bayesian 颜色恒常性算法(Bayesian Color Constancy，BCC)，由 Brainard 和 Freeman[20]提出，Gehler 等人对其进行了扩展[21]。另一种是基于神经网络的方法(Neural Network，NN)[6]在训练阶段由神经网络将图像的二值色度直方图与相应的光源色度一起输入。作为替代方案，神经网络可以用支持向量回归(Support Vector Regression，SVR)代替[7]。相关颜色(Color by Correlation，CbyC)[8]构建了一个相关矩阵，描述了光源与图像色度分布之间的相互关系，从一组候选光源中选择概率最大的光源，并返回其色度作为估计值。Vazquez-Corral 等人[56]将 CbyC 扩展到基于类别相关的方法中，该方法基于 11 个广泛使用的颜色名称以生成一组颜色类别，然后提出一个基于颜色类别相关推理的光照估计框架。Chakrabarti 等人[22]使用最大似然方法学习空间光谱统计(Spatio-Spectral Statistics，SSS)的估计模型。Forsyth[23]提出的色域映射算法(Gamut Mapping，GM)基于这样一个事实：对于给定的光源，只能产生有限的颜色信号集。对于真实世界的图像，这个有限的集合称为规范色域。规范色域是通过记录(或计算)在选定的标准光源下由大量表面反射率产生的颜色信号确定的。Gijsenij 等人[24]将色域映射扩展到使用图像导数结构的通用 GM 算法中。最近，Finlayson[51]又提出了一种修正矩光照的估计算法，该算法通过学习一个回归矩阵将图像的颜色矩映射到其光照值。

尽管 LL 方法(ULL 和 SLL)相对简单和有效，但它们都受到了一个限制，即它们的估计只依赖于图像颜色信号分布的低层特征。另外，一旦训练后，模型将固定用于测试图像的预测。所以，基于底层特性的固定模型很难有效地处理现实场景中出现的各类图像。

2. 中层初始估计驱动方法

ML 方法本质上包含两个独立步骤：初始估计和最终融合。将几种 LL 方法应用于同一幅图像可以得到初始估计；然后在融合阶段以所有初始估计的加权融合得到最终估计值。

根据确定权重的方式，ML 方法也可以分为无监督的 ML(UML)和监督的 ML(SML)。在 UML 方法中，融合权重是直接预定义的，不需要事先训练，简单平均(SA)、Nearest-2(N2)、Nearest-N%(N-N%)、No-N-Max (NNM)和中位数(MD)都属于 UML 范畴[9,10]。SML 方法使用机器学习技术确定融合权重。Cardei 等人提出了基于最小二乘的融合(Least Mean Squares,LMS)[9]方法确定权重。Li 等人[11]提出了一种单隐层前馈神经网络的学习算法——极限学习机(Extreme Learning Machine,ELM)，用于估计融合权重。支持向量回归也可以作为融合策略学习权重(简称 SVRC)[11]。

然而，光照估计的融合策略的特点如下。一方面，ML 方法优于 LL 方法，因为融合策略在一定程度上解决了依赖固定估计模型的问题[5,11]。另一方面，由于很难用非常有限的初始估计预先定义或学习广义融合策略，因此融合策略本身就是一个新的误差来源。

3. 高层场景内容驱动方法

最近，一些研究人员将重点放在应用高层线索(如场景内容的信息)指导光照估计上。最近提出的基于示例的光照估计算法(Exemplar-Based,EB)[50]将图像分割成用 texton 特征表示的"表面"集合，然后通过从训练图像中找到最近的"表面"估计测试图像的光照。HL 方法包含两个独立的步骤：初始估计和最终融合。与 ML 方法相比，这种方法的唯一不同在于融合策略。HL 方法使用图像场景内容的特征，而不是初始光照估计决定如何最好地融合初始估计。

Gijsenij 的 HL 方法[25]基于自然图像统计和场景语义(Natural Image Statistics,NIS)信息选择最合适的 LL 方法。Bianco 等人[26]提出了一种基于内容相关特征的图像分类指导的融合(Image Classification,IC)策略，利用决策树为每幅图像选择最佳的 LL 方法。图像的边缘类型(如材质边缘、阴影边缘和高光边缘)也可以用于将由不同类型边缘对应的 Grey Edge 框架所生成的多个光照估计值进行融合[58]。Lu 等人[12]利用场景的三维几何特征(Stage Geometry,SG)将图像分割成不同的区域，然后根据每个深度层或几何剖面选择适当的估计值。Bianco 等人[13]提出利用室内和室外场景分类选择最合适的 LL 估计方法(Indoor Outdoor,IO)。Weijer 等人[27]将每幅图像建模为天空、草地、道路等语义类的混合,并利用视觉语义的高层次信息(High-level Information,HVI)改进光照估计。

这些 HL 方法的最大优点是不同图像的融合方案不是固定的,而是根据每幅图像的场景内容确定。然而,由于图像内容分析,如三维场景分类或室内和室外场景分类本身就是另一个难以解决的计算机视觉问题,因此依靠自动场景内容分析的结果作为选择融合权重的唯一依据不一定能得到更好的光照估计。

3.2.3　稀疏表示

稀疏表示的目的是得到输入向量的近似表示,是一种稀疏加权(即许多权重为 0)多个"基向量"的线性组合[30]。给定输入向量 $y \in R^k$ 和基向量 $U = [u_1, u_2, \cdots, u_n] \in R^{k \times n}$,稀疏表示旨在找到系数 $\eta \in R^n$ 的稀疏向量,使得 $y \approx U\eta = \sum_j u_j \eta_j$。为了得到 η,需要解出下面的目标函数。

$$\min_{\eta} \| y - U\eta \|^2 + \gamma \| \eta \|_0 \tag{3-2}$$

其中,γ 是正则化系数,$\| \eta \|_0$ 是 ℓ_0-范数,表示向量 η 中非零元素的数目。众所周知,在一般情况下,求稀疏表示是 NP 问题。幸运的是,最近的结果表明[30],在系数向量 η 足够稀疏的情况下,公式(3-2)中的 ℓ_0-最小化问题的解可以通过以下凸 ℓ_1-范数最小化的方式解决[30]。

$$\min_{\eta} \| y - U\eta \|^2 + \gamma \| \eta \|_1 \tag{3-3}$$

其中,第 1 项是重建误差,而第 2 项由 ℓ_1-范数控制系数向量 η 的稀疏性。γ 越大,解 η 越稀疏。基于 ℓ_1 范数的稀疏表示在许多实际应用中得到了广泛的应用,包括人脸识别和图像分类[30]。

3.3　基于树结构联合稀疏表示的多线索光照估计

本章提出的多线索 MC 光照估计可以将低、中、高层图像特征进行融合,以提高光照估计的性能。本节首先对 MC 进行概述,然后分别讨论 MC 的树结构联合稀疏表示(TGJSR)和相应的优化算法,最后描述 MC 的一个核扩展方法。

3.3.1　MC 概述

假设给定 N 个训练图像 $I_1, I_2, \cdots, I_N$ 以及它们对应的真实光照色度 $c_1, c_2, \cdots, c_N$。对于每个训练图像 I_i,考虑来自其 K(本章中 $K=3$)线索层中的每个线索,并将来自第 k^{th} 层次的线索表示为特征向量 $v_i^k \in R^{n_k}$,$k=1, 2, \cdots, K$,其中 n_k 是特征向量 v_i^k 的维数。对于第 k^{th} 线索,从所有训练图像获得的特征向量并构成特征矩阵 $V^k = [v_1^k, v_2^k, \cdots, v_N^k]$

$\in R^{n_k \times N}$。给定测试图像 I_y，在未知光照条件下，其对应于 K 个线索的特征向量被表示为 $y^k \in R^{n_k} (k=1,2,\cdots,K)$。MC 的目标是估计测试图像 I_y 的光照色度 c_y。

MC 方法的基本思想是：首先利用训练图像的特征从 K 个线索中线性地重建出测试图像的特征向量，然后利用重建系数(可以看作是测试图像和训练图像之间的相关性)作为训练图像的光照色度加权平均的权重值，最终得到测试图像光源的色度估计值。

1. 线性表示

考虑以下线性模型：

$$y^k = V^k W^k + \varepsilon^k, \quad k=1,2,\cdots,K \tag{3-4}$$

其中，$W^k \in R^N$ 是 y^k 的重建系数向量，假设残差项是独立同分布的高斯噪声，$\varepsilon^k \in R^{n_k}$ 表示残差项。给定系数 W^k，公式(3-4)表示如何根据训练图像中的线索重建测试图像的各个线索(特征向量)。基于所有 ε^k 的 ℓ_2 范数，定义 K 个线性表示的重建残差 $L(W)$ 为

$$L(W) = \frac{1}{2} \sum_{k=1}^{K} \| y^k - V^k W^k \|_2^2 \tag{3-5}$$

其中，$W = [W^1, W^2, \cdots, W^K] \in R^{N \times K}$ 表示由 K 列系数向量 $\{W^k\}$ 堆叠的矩阵。通过最小二乘回归(Least Squares Regression, LSR)模型将重建残差 $L(W)$ 最小化，得到 W^k。为了避免奇异性，需要额外的正则化项 $\Omega(W)$，最终求解

$$\hat{W} = \underset{W}{\arg\min} \{ L(W) + \gamma \Omega(W) \} \tag{3-6}$$

其中，γ 是正则化系数。正则化项 $\Omega(W)$ 决定了不同线索和训练样本之间的相互作用，对提出的框架至关重要。

2. 光照估计

公式(3-6)的优化输出是测试图像 I_y 的重建系数矩阵 W。用下标 W_i 表示矩阵 W 的 i^{th} 行，用上标 W^j 表示矩阵 W 的 j^{th} 列。系数矩阵 W 的每一行 W_i 是长度为 K 的权重向量，表示测试图像和 i^{th} 训练图像在所有 K 线索上的相关性；而每一列向量 W^j 则是表示测试图像和所有 N 个训练图像在 j^{th} 线索下的相关性权重向量。因此，如果在系数矩阵 W 的每一行上应用 ℓ_2-范数，则可以得到权重向量 $z = [\|W_1\|_2, \|W_2\|_2, \cdots, \|W_N\|_2]^T$。向量 z 表示测试图像和所有训练图像之间的所有线索都结合在一起得到的相关性值。在给定 z 的情况下，将测试图像的光照色度 c_y 估计为所有训练图像的光照色度值的加权平均值，即

$$c_y = [c_1, c_2, \cdots, c_N]\hat{z}, \quad \text{where } \hat{z} = \frac{z}{\|z\|_1} \tag{3-7}$$

3.3.2　树结构联合稀疏正则化

如上所述，公式(3-6)中的正则化项 $\Omega(W)$ 对 MC 方法很重要。在最优化问题中，

基于 ℓ_2-范数的正则化项经常被使用。于是,正则化项 $\Omega(\boldsymbol{W})$ 可以写成

$$\Omega(\boldsymbol{W}) = \parallel \boldsymbol{W} \parallel_F = \sqrt{\sum_i \sum_j \left[\boldsymbol{W}(i,j) \right]^2} \tag{3-8}$$

其中,$\parallel \cdot \parallel_F$ 是 Frobenius 范数,$\boldsymbol{W}(i,j)$ 是 $\boldsymbol{W}$ 的 $(i,j)^{th}$ 项。从多任务学习的角度来看,公式(3-6)中正则化项 $\Omega(\boldsymbol{W})$ 是一个具有 K 独立最小二乘回归的多任务回归模型[31]。

公式(3-8)中基于 ℓ_2-范数的正则化项有两个明显的缺点。首先,它不考虑来自不同线索的特征之间的关联关系,因为使用 ℓ_2-范数正则化项的最小化分别应用于每个特征,该解决方案无法从多个特征的组合中受益。其次,它独立使用所有训练样本,并在重建过程中忽略它们之间的关系。Yuan 和 Yan[31]表示,在许多实际情况下,基于独立线索和独立训练样本的重建可能不稳定且对噪声敏感。为了使该重建可以受益于有关训练样本之间关系的某种先验知识,本书提出了一种树结构联合稀疏性正则化方法,可以将独立学习模型扩展为联合学习模型。

1. 联合稀疏正则化

为了避免公式(3-8)中基于 ℓ_2-范数的正则化的第一个限制,我们改用联合稀疏正则化。设计联合稀疏正则化的思路是从整个训练集中选择一些具有代表性的训练样本(即稀疏集合),这些样本与测试图像在多个线索上有相关的特征。在这种情况下,多个特征所需的稀疏重建系数向量将共享某些稀疏模式。为此,将 ℓ_2-范数应用于每个行向量 $\boldsymbol{W}_i$,以衡量多个线索的特征强度,并在向量的 ℓ_2-范数上应用 ℓ_0-范数以保证稀疏性,从而使生成的稀疏表示中仅涉及少量训练样本。因此,得到了以下联合稀疏正则项。

$$\Omega(\boldsymbol{W}) = \parallel \left[\parallel \boldsymbol{W}_1 \parallel_2, \parallel \boldsymbol{W}_2 \parallel_2, \cdots, \parallel \boldsymbol{W}_N \parallel_2 \right] \parallel_0 \tag{3-9}$$

由于涉及 ℓ_0-范数的正则化是 NP 问题,因此为了易于求解,使用 $\ell_{1,2}$-范数代替 $\ell_{0,2}$-范数。

$$\Omega(\boldsymbol{W}) = \parallel \left[\parallel \boldsymbol{W}_1 \parallel_2, \parallel \boldsymbol{W}_2 \parallel_2, \cdots, \parallel \boldsymbol{W}_N \parallel_2 \right] \parallel_1 \tag{3-10}$$

2. 树结构联合稀疏正则化

尽管公式(3-10)中的联合稀疏正则化可以组合来自多个线索的信息,但它将所有训练图像视为相同的,而不管它们是否涉及不同的光源。因此,联合稀疏正则化极有可能导致选择具有非常不同的真实光照色度的训练图像。但是,理想情况下,所有选定的图像都应具有相似的光源,并与测试图像相似。为了保证训练图像的相似性,在联合稀疏度上添加了树结构约束,构成树结构联合稀疏正则化。

树结构稀疏表示在许多视觉分类任务中得到了广泛的应用[32,33]。实验结果表明,该方法比基于独立、不分组训练样本的分类算法具有更好的性能和更强的鲁棒性。树结构稀疏表示首先根据训练样本的类别标签将其划分为不同的组。然后对于每个

测试样本,选择来自组的子集而不是所有训练样本进行稀疏表示。

如果仅使用基本组的稀疏将训练图像基于其真实光照色度值而划分为不同的组,则会出现两个问题。首先是如何最好地进行分组,尽管可以使用聚类方法(如 k-均值)将训练集划分为互斥且非重叠的聚类,但这种方法并不合适,因为光照色度值是连续的,这使得我们很难确定应该将哪种给定色度分配给哪个对应的组。第二个问题是如何确定合适的组数,与已知组(或类)数量的分类任务不同,我们很难预先定义潜在光源组的数量。

为了解决以上两个问题,我们引入了树结构的分组策略以表示模式之间的关系[34]。与非重叠聚类相比,树结构分组有两大优点。首先,由于它本质上是训练集的层次划分,因此在优化过程中可以自适应地找到最佳划分。其次,由于相邻组(树结构中的子节点)共享一个共同的父节点进行编码,因此树结构可以看作是训练集的软划分。

(1) 树形分组

树结构分组的基础是索引树[35]。对于深度为 d 的索引树 T,该树的每个节点都是与训练样本子集关联的索引集。设 Q_j^i 为 i^{th} 层的 j^{th} 节点,$T_i = \bigcup_{j=1}^{n_i} Q_j^i$ 包含深度 i 对应的所有节点,其中 n_i 是 i^{th} 层的节点数。对于 $n_1 = 1$,根节点 $T_1 = Q_1^1 = \{1, 2, \cdots, N\}$ 包含所有训练样本。此外,树中的节点应满足以下条件:① 来自同一深度层的节点应具有非重叠索引,即在 T 的 i^{th} 层,对于任何 $1 \leqslant j, k \leqslant n_i, j \neq k, Q_j^i \bigcap Q_k^i = \varnothing$;② 对于非根节点 Q_j^i,其父节点为 $Q_{j_0}^{i-1}$,有 $Q_j^i \subseteq Q_{j_0}^{i-1}$ 和 $\bigcup_j Q_j^i = Q_{j_0}^{i-1}$。图 3-1 显示了一个包含 $N = 10$ 和 8 个索引节点的示例索引树。

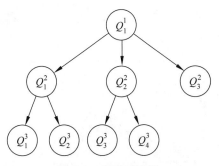

图 3-1　索引树示例

通过分层 k-均值聚类构造一个索引树以表示训练图像的结构。首先,来自训练集的真实光照色度值定义了 N 个数据点。分裂层次聚类以单个聚类中的所有点作为根节点,使用 k-均值将每个组递归地划分为 s 个子组。当所有子组包含少于 s 个数据点时,递归终止。我们利用深度为 $d \leqslant 4$ 的三叉树结构($s = 3$)将训练图像分为最多 27 组。图 3-2 显示了 SFU 数据集光照色度的索引树结构示例。

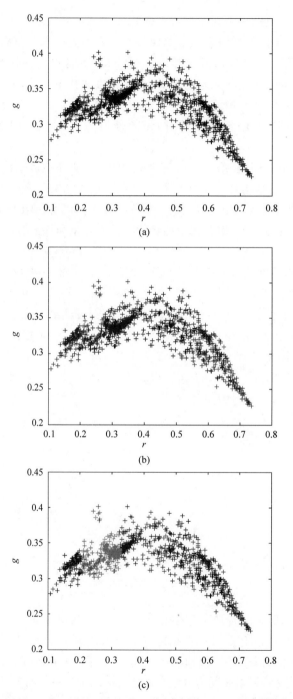

图 3-2　rg 色度空间中基于分裂层次 k-均值聚类的索引树结构示例($d = 3$)

（a）第一层包含 1 个组；（b）第二层包含 3 个组；（c）第三层包含 9 个组

（2）树结构联合稀疏正则化

给定一个索引树作为训练图像在光照色度方面潜在相似性的表示后，需要定义树结构稀疏正则化。设 $\boldsymbol{W}_{Q_j^i} \in R^{|Q_j^i| \times K}$ 为树结构中索引节点 Q_j^i 对应的 $\boldsymbol{W}$ 的子矩阵。树结构联合稀疏正则化将 ℓ_2-范数应用于 $\boldsymbol{W}_{Q_j^i}$。换句话说，也就是将其应用于索引树中的每个节点。它还将 ℓ_1-范数应用于 $\boldsymbol{W}_{Q_j^i}$ 的 ℓ_2-范数上，用来提高稀疏性。因此，得到以下树结构联合稀疏正则化表示。

$$\Omega(\boldsymbol{W}) = \sum_{i=1}^{d} \sum_{j=1}^{n_i} \| \boldsymbol{W}_{Q_j^i} \|_F \qquad (3\text{-}11)$$

3.3.3　TGJSR 的优化

利用公式（3-11）定义的树结构联合稀疏正则化项 $\Omega(\boldsymbol{W})$ 可以重写公式 3-6，进行优化以求解系数矩阵 $\boldsymbol{W}$。

$$\hat{\boldsymbol{W}} = \underset{\boldsymbol{W}}{\arg\min} F(\boldsymbol{W}), \text{ where } F(\boldsymbol{W}) = L(\boldsymbol{W}) + \gamma \Omega(\boldsymbol{W})$$

$$= \underset{\boldsymbol{W}}{\arg\min} \left\{ \frac{1}{2} \sum_{k=1}^{K} \| y^k - \boldsymbol{V}^k \boldsymbol{W}^k \|_2^2 + \gamma \sum_{i=1}^{d} \sum_{j=1}^{n_i} \| \boldsymbol{W}_{Q_j^i} \|_F \right\} \qquad (3\text{-}12)$$

公式（3-12）中定义的目标函数由于 ℓ_1-范数正则化而不平滑。为了对其进行优化，将目标函数 $F(\boldsymbol{W})$ 分解为两部分：光滑凸部分 $L(\boldsymbol{W})$ 和"简单"非光滑凸部分 $\Omega(\boldsymbol{W})$。Nesterov[28] 指出，"简单"意味着能够使用一些辅助函数找到最小化非光滑部分的闭合解。基于此分解，Tseng[29] 证明了加速近似梯度（Accelerated Proximal Gradient，APG）算法可用于求解公式（3-12）。对于"最优"一阶梯度，APG 的收敛速度为 $O(1/t^2)$（t 表示迭代次数）。APG 算法是由 Nesterov[28] 提出的。Tseng[29] 提供了现有 APG 方法的统一处理方法。APG 已经成功地应用于许多稀疏表示问题[36,37]。算法 3-1 给出了用 APG 对公式（3-12）的优化过程。

算法 3-1　树结构联合稀疏正则化优化算法

Initialization： $H_0 > 0$，$\xi > 0$，$\boldsymbol{W}_{(0)} \in R^{N \times K}$，$\boldsymbol{V}_{(0)} = \boldsymbol{W}_{(0)}$，$\alpha_0 = 1$，$t = 0$

Repeat

    1）Set $H = H_t$

    2）While $F(r_H(\boldsymbol{V}_{(t)})) > R_H(r_H(\boldsymbol{V}_{(t)}), \boldsymbol{V}_{(t)})$

        $H = \xi H$

    3）Set $H_{t+1} = H$

    4）Compute

        $\boldsymbol{W}_{(t+1)} = \underset{\boldsymbol{W}}{\arg\min} R_{H_{t+1}}(\boldsymbol{W}, \boldsymbol{V}_{(t)})$

        $\alpha_{t+1} = \dfrac{2}{t+3}$

$$\delta_{t+1} = \boldsymbol{W}_{(t+1)} - \boldsymbol{W}_{(t)}$$

$$V_{(t+1)} = \boldsymbol{W}_{(t+1)} + \frac{1-\alpha_t}{\alpha_t} \alpha_{t+1} \delta_{t+1}$$

5) Set $t = t+1$

Until convergence of $\boldsymbol{W}_{(t)}$

Output $\boldsymbol{W}_{(t)}$

算法 3-1 中的广义梯度更新步骤定义如下。

$$R_H(\boldsymbol{W}, \boldsymbol{W}_{(t)}) = L(\boldsymbol{W}_{(t)}) + <\boldsymbol{W}-\boldsymbol{W}_{(t)}, \nabla L(\boldsymbol{W}_{(t)})> + \frac{H}{2} \parallel \boldsymbol{W}-\boldsymbol{W}_{(t)} \parallel_F^2 + \gamma\Omega(\boldsymbol{W})$$

$$\tag{3-13}$$

$$r_H(\boldsymbol{W}_{(t)}) = \underset{\boldsymbol{W}}{\arg\min}\, R_H(\boldsymbol{W}, \boldsymbol{W}_{(t)}) \tag{3-14}$$

其中，$\boldsymbol{W}_{(t)}$ 是 $\boldsymbol{W}$ 在 t^{th} 迭代中的解，$<\boldsymbol{A}, \boldsymbol{C}> = tr(\boldsymbol{A}^\mathrm{T}\boldsymbol{C})$ 表示矩阵内积，$\nabla L(\boldsymbol{W}_{(t)})$ 是 $L(\boldsymbol{W})$ 在 $\boldsymbol{W}_{(t)}$ 的次微分。重写公式（3-14）可以得到

$$r_H(\boldsymbol{W}_{(t)}) = \underset{\boldsymbol{W}}{\arg\min}\Big(L(\boldsymbol{W}_{(t)}) + <\boldsymbol{W}-\boldsymbol{W}_{(t)}, \nabla L(\boldsymbol{W}_{(t)})> + \frac{H}{2} <\boldsymbol{W}-\boldsymbol{W}_{(t)}, \boldsymbol{W}-\boldsymbol{W}_{(t)}> +$$

$$\gamma\Omega(\boldsymbol{W})\Big)$$

$$= \underset{\boldsymbol{W}}{\arg\min}\Big(<\boldsymbol{W}, \nabla L(\boldsymbol{W}_{(t)})> + \frac{H}{2} <\boldsymbol{W}, \boldsymbol{W}> - H<\boldsymbol{W}, \boldsymbol{W}_{(t)}> + \gamma\Omega(\boldsymbol{W})\Big)$$

$$= \underset{\boldsymbol{W}}{\arg\min}\Big(\frac{1}{2}\Big[<\boldsymbol{W}, \boldsymbol{W}> - 2<\boldsymbol{W}, \boldsymbol{W}_{(t)} - \frac{1}{H}\nabla L(\boldsymbol{W}_{(t)})> + <\boldsymbol{W}_{(t)} -$$

$$\frac{1}{H}\nabla L(\boldsymbol{W}_{(t)}), \boldsymbol{W}_{(t)} - \frac{1}{H}\nabla L(\boldsymbol{W}_{(t)})>\Big] + \frac{\gamma}{H}\Omega(\boldsymbol{W})\Big)$$

$$= \underset{\boldsymbol{W}}{\arg\min}\Big(\frac{1}{2} <\boldsymbol{W}-\boldsymbol{W}_{(t)} - \frac{1}{H}\nabla L(\boldsymbol{W}_{(t)}), \boldsymbol{W}-\boldsymbol{W}_{(t)} - \frac{1}{H}\nabla L(\boldsymbol{W}_{(t)})> + \frac{\gamma}{H}\Omega(\boldsymbol{W})\Big)$$

$$= \underset{\boldsymbol{W}}{\arg\min}\Big(\frac{1}{2} \parallel \boldsymbol{W} - \Big(\boldsymbol{W}_{(t)} - \frac{1}{H}\nabla L(\boldsymbol{W}_{(t)})\Big) \parallel_F^2 + \frac{\gamma}{H}\Omega(\boldsymbol{W})\Big) \tag{3-15}$$

可以看出，对于不同线索，$\nabla L(\boldsymbol{W}_{(t)})$ 分别计算 $\nabla L(\boldsymbol{W}_{(t)}) = [\nabla L(\boldsymbol{W}_{(t)}^1), \nabla L(\boldsymbol{W}_{(t)}^2), \cdots, \nabla L(\boldsymbol{W}_{(t)}^K)]$。$\nabla L(\boldsymbol{W}_{(t)}^k)$ 表示为

$$\nabla L(\boldsymbol{W}_{(t)}^k) = -(\boldsymbol{V}^k)^T y^k + (\boldsymbol{V}^k)^T \boldsymbol{V}^k \boldsymbol{W}_{(t)}^k \tag{3-16}$$

为了简单起见，定义 $\boldsymbol{B} = \Big(\boldsymbol{W}_{(t)} - \frac{1}{H}\nabla L(\boldsymbol{W}_{(t)})\Big)$ 和 $\tilde{\gamma} = \frac{\gamma}{H}$，公式 3-15 可表示为

$$r_H(\boldsymbol{W}_{(t)}) = \underset{\boldsymbol{W}}{\arg\min}\Big(\frac{1}{2} \parallel \boldsymbol{W}-\boldsymbol{B} \parallel_F^2 + \tilde{\gamma}\sum_{i=1}^{d}\sum_{j=1}^{n_i} \parallel \boldsymbol{W}_{Q_j^i} \parallel_F\Big) \tag{3-17}$$

公式（3-17）实际上是与树结构联合稀疏性 $\Omega(\boldsymbol{W})$ 相关联的 Moreau-Yosida 正则化[38]。

Liu 等人[35]给出了向量情形下 Moreau-Yosida 正则化的一个有效的解析解，并将其算法推广到矩阵情形，提出了一种求解公式(3-17)的优化方法，如算法 3-2 所示。

算法 3-2　树结构联合稀疏表示的 Moreau-Yosida 正则化优化

Input：$\boldsymbol{B} = \boldsymbol{W}_{(t)} - \dfrac{1}{H} \nabla L(\boldsymbol{W}_{(t)})$，$\widetilde{\gamma} = \dfrac{\gamma}{H}$，and the index tree T with nodes

$Q_j^i (i = 1, 2, \cdots, d; j = 1, 2, \cdots, n_i)$

1) Set $\boldsymbol{U}^{(d+1)} = \boldsymbol{B}$

2) **for** $i = d$ to 1 **do**

3) 　　　**for** $j = 1$ to n_i **do**

　　　　　Compute

$$\boldsymbol{U}_{Q_j^i}^{(i)} = \begin{cases} \boldsymbol{0}, & \| \boldsymbol{U}_{Q_j^i}^{(i+1)} \|_F \leqslant \widetilde{\gamma} \\ \dfrac{\| \boldsymbol{U}_{Q_j^i}^{(i+1)} \|_F - \widetilde{\gamma}}{\| \boldsymbol{U}_{Q_j^i}^{(i+1)} \|_F}, & \| \boldsymbol{U}_{Q_j^i}^{(i+1)} \|_F > \widetilde{\gamma} \end{cases} \tag{3-18}$$

4) 　　　**end for**

5) **end for**

Output $\boldsymbol{U}^{(1)}$.

在算法 3-2 的实现中，只需要维护一个用 $\boldsymbol{B}$ 初始化的工作变量 $\boldsymbol{U}$，然后以自底向上、广度优先的顺序遍历索引树 T 以更新 $\boldsymbol{U}$。在每个被遍历的节点 Q_j^i 处，根据公式(3-18)中的操作更新 $\boldsymbol{U}_{Q_j^i}$，从而使 $\boldsymbol{U}_{Q_j^i}$ 的 Frobenius 范数最多减少 $\widetilde{\gamma}$。算法 3-2 的时间复杂度为 $O\left(\sum\limits_{i=1}^{d} \sum\limits_{j=1}^{n_i} |Q_j^i|\right)$ [35]。

3.3.4　核化 TGJSR

与其他分类模型一样，TGJSR 也可以被扩展为核函数形式[39]。为此，我们提出了一个核扩展，它使用非线性映射函数 φ^k 对高维再生核希尔伯特空间（Reproducing Kernel Hilbert Space，RKHS)$\varphi^k(v_i^k) \in R^{m_k}$，$(m_k \gg n_k)$ 中的 k^{th} 线索中的原始特征 $v_i^k \in R^{n_k}$，$k = 1, 2, \cdots, K$ 进行编码。将公式(3-12)重写为

$$\hat{\boldsymbol{W}} = \underset{W}{\arg\min} \left(\frac{1}{2} \sum_{k=1}^{K} \| \varphi^k(y^k) - \varphi^k(\boldsymbol{V}^k)\boldsymbol{W}^k \|_2^2 + \gamma \sum_{i=1}^{d} \sum_{j=1}^{n_i} \| \boldsymbol{W}_{Q_j^i} \|_F \right) \tag{3-19}$$

其中，$\varphi^k(\boldsymbol{V}^k) = [\varphi^k(v_1^k), \varphi^k(v_2^k), \cdots, \varphi^k(v_N^k)]$。除了广义梯度更新步骤外，公式(3-19)的优化与算法 3-1 几乎相同。广义梯度更新步骤只涉及公式(3-16)中特征的内积，可以重写为

$$\nabla L(\boldsymbol{W}_{(t)}^k) = -[\varphi^k(\boldsymbol{V}^k)]^T \varphi^k(y^k) + [\varphi^k(\boldsymbol{V}^k)]^T \varphi^k(\boldsymbol{V}^k)\boldsymbol{W}_{(t)}^k$$

$$\nabla L(\boldsymbol{W}_{(t)}^k) = -[[\varphi^k(v_1^k)]^T \varphi^k(y^k), [\varphi^k(v_2^k)]^T \varphi^k(y^k), \cdots, [\varphi^k(v_N^k)]^T \varphi^k(y^k)]^T$$

$$+\begin{bmatrix} \left[\varphi^k(v_1^k)\right]^{\mathrm{T}}\varphi^k(v_1^k) & \cdots & \left[\varphi^k(v_1^k)\right]^{\mathrm{T}}\varphi^k(v_N^k) \\ \left[\varphi^k(v_2^k)\right]^{\mathrm{T}}\varphi^k(v_1^k) & \cdots & \left[\varphi^k(v_2^k)\right]^{\mathrm{T}}\varphi^k(v_N^k) \\ \cdots & \cdots & \cdots \\ \left[\varphi^k(v_N^k)\right]^{\mathrm{T}}\varphi^k(v_1^k) & \cdots & \left[\varphi^k(v_N^k)\right]^{\mathrm{T}}\varphi^k(v_N^k) \end{bmatrix} \boldsymbol{W}_{(t)}^k \qquad (3\text{-}20)$$

其中,RKH 中的内积可以作为核函数,使用以参数 σ^k 为核函数的高斯径向基函数(Radial Basis Function,RBF)表示为

$$\mathrm{Ker}(v_i^k,v_i^k)=\left[\varphi^k(v_i^k)\right]^{\mathrm{T}}\varphi^k(v_i^k)=\exp(-\sigma^k\parallel v_i^k-v_i^k\parallel^2) \qquad (3\text{-}21)$$

利用该 RBF 核函数可以方便地计算出公式(3-20)的 $\nabla L(\boldsymbol{W}_{(t)}^k)$。公式(3-18)中的优化也可以通过算法 3-1 的扩展解决,这时,使用公式(3-20)将计算 $\nabla L(\boldsymbol{W}_{(t)}^k)$ 而不是公式(3-16)。

3.4　MC 光照估计的实现与分析

本节首先讨论 MC 光照估计中从不同线索获得的特征,然后描述 TGJSR 框架中基于不同特征组合的光照估计方法。

3.4.1　特征提取

MC 的实现采用 3 个线索:低层颜色信息、中层初始估计和高层场景内容。每个线索都是根据特征向量 $v_i^k\in R^{n_k}$, $k=1,2,\cdots,K$ 定义的。

1. 低层颜色信息特征

对于低层线索,使用图像数据的二值化颜色直方图作为特征向量。直方图基于 RGB 颜色信号 (r,g,l)[7] 编码,其中 $(r,g)^{\mathrm{T}}$ 表示色度,$l=(R+G+B)$。r 和 g 被均匀分成 50 等份,l 被均匀分成 25 等份,会产生 62 500(50×50×25)个 bin。在二值化直方图中,1 或 0 表示图像中是否存在对应的 (r,g,l)。因为 $0\leqslant(r+g)\leqslant1$,去除所有 $(r+g)>1$ 的 bin,这样,特征向量就减少到了 31 875 维。

2. 中层初始估计特征

对于中层线索,使用一个特征向量编码初始光照估计。该初始光照估计使用 Weijer 等人[18]提出的 Grey Edge 框架获得,它包括不同阶次和尺度的导数,以及各种幂的 Minkowski 范数。Grey Edge 框架表示为

$$\left(\int\left|\frac{\partial^n \boldsymbol{f}^\sigma(\boldsymbol{x})}{\partial \boldsymbol{x}^m}\right|^p \mathrm{d}\boldsymbol{x}\right)^{1/p}=\kappa \boldsymbol{e}^{m,p,\sigma} \qquad (3\text{-}22)$$

其中,$\boldsymbol{f}^\sigma(\boldsymbol{x})=\boldsymbol{f}(\boldsymbol{x})\otimes G^\sigma$ 表示图像与标准差为 σ 的高斯滤波器 G^σ 的卷积,p 是 Minkowski 范数值,κ 是标度,$\boldsymbol{e}^{m,p,\sigma}$ 是得到的光照估计,该框架根据 m,p,σ 的不同选

择会产生不同的光照估计。利用 6 种参数设置得到 6 种方法,即 $(m, p, \sigma) = \{(0,1,0),$ $(0,6,0), (0,\infty,0), (0,13,2), (1,1,6), (2,1,5)\}$。针对一幅图像,Grey Edge 框架会产生光照色度的 6 个估计(每个估计对应 r, g 两个值),这些估计被组合为 12 维特征向量 $[c^{0,1,0}, c^{0,6,0}, c^{0,\infty,0}, c^{0,13,2}, c^{1,1,6}, c^{2,1,5}]^T$。

3. 高层场景内容特征

关于高层场景内容特征,如图像是室内场景还是室外场景已经被用作光照估计的线索[12,13,27]。高层次的场景内容对于光照估计是有用的,但是场景内容的理解,如三维场景几何分类[54]或室内和室外场景分类是另一个难以解决的计算机视觉问题,很难准确地获得高层次的场景语义描述。我们选择 Weibull 参数化特征[40]作为高层次的场景内容特征。尽管 Weibull 参数化特征不能直接描述场景内容语义,但是已经证明了它与图像场景类型和三维场景几何体有很好的相关性。进一步研究的结果表明[5],对于光照估计融合算法,该特征比基于 SIFT 的特征更有效[52]。

Weibull 参数作为一种纹理特征,最初由 Geusebroek 等人提出[40],然后由 Gijsenij 和 Gevers[25]应用于光照估计。Geusebroek 指出,图像中边缘响应的分布可以用两个参数的积分 Weibull 分布拟合[40]。

$$wb(z) = \vartheta \exp\left(-\frac{1}{\alpha}\left|\frac{z}{\beta}\right|^\alpha\right) \tag{3-23}$$

其中,z 是从单个颜色通道到高斯导数滤波器的边缘响应,ϑ 是归一化常数,$\beta > 0$ 表示图像对比度的分布的比例参数,$\alpha > 0$ 是确定粒度的形状参数。Weibull 分布的参数可以表征纹理的空间结构[40]。按照 Gijsenij 和 Gevers[25]的描述,我们也将每个图像从 RGB 颜色空间转换为三维对立颜色空间 (O_1, O_2, O_3)[41],使 $O_1 = (R-G)/\sqrt{2}$,$O_2 = (R+G-2B)/\sqrt{6}$,$O_3 = (R+B+G)/\sqrt{3}$ 并确定每个通道的 Weibull 参数 $<\alpha, \beta>$,它们被组合起来构成了 6 维特征向量,作为表示高层场景内容的特征。

3.4.2　由 MC 框架生成的其他方法

MC 框架能够给出各种线索和场景光照色度之间的相互关系。为了评估来自不同层次的线索的重要性,我们给出了 MC 框架中基于单个层次的线索和来自两个层次的线索对的方法。

(1) 仅使用低层线索(MC-L)

对于 MC 仅使用一个低层线索的情况,该方法实质上类似 SLL 中的 CbyC[8]、NN[6]、SVR[7] 和 SSS[22]方法。

(2) 仅使用中层线索(MC-M)

对于 MC 仅使用多个初始估计融合的中层线索的情况,该方法实质上类似 SML

融合方法中的 LSM[9]、ELM 和 SVRC[11] 方法。

（3）仅使用高层线索（MC-H）

MC 仅使用场景内容线索意味着仅根据图像的场景类型（室内和室外）估计光照色度。尽管有一些 HL 方法，如 NIS[25]、IC[26] 和 IO[13] 在估计光源时使用场景类型，但它们仅将其作为补充信息。

（4）仅使用低层和中层线索（MC-LM）

将低层和中层的线索结合在一起实现光照估计。

（5）仅使用低层和高层线索（MC-LH）

SLL 方法一般是利用整个训练集形成一个单一的模型，研究观察到的图像 RGB 值与光照色度之间的关系。但是，MC-LH 将有关场景内容的信息用于为每个场景类型训练单独的模型。

（6）仅使用中层和高层线索（MC-MH）

同时使用中层和高层线索类似于 HL 方法，如 NIS[25]、IC[26]，其中，场景类别的知识用来指导如何使用或融合基于中层特征的光照估计。

可以看出，我们所提出的 TGJSR 框架具有很好的通用性和可扩展性，它可以同时使用低、中、高层线索的现有方法，并且它可以很容易地扩展包含任何新的特征或线索。

3.5　实验结果

我们对所提出的 MC 光照估计算法在 3 个真实图像集上进行了测试。第一组是 Gehler-Shi 的 568 幅图像，该数据集由 Gehler 等人[21] 提供，随后由 Shi 等人[42] 重新进行了处理。第二组是由 Ciurea 等人[43] 从数字视频中捕获的由 11 346 个真实场景图像组成的 SFU 数据集。第三组是巴塞罗那自治大学计算机视觉中心提供的 Barcelona 数据集[44]。

我们将 MC 方法与一些经典的 LL、ML 和 HL 光照估计方法进行了比较。针对 LL，比较算法包括 GW[16]、MaxRGB[15]、SoG[17]、Grey Edge（GE[0,13,2]，GE[1,1,6]，GE[2,1,5]）[18]、NN[6]、SVR[7]、SSS[22] 和 GM[23]。针对 ML，比较算法包括 SA、N2、N-N％（N-10％ 和 N-30％）、NNM（N1M 和 N3M）、MD[10]、LMS[9]、ELM[11] 和 SVRC[11]。针对 HL，比较算法包括 NIS[25]、IC[26]、SG[12]、IO[13] 和 HVI[27]。表 3-1 提供了这些方法的缩写。上述大多数方法的实现可在线获得[45]。

由于 ML 和 HL 类别中的方法都是基于融合机制的，因此它们要求由一组 LL 方法提供初始光照估计。在测试中，根据 Grey Edge 框架，我们定义了 6 种参数，分别设置为 $(m, p, \sigma) = \{(0,1,0), (0,6,0), (0,\infty,0), (0,13,2), (1,1,6), (2,1,5)\}$，可以得到 6 种算法，这里，Grey Edge 参数的选择基于先前的研究结论[5,13,25]。

从表 3-1 可以看出，为了验证结合 3 个线索的 MC 方法，还比较了由 TGJSR 框架生成的 MC-L、MC-M、MC-H、MC-LM、MC-LH 和 MC-MH 方法。在参数选择方面，通过对训练集的三重交叉验证，分别选择线性核、$\sigma^k \in \{0.001, 0.01, 0.1, 1, 10, 100\}$ 的 RBF 核，公式(3-7)中的正则化系数定义为 $\gamma \in \{0.001, 0.01, 0.1, 1, 10, 100\}$。

表 3-1　各种方法名字缩写

类　别	子　类	缩写	方　法
低层颜色信息驱动方法（LL）	Unsupervised LL（ULL）	DN	Do nothing method always estimates the illuminant as being white ($R = G = B$)
		GW	Grey world[16]
		SoG	Shades of grey[17]
		MaxRGB	MaxRGB algorithm[15]
		GE	Grey edge framework[18]
	Supervised LL（SLL）	NN	Neural network-based method[6]
		SVR	Support Vector Regression-based method[7]
		SSS	Colorconstancy with spatio-spectral statistics[22]
		GM	Gamut mapping algorithm[23]
中层初始估计驱动方法（ML）	Unsupervised ML（UML）	SA	Simple averaging combination method[10]
		N2	Nearest-2 combination method[10]
		N-N%	Nearest-N% combination method[10]
		NNM	No-N-Max combination method[10]
		MD	Median combination method[10]
	Supervised ML（SML）	LMS	Least-Mean-Squares-based combination method[9]
		ELM	Extreme Learning Machinecombination method[11]
		SVRC	Support Vector Regression combination method[11]
高层场景内容驱动方法（HL）	/	NIS	Natural image statistics method[25]
		IC	Image-classification-guided method[26]
		IO	Indoor/outdoor scene classification method[13]
		SG	3D stage geometrymethod[12]
		HVI	High-level visual semantic information method[27]

续表

类　　别	子　类	缩写	方　　法
基于多线索 方法 （MC）	/	MC-L	MC method with low-level cue
		MC-M	MC method with mid-level cue
		MC-H	MC method with high-level cue
		MC-LM	MC method combining low- and mid-level cues
		MC-LH	MC method combining low- and high level cues
		MC-MH	MC method combining middle and high-level cues
		MC	MC method combiningall three cues

3.5.1　评价标准

假设估计的光照色度 $c=[c_r,c_g]^T$，具有相同色度的对应的颜色信号 e 定义为 $e=[c_r,c_g,1-c_r-c_g]^T$。估计的光照色度 e_y 与其测量的真实光照色度 e_a 之间的角度误差定义为

$$\mathrm{ang}(e_y,e_a)=\cos^{-1}\left(\frac{e_y \cdot e_a}{\parallel e_y \parallel \parallel e_a \parallel}\right)\times\frac{180°}{\pi} \qquad (3\text{-}24)$$

其中，$e_y \cdot e_a$ 是 e_y 和 e_a 的点积，$\parallel \cdot \parallel$ 表示欧几里得范数。平均值（mean）、中值（median）、三均值（trimean）[46]、最佳-25%（B-25%）和最差-25%（W-25%）角度误差用于测量图像集上每个方法的性能。最差-25%（或最佳-25%）表示测试图像上最大（或最小）的 25% 角度误差的平均值[22]。

3.5.2　Gehler-Shi 数据集测试

Gehler Shi 数据集包含 568 幅图像，包括各种室内和室外图像，用两台高质量数码相机（佳能 5D 和佳能 1D）拍摄，所有图像最初都以佳能 RAW 格式保存。由于 Gehler 等人[21,47] 提供的数据集中的 TIFF 图像是自动生成的，因此它们包含非线性的剪裁像素（即应用了 gamma 或色调曲线校正），并且包括相机白平衡的效果。为了避免这些问题，Shi 等人[42] 重新处理了原始数据并创建了线性的（gamma＝1）12 位便携式网络图形（PNG）格式图像。处理后的数据集用于验证 MC 算法的有效性。

另外，该数据集中图像的文件名表示它们的拍摄顺序，因此序列中的相邻图像可能具有相似的场景。为了最大化训练其和测试集之间的差异，而不是将数据集随机划分为 3 个子集，我们用文件名对整个集合进行排序，然后将排序后的集合分为 3 个子

集[5]。前两个子集各包括 189 幅图像,另一个子集包括 190 幅图像。对于训练和测试,其中 2 个子集用于训练,第 3 个子集用于测试。此过程重复 3 次,并使用 3 次平均性能作为最终结果。该数据集的实验结果和相应的排名如表 3-2 所示。注意:比较方法中还包括"不做任何事"(Do Nothing,DN)方法,该方法始终将光源估计为具有色度分量 $r=g=b$。与其他数据集不同,Gehler-Shi 数据集中的图像是直接从 RAW 数据中获得的,因此不包括白点设置或其他相机校准。对于 DN 误差,需要建立一个白点设置。Shi[59] 根据一些室外场景图像中色彩检查器的消色差片,从佳能 5D 和 Canon1D 相机中获得的图像的白点为[1/1.6976,1/0.9297,1/1.0237]和[1/2.224558, 1/0.928662,1/1.164364],这些白点用于计算表 3-2 中给出的 DN 误差。

　　从表 3-2 中可以看出,我们提出的 MC 方法在平均值(mean)、中值(median)、三均值(trimean)和 B-25% 误差方面优于所有其他方法。在 W-25% 误差方面,MC 仅次于 SSS。显然,MC 组合多个线索可以提高整体性能。其他 MC 变种也表现良好,即使是只使用低层颜色信息线索的 MC-L,也比 LL 方法中最好的 SVR 和 SSS 性能更好。MC-M 也可与最佳 ML 法 SVRC 相媲美。总之,该数据集的结果表明,TGJSR 是一个很好的光照估计框架。虽然 MC-H 性能也很高,但它的表现比 MC-L 或 MC-M 差一些。这一现象表明,虽然高层次的场景内容线索似乎有助于光照估计,但它本身并没有为准确的光照估计提供足够的信息。

表 3-2　Gehler-Shi 图像集上的性能比较(粗体表示该列的最小值,
排名 Rank 是前一列值的排序结果)

	Method	Mean	Rank	Median	Rank	Trimean	Rank	B-25%	Rank	W-25%	Rank
LL	DN	9.24	32	4.80	32	6.68	32	1.43	31	24.0	33
	GW	4.72	22	3.63	23	3.93	23	0.80	21	10.5	23
	SoG	6.35	31	4.48	30	5.20	31	0.51	10	15.0	30
	MaxRGB	10.2	33	9.15	33	9.48	33	1.45	32	20.5	32
	GE^{0,13,2}	6.28	30	3.90	27	4.76	30	0.50	9	15.8	31
	GE^{1,1,6}	4.15	13	3.28	20	3.54	20	0.95	25	8.73	9
	GE^{2,1,5}	4.19	14	3.35	21	3.62	21	1.05	27	8.59	6
	NN	5.13	25	3.77	25	4.06	25	1.12	29	11.5	25
	SVR	4.08	12	3.23	18	3.35	15	0.72	19	9.03	10
	SSS	3.96	11	3.24	19	3.46	18	1.52	33	**7.61**	**1**
	GM	5.96	29	3.98	28	4.53	27	0.83	23	14.3	29

续表

	Method	Mean	Rank	Median	Rank	Trimean	Rank	B-25%	Rank	W-25%	Rank
ML	SA	5.25	27	4.50	31	4.72	29	1.26	30	10.3	20
	N2	4.31	15	3.09	15	3.34	12	0.53	11	10.2	17
	N-10%	4.31	16	3.04	12	3.34	13	0.54	12	10.2	18
	N-30%	4.32	18	3.05	13	3.34	14	0.57	17	10.2	19
	N1M	4.59	21	3.64	24	3.92	22	0.85	24	9.93	16
	N3M	4.86	24	3.82	26	4.21	26	0.98	26	10.3	21
	MD	5.60	28	4.27	29	4.71	28	1.07	28	12.2	27
	LMS	3.53	3	2.67	9	2.86	9	0.55	14	8.51	5
	ELM	3.91	10	2.57	8	2.85	8	0.56	15	9.47	12
	SVRC	3.55	5	2.52	7	2.73	3	0.32	2	8.24	3
HL	NIS	4.40	19	3.18	17	3.49	19	0.54	13	10.3	22
	IC	3.87	8	2.83	10	3.07	10	0.36	5	9.29	11
	IO	5.18	26	3.55	22	4.00	24	0.65	18	12.4	28
	SG	4.49	20	3.09	16	3.45	17	0.56	16	10.6	24
	HVI	4.31	17	3.06	14	3.38	16	0.80	22	9.86	14
MC Based	MC-L	3.90	9	2.41	5	2.77	7	0.37	6	9.86	15
	MC-M	3.52	2	2.44	6	2.73	4	0.33	3	8.46	4
	MC-H	4.72	23	2.84	11	3.29	11	0.74	20	11.6	26
	MC-LM	3.53	4	2.29	2	2.74	5	0.34	4	8.62	7
	MC-LH	3.81	7	2.36	4	2.72	2	0.39	8	9.49	13
	MC-MH	3.56	6	2.33	3	2.74	6	0.38	7	8.63	8
	MC	**3.25**	**1**	**2.20**	**1**	**2.55**	**1**	**0.30**	**1**	8.13	2

3.5.3　SFU 数据集测试

　　用于测试的第二个数据集是 Ciurea 等人提供的 SFU 数据集,包括 11 346 幅图像[43]。由于该数据集是从视频中提取的,因此许多图像非常相似。Bianco 等人[13]应用基于视频的分析方法选择 1135 个相关性较低的图像作为子数据集。我们的测试是使用该子数据集完成的。原始图像包含一个灰色球,用于测量光照色度。为确保灰色球对结果没有影响,实验中将其裁剪删除,最后得到的图像大小为 240×240 像素。该数据集的另一个问题是原始图像是利用非线性 RGB 颜色空间表示的,尽管这些图像应用的色调映射曲线是未知的,但 Gijsenij 等人[4]应用伽马校正($\gamma=2.2$)获得了近似线性的图像。为了保持一致性,我们使用线性化图像对应的真实光照色度值[45]进行对比。

　　SFU 数据集根据地理位置分为 15 个子类别。我们采用 15 重交叉验证,这与 Gijsenij 等人[25]使用的方法相同,这样可以确保训练数据和测试数据是不同的,平均性能及相应排名见表 3-3。从表 3-3 中可以看出,MC 在所有错误统计数据中排名第一。与 SVRC 相比,MC 的平均值误差、中值误差、三均值误差、B-25% 误差和 W-25% 误差分别降低了 6.2%、25.6%、15.5%、33.3% 和 2.1%。MC-L 和 MC-M 也分别优于 SVR 和 SVRC。MC-LM、MC-LH 和 MC-MH 也比 MC-L 和 MC-M 表现得更好,这进一步说明了从多个层次组合不同线索可以提升光照估计的准确性。

表 3-3　**SFU 1135 图像子集上的性能比较**(粗体表示该列的最小值,
排名 Rank 是前一列值的排序结果)

	Method	Mean	Rank	Median	Rank	Trimean	Rank	B-25%	Rank	W-25%	Rank
LL	DN	15.7	33	14.6	33	14.8	33	1.95	7	33.1	33
	GW	13.0	31	10.8	31	11.3	30	3.24	28	26.2	30
	SoG	11.6	27	10.4	29	10.6	28	3.52	32	22.1	15
	MaxRGB	12.7	30	10.3	28	11.3	31	2.26	14	26.4	31
	$GE^{0,13,2}$	12.1	29	10.6	30	10.9	29	3.60	33	23.1	25
	$GE^{1,1,6}$	11.1	18	9.15	18	9.70	18	3.06	22	22.1	16
	$GE^{2,1,5}$	11.1	19	9.55	21	9.89	19	2.89	18	22.0	14
	NN	11.8	28	9.75	25	10.2	27	3.21	27	23.8	28
	SVR	9.98	9	8.39	13	8.74	12	2.74	17	20.0	4
	SSS	10.4	12	8.74	15	9.20	15	3.04	21	20.6	6
	GM	14.2	32	12.0	32	12.7	32	3.13	25	28.6	32
ML	SA	11.1	20	9.93	27	10.1	25	3.39	31	21.1	9
	N2	11.2	23	9.57	22	10.0	23	3.00	20	22.3	19
	N-10%	11.3	25	9.46	19	9.89	20	3.09	23	22.3	20
	N-30%	11.3	26	9.46	20	9.89	21	3.09	24	22.3	21

续表

	Method	Mean	Rank	Median	Rank	Trimean	Rank	B-25%	Rank	W-25%	Rank
ML	N1M	11.2	24	9.71	24	10.0	24	3.17	26	21.9	12
	N3M	11.1	21	9.69	23	9.94	22	3.25	30	21.3	10
	MD	11.1	22	9.83	26	10.1	26	3.24	29	21.3	11
	LMS	10.6	13	8.96	17	9.34	16	2.97	19	20.9	8
	ELM	9.62	7	7.77	11	8.16	8	2.15	9	20.1	5
	SVRC	9.39	5	7.54	8	8.02	7	2.25	13	19.5	2
HL	NIS	10.9	17	8.16	12	9.15	14	2.24	12	23.7	27
	IC	10.2	10	7.71	9	8.57	10	2.18	10	22.2	18
	IO	10.3	11	7.73	10	8.70	11	2.07	8	22.5	22
	SG	10.8	15	8.93	16	9.52	17	2.49	15	21.9	13
	HVI	10.8	16	8.51	14	9.06	13	2.59	16	23.0	24
MC Based	MC-L	8.89	2	6.74	6	7.14	2	1.79	6	19.9	3
	MC-M	9.31	4	6.69	5	7.56	6	1.78	5	20.8	7
	MC-H	10.7	14	7.48	7	8.32	9	2.22	11	24.6	29
	MC-LM	9.52	6	6.10	3	7.41	4	1.50	2	22.8	23
	MC-LH	9.70	8	6.20	4	7.43	5	1.51	3	23.2	26
	MC-MH	9.25	3	5.95	2	7.24	3	1.57	4	22.1	17
	MC	**8.81**	**1**	**5.61**	**1**	**6.78**	**1**	**1.50**	**1**	**19.1**	**1**

3.5.4 Barcelona 数据集测试

Barcelona 数据集[44,48-49]包含 210 幅室外图像,包括城市地区、森林和海边的场景,由一个校准的 Sigma Foveon D10 相机拍摄,同样带有一个灰色球。图像使用 CIE XYZ 坐标获取。与 SFU 数据集类似,Barcelona 数据集包含在 3 个不同位置拍摄的 3 组图像。同样,我们采用 3 重交叉验证用于训练和测试,平均性能及相应排名见表 3-4。与 Gehler-Shi 数据集和 SFU 数据集一样,MC 在平均值误差、中值误差、三均值误差、B-25%误差和 W-25%误差方面仍是最好的。

表 3-4　**Barcelona** 图像集上的性能比较（粗体表示该列的最小值，排名 **Rank** 是前一列值的排序结果）

	Method	Mean	Rank	Median	Rank	Trimean	Rank	B-25%	Rank	W-25%	Rank
LL	DN	4.66	21	4.02	21	4.21	21	1.74	33	8.46	15
	GW	5.14	30	4.61	31	4.57	29	1.23	26	10.1	26
	SoG	4.34	15	3.76	17	3.89	18	1.02	19	8.54	16
	MaxRGB	4.75	25	4.60	30	4.46	28	1.49	30	8.33	11
	GE^{0,13,2}	4.20	11	3.70	16	3.69	14	0.85	5	8.44	14
	GE^{1,1,6}	4.70	23	3.91	19	4.26	24	0.88	8	9.49	22
	GE^{2,1,5}	5.12	29	4.66	33	4.78	33	0.91	10	10.0	25
	NN	5.25	32	4.47	29	4.64	31	1.35	29	10.3	28
	SVR	4.43	16	3.08	9	3.38	11	0.92	11	10.2	27
	SSS	4.89	27	4.23	27	4.35	27	1.63	32	9.27	18
	GM	5.91	33	4.19	25	4.59	30	1.32	28	13.5	33
ML	SA	3.76	7	3.26	11	3.36	10	1.05	22	7.42	4
	N2	4.70	24	4.11	24	4.21	22	0.89	9	9.40	21
	N-10%	4.65	20	4.02	22	4.18	20	0.96	17	9.29	20
	N-30%	4.63	18	3.97	20	4.12	19	0.94	14	9.28	19
	N1M	3.95	10	3.41	13	3.49	13	0.78	3	7.94	10
	N3M	3.73	5	3.10	10	3.29	9	**0.75**	2	7.62	5
	MD	3.73	6	3.44	14	3.41	12	0.81	4	**7.26**	2
	LMS	4.24	14	3.68	15	3.80	16	1.55	31	7.84	9
	ELM	3.81	9	2.95	8	3.14	8	1.13	24	7.80	8
	SVRC	3.66	2	2.82	5	2.95	4	1.03	20	7.31	3
HL	NIS	4.69	22	4.19	26	4.24	23	0.95	16	9.51	23
	IC	4.22	13	3.78	18	3.84	17	0.92	13	8.39	12
	IO	5.21	31	4.63	32	4.69	32	1.01	18	10.4	30
	SG	4.76	26	4.09	23	4.31	25	1.29	27	9.12	17
	HVI	5.10	28	4.23	28	4.34	26	1.03	21	10.6	31

	Method	Mean	Rank	Median	Rank	Trimean	Rank	B-25%	Rank	W-25%	Rank
MC Based	MC-L	4.21	12	2.69	4	3.04	5	0.86	6	9.96	24
	MC-M	3.76	8	2.93	7	3.10	7	1.20	25	7.64	7
	MC-H	4.59	17	3.38	12	3.71	15	0.95	15	10.3	29
	MC-LM	3.71	4	2.39	2	2.78	2	0.92	12	8.41	13
	MC-LH	4.63	19	2.67	3	2.93	3	0.86	7	11.8	32
	MC-MH	3.70	3	2.85	6	3.08	6	1.09	23	7.62	6
	MC	**3.46**	**1**	**2.28**	**1**	**2.71**	**1**	**0.70**	**1**	**7.06**	**1**

3.6　比较与分析

本节对 3.5 节中给出的实验结论做进一步分析。此外,还将讨论不同参数配置下 MC 方法的性能。

3.6.1　TGJSR 框架中方法的比较

本节将提出的 MC 方法与 TGJSR 框架中给出的其他 6 种方法(MC-L、MC-M、MC-H、MC-LM、MC-LH、MC-MH)进行比较,以确定哪些线索或线索组合会使 TGJSR 框架的性能达到最佳。

1. 各种线索组合的性能比较

首先比较 7 种方法在 3 个不同集合上的中值误差和三均值误差[5],结果如图 3-3 所示,从图 3-3 中可以看出以下几点。

① MC-L 和 MC-M 在 3 个数据集上表现良好,说明低层颜色信息和中层初始估计信息对 TGJSR 框架是有效的。

② MC-H 方法的中值误差和三均值误差比其他 6 种方法都差,说明基于场景内容的高层线索可能是对低层和中层线索的有益补充,但对场景内容的理解本身并不足以用于光照估计。

③ 使用两个层次(MC-LM、MC-LH 和 MC-MH)的线索的方法优于仅使用一个层次(MC-L、MC-M 和 MC-H)的线索,并且同时使用三个层次线索的 MC 方法优于所有方法,这一事实表明,在光照估计中组合多个线索是有利的。

④ MC-LM 和 MC-LH 的表现几乎和 MC 一样好。在现有的光照估计方法中,同

时使用两个层次的线索也是不常见的,可以作为今后的一个研究方向。

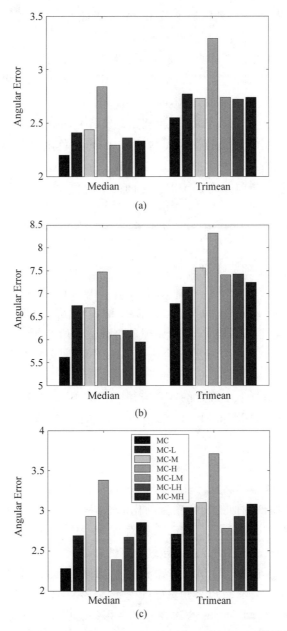

图 3-3　MC、MC-L、MC-M、MC-H、MC-LM、MC-LH 和 MC-MH 的性能比较

(a)Gehler Shi 数据集;(b)SFU 子集;(c)Barcelona 数据集

2. 相似性分析

由于 MC 方法是有效地利用训练图像的真实光照色度值进行估计的,这些真实光照色度相对于所选的线索需要与测试图像相似。问题在于,它是否找到了合适的训练图像,这些图像是否和测试图像具有类似的光照色度。为了验证提出的 TGJSR 框架可以找到合适的训练图像,定义 First-k-Error(FKE)进行度量。假设 N 个训练图像 $I_1,I_2,\cdots,I_N$ 的真实光照色度值为 $e_1,e_2,\cdots,e_N$,以及一个测试图像 I_y 的真实光照色度值 e_y。MC 的初始步骤是计算 I_y 的重建系数矩阵 W,由于它的行系数向量 $\|W_i\|_2$ 的 ℓ_2-范数被作为训练图像 I_i 的权重以估计 I_y 的光照色度,因此将训练图像按 I_{q1}, $I_{q2},\cdots,I_{qN}$ 的顺序排序,条件是 $\|W_{q1}\|_2 \geqslant \|W_{q2}\|_2 \geqslant \cdots \geqslant \|W_{qN}\|_2$。测试图像 I_y 的 FKE 是其光照色度与前 k 个训练图像之间的平均角度误差,即

$$\mathrm{FKE}(e_y,k)=\frac{\sum\limits_{i=1}^{k}\mathrm{ang}(e_y,e_{q_i})}{k} \tag{3-25}$$

$\mathrm{FKE}(e_y,k)$ 值越小表示前 k 个训练图像在光照上与测试图像相似。因此在估计测试图像的光照色度时,选择的训练图像是相关最优的。理想情况下,随着 k 的增加,FKE 应单调上升。图 3-4 给出了 3 个数据集上的比较结果,它是利用 TGJSR 框架下不同方法在所有图像上的平均 FKE 值生成的折线图。所有折线都随着 k 的增加而增加。这表明,TGJSR 框架确实找到了合适的训练图像,即在光照色度与给定测试图像相似的图像。

同样可以看出,组合 3 个线索的 MC 方法获得的 FKE 值远低于仅使用单个线索的方法,例如 MC-L、MC-M 和 MC-H。这也说明了将不同的线索组合起来进行光照估计是有效的策略。

3. 定性比较

下面通过分析一些具体的示例说明 MC 方法的优点。图 3-5 给出了 MC 和 MC-L 根据测试图像找到的最相似的训练图像的比较结果。图 3-5(a)表示测试图像。3 幅最相似的训练图像(图 3-5(b)、(c)、(d)上排对应 MC-L 方法)都是室内图像。使用这些室内图像估计室外光照色度必然会导致不好的结果(图 3-5(e)上排)。相反,通过同时组合高、中、低层次的线索,MC 方法找到的最相关的训练图像都是室外场景(图 3-5(b)、(c)、(d)下排),可以得到更好的光照估计结果(图 3-5(e)下排)。

图 3-6 比较了 MC-M 和 MC 方法在 3 个最相关的训练图像方面的性能比较。由于 MC-M 方法依赖于由简单的 LL 方法提供的初始估计,这些估计往往不太准确,因此 MC-M 方法通常无法找到最佳的训练图像集作为其光照估计的基础。同样,MC 方法同时利用低、中、高层次的线索能够找到非常相关的训练图像。

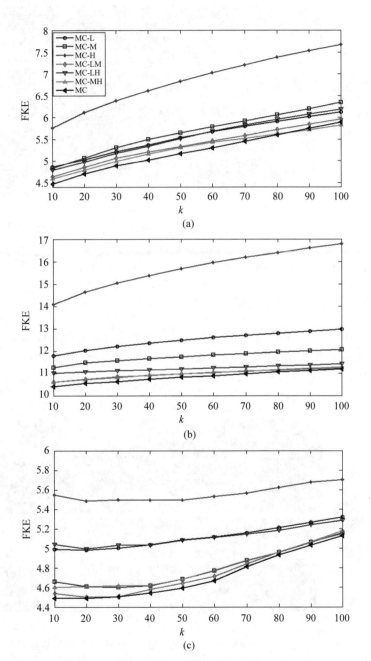

图 3-4　TGJSR 框架中不同方法间的 FKE 值比较

（a）Gehler-Shi 数据集；（b）SFU 子集；（c）Barcelona 数据集

图 3-5　MC 和 MC-L 在找到最相似的训练图像方面的比较（第 1 行的图像是 MC-L 的结果，第 2 行的图像是 MC 的结果）

（a）原始测试图像；（b）～（d）根据所使用的线索找到的三个最相似的训练集的图像；（e）利用估计的光照色度校正后的图像。（b）～（d）中的数字表示相应图像的光照色度与（a）的真实光照色度之间的角度误差。（e）中的数字表示估计的光照色度与（a）的真实光照色度之间的角度误差

　　图 3-7 给出了 MC-H 和 MC 方法之间的类似比较。由于 MC-H 方法只依赖于关于场景内容的高层次线索，因此它往往忽略了一个重要事实，即相似的场景可能照度非常不同（如中午与日落时相同的室外场景）。由于 MC-H 方法的光照估计是基于这些场景光源的，因此它的估计往往很差。

图 3-6　MC 和 MC-M 在找到最相似的训练图像方面的比较。第 1 行的图像是 MC-H 的结果，第 2 行的图像是 MC 的结果

（a）原始测试图像；（b）～（d）根据所使用的线索找到的三个最相似的训练集的图像；（e）利用估计的光照色度校正后的图像。（b）～（d）中的数字表示相应图像的光照色度与（a）的真实光照色度之间的角度误差。（e）中的数字表示估计的光照色度与（a）的真实光照色度之间的角度误差

图 3-7　MC 和 MC-H 在找到最相似的训练图像方面的比较。第 1 行的图像是 MC-H 的结果，第 2 行的图像是 MC 的结果

(a)原始测试图像；(b)～(d)根据所使用的线索找到的三个最相似的训练集的图像；(e)利用估计的光照色度校正后的图像。(b)～(d)中的数字表示相应图像的光照色度与(a)的真实光照色度之间的角度误差。(e)中的数字表示估计的光照色度与(a)的真实光照色度之间的角度误差

3.6.2　与其他光照估计算法的比较

本节将给出 MC 方法与其他光照估计方法的性能比较结果。

1. 类别内的性能比较

首先比较属于同一类别的方法。根据 3.4 节的分析，MC-L 方法本质上是 LL 方法；MC-M 方法可以看作 ML 方法的一个实例；MC-MH 与 HL 方法具有相同的策略。因此，实验中比较了 3 个数据集上的 MC-L 和 LL 方法、MC-M 和 ML 方法以及 MC-MH 和 HL 方法。比较结果如图 3-8 所示，在中值误差方面，MC-L 方法优于所有其他 LL 方法；MC-M 方法在 Gehler-Shi 和 SFU 数据集上优于 SVRC，在 Barcelona 数据集上也具有可比性；MC-MH 方法非常明显地优于其他 HL 方法。MC-L、MC-M 和 MC-MH 方法相对于各自类别中的方法的优越性能表明，TGJSR 框架是一种基于有监督光照估计的方法，甚至比基于支持向量回归的估计方法更好，支持向量回归之前被证明是最有效的方法[5]。

2. MC 方法与代表性方法

进一步对 MC 方法和 3 种经典最优算法进行比较。表 3-2、表 3-3 和表 3-4 表明 SVR 是最好的 LL 方法，SVRC 是最好的 ML 方法，IC 是最好的 HL 方法。图 3-9 表明，MC 在中值误差和三均值误差方面都优于这三种经典方法。如表 3-5 所示，与 SVR、

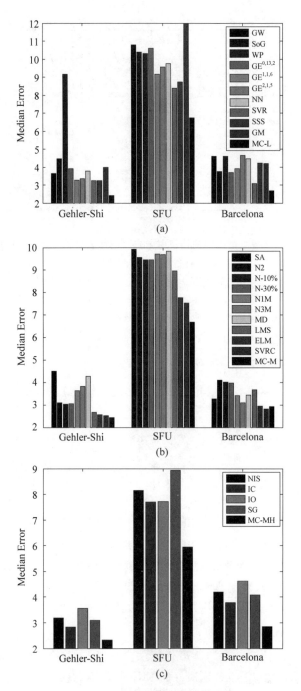

图 3-8　不同类别算法的性能比较

（a）MC-L 与 LL 方法；（b）MC-M 与 ML 方法；（c）MC-MH 与 HL 方法

SVRC 和 IC 相比，MC 方法可显著降低平均值误差、中值误差、三均值误差、B-25％误差和 W-25％误差。

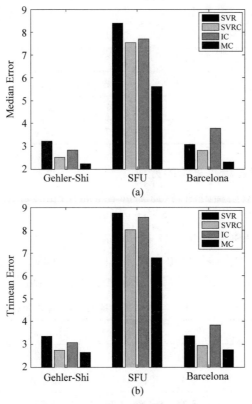

图 3-9　MC 与其他经典算法比较

（a）中值误差；（b）三均值误差

表 3-5　与 SVR、SVRC 和 IC 相比，MC 在 3 种图像集上的误差降低百分比

Compared to	Data Set	Mean/％	Median/％	Trimean/％	B-25％	W-25％
	Gehler-Shi	20.3	31.9	23.9	58.0％	10.0％
	SFU	11.7	33.1	22.4	45.3％	4.5％
SVR	Barcelona	21.9	26.0	20.0	23.2％	30.8％
	Average	**18.0**	**30.3**	**22.0**	**42.1％**	**15.1％**
SVRC	Gehler-Shi	8.45	12.7	6.59	5.0％	1.3％
	SFU	6.18	25.6	15.5	33.3％	2.1％

续表

Compared to	Data Set	Mean/%	Median/%	Trimean/%	B-25%	W-25%
SVRC	Barcelona	5.50	19.1	8.1	31.7%	3.4%
	Average	**6.70**	**19.1**	**10.1**	**23.4%**	**2.3%**
IC	Gehler-Shi	16.0	22.3	16.9	17.3%	12.5%
	SFU	13.6	27.2	20.9	31.2%	14.0%
	Barcelona	18.0	39.7	29.4	23.5%	15.9%
	Average	**15.9**	**29.7**	**22.4**	**24.0%**	**14.1%**

3. MC 方法与双层稀疏表示的方法

MC 方法是基于双层稀疏编码(Bilayer Sparse Coding,BSC)[53]进行光照估计的一个扩展。与 MC-LH 方法相似,BSC 只考虑低层次的颜色线索和高层次的场景内容线索。表 3-6 给出了 BSC 与 MC-LH 和 MC 方法的比较结果。从表 3-6 中可以看出,MC 方法优于 BSC,说明了多线索组合的优越性。MC-LH 方法也略优于 BSC,这表明提出的 TGJSR 框架比双层稀疏编码更有效地进行了线索组合。

表 3-6　MC 和 MC-LH 与 BSC 的性能比较,粗体表示列的最小值

Data Set	Methods	Mean/%	Median/%	Trimean/%	B-25%	W-25%
Gehler-Shi	BSC	4.01	2.53	2.82	0.60	9.64
	MC-LH	3.81	2.36	2.72	0.39	9.49
	MC	**3.25**	**2.20**	**2.55**	**0.30**	**8.13**
SFU	BSC	9.52	6.45	7.61	1.21	20.7
	MC-LH	9.70	6.20	7.43	1.51	23.2
	MC	**8.81**	**5.61**	**6.78**	**1.50**	**19.1**
Barcelona	BSC	4.51	2.82	3.21	1.07	9.15
	MC-LH	4.63	2.67	2.93	0.86	11.8
	MC	**3.46**	**2.28**	**2.71**	**0.70**	**7.06**

4. 计算时间的比较

为了全面了解 TGJSR 框架的计算需求,我们将其与 SVR 光照估计算法进行了比较。由于特征的维数会影响计算时间,因此将 MC-L 方法与使用相同特征向量的 SVR 的光照估计算法进行了比较[7]。表 3-7 列出了使用 Intel Core i7-2600、3.40GHz

和 4GB RAM 的 PC 在 SFU 子集(1008 幅图像)上的比较结果,包括 SVR 和 MC-L 的训练和测试时间。表 3-7 中排除了特征提取的时间,因为这两种方法的时间相同。

表 3-7　SVR 和 MC-L 每幅图像的计算时间(秒)

	Training	Test
SVR	4.06	0.061
MC-L	0	0.009
MC	0	0.029

可以看出,MC-L 方法的测试时间比 SVR 快 6 倍以上,并且每当增加新的训练样本时,SVR 还需要额外的重新训练。相比之下,TGJSR 框架是一种不需要预先训练的非模型学习算法。所有计算都作为测试过程的一部分完成。表 3-7 还显示,使用 3 个线索的 MC 方法仍然比仅使用一个线索的 SVR 方法快得多。另外,表 3-8 给出了 MC 方法中每个层次的图像特征提取时间。结果表明,MC 方法所需的特征提取速度也很快。将各层的特征提取时间和光照估计时间相加,得到的整个过程只需要 0.32 (0.03+0.11+0.12+0.06)秒。

表 3-8　每幅图像的特征提取时间(秒)

低层次特征	中层次特征	高层次特征
0.11	0.12	0.06

3.6.3　使用不同稀疏正则化的 MC 方法的比较

3.3 节讨论了为什么选择树结构稀疏正则化(MC 方法),而不选择组稀疏正则化或基于 $\ell_{1,2}$-范数的联合稀疏正则化。为了验证树结构稀疏正则化的有效性,表 3-9 中给出了 3 种不同稀疏正则化的性能比较结果。对于组稀疏正则化,利用 k-均值得到 27 个簇,这与树结构稀疏正则化的第 4 层数量相同。如表 3-9 所示,使用树结构的组稀疏正则化优于使用基于 $\ell_{1,2}$-范数的联合稀疏正则化和组稀疏正则化。特别是具有 27 个簇的组稀疏正则化可以看作是树结构稀疏正则化的一个特例。针对组稀疏正则化,所有测试样本共享一个固定的组设置,此组设置可能不适合某些测试样本。相比之下,在算法 3-2 中给出的优化过程中,MC 方法的树结构稀疏正则化可以为每个测试样本选择最优的组设置。我们还注意到,由于在组稀疏正则化是基于一组训练样本的稀疏表示,它比联合稀疏正则化中仅基于整个训练样本集的稀疏表示具有更强的鲁棒性,因此组稀疏正则化优于基于 $\ell_{1,2}$-范数的联合稀疏正则化。

表 3-9　基于联合稀疏正则化（记为 **Joint**）、组稀疏正则化（记为 **Group**）、树结构稀疏正则化（记为 **Tree**）的性能比较

		Mean/%	Median/%	Trimean/%	B-25%	W-25%
Gehler-Shi	Joint	3.81	2.49	2.81	0.44	9.28
	Group	3.76	2.46	2.77	0.69	8.93
	Tree	**3.25**	**2.20**	**2.55**	**0.30**	**8.13**
SFU	Joint	9.33	6.73	7.54	2.14	53.1
	Group	9.56	6.01	7.34	1.84	22.6
	Tree	**8.81**	**5.61**	**6.78**	**1.50**	**19.1**
Barcelona	Joint	3.97	3.03	3.16	1.09	8.60
	Group	3.89	2.72	3.04	1.02	8.56
	Tree	**3.46**	**2.28**	**2.71**	**0.70**	**7.06**

3.6.4　树结构联合稀疏表示与最近邻方法的比较

基于树结构联合稀疏表示 TGJSR 框架的光照估计利用具有高重建权值的训练图像的光照值估计测试图像的光照。最近邻(N-N)方法的基本思想类似于 TGJSR 框架，它首先利用结合了低、中、高层特征的特征空间的训练集中为测试图像选择最近邻的训练图像，然后利用这些图像估计测试图像的光照色度值。

MC 和 N-N 方法在 3 个图像集上的性能比较如表 3-10 所示。我们发现 N-N 方法的误差远大于 MC 方法，其原因概括如下。

表 3-10　3 个图像集上 MC 与 N-N 方法的性能比较

		Mean/%	Median/%	Trimean/%	B-25%	W-25%
Gehler-Shi	N-N	3.75	2.76	2.98	0.63	8.92
	MC	**3.25**	**2.20**	**2.55**	**0.30**	**8.13**
SFU	N-N	11.1	7.92	9.10	2.08	24.6
	MC	**8.81**	**5.61**	**6.78**	**1.50**	**19.1**
Barcelona	N-N	4.83	3.50	3.91	1.47	10.3
	MC	**3.46**	**2.28**	**2.71**	**0.70**	**7.06**

① 在基于 N-N 的方法中,选择最近邻的过程是完全无监督的,而 MC 方法是一种有监督的方法,它在对训练样本进行分组时使用训练图像的标签(光照色度真实值)。

② 在基于 N-N 的方法中,测试图像的估计光照仅由最近的训练样本确定,因此对噪声敏感。与此相反,MC 方法中测试图像的估计是由一组具有相似光照的训练图像决定的。因此,MC 比 N-N 方法具有更强的鲁棒性。

3.6.5　训练数据集大小的影响

本节将使用不同大小的训练集评估 MC 方法的性能。在 Gehler-Shi 和 SFU 两个数据集上分别进行 3 重交叉验证和 15 重交叉验证。不同之处在于,从训练集中随机抽取 ρ 子样本,在每次交叉验证测试中定义一个新的训练集。对于每个值 ρ,实验重复 5 次,并使用平均误差作为最终的性能度量。在选择数据集大小时,对于 Gehler-Shi 数据集,从 $\{50,100,\cdots,350\}$ 中选择 ρ;对于 SFU 数据集,从 $\{100,200,\cdots,1000\}$ 中选择 ρ。两组的平均值误差、中值误差和三均值误差如图 3-10 所示。从图 3-10 中可以看出,两组的所有误差都随着 ρ 的增大而减少。当 Gehler-Shi 和 SFU 分别设置为 $\rho \geqslant 150$ 和 $\rho \geqslant 400$ 时,MC 方法的性能较好,但当 Gehler-Shi 和 SFU 分别设置为 $\rho < 150$ 和 $\rho < 400$ 时,MC 方法的性能迅速下降。

3.6.6　线性 MC 和核化 MC 的比较

如 3.3.4 节所述,提出的 MC 方法可以推广到核化 MC。本节将使用 15 重交叉验证比较 SFU 数据集上的线性 MC 和核化 MC 的性能。为了简化参数的选择,只考虑 MC-L、MC-M 和 MC-H 方法,它们只使用一个线索。从表 3-11 中可以看出,对于 MC-L,线性 MC 比有核化 MC 性能更好,这是因为 MC-L 方法中使用的二值化颜色直方图的维数过高,不需要将该特征映射到高维特征空间。然而,对于 MC-M 和 MC-H 方法,由于这两种方法中使用的特征的维数相对较小,所以核化 MC 的性能优于线性 MC。所以,在特征维数较低的情况下,基于 RBF 的核化方法是有效的。为了找到 MC-M 和 MC-H 方法的最优 σ,我们在 SFU 数据集上用不同的值 $\sigma = \{0.001,0.01,0.1,1,10,20,50,100\}$ 进行测试,结果如图 3-11 所示。可以看出 MC-M 方法的最优 σ 约为 20,MC-H 方法的最优 σ 约为 10。

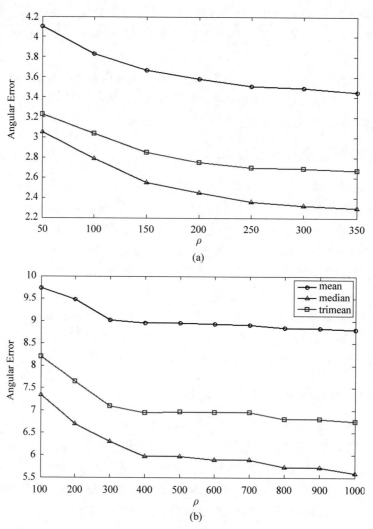

图 3-10　训练数据集中图像数量对光照估计性能的影响

（a）Gehler-Shi 数据集；（b）SFU 数据集

表 3-11　线性 MC 与核化 MC 的性能比较

		Mean/%	Median/%	Trimean/%	B-25%	W-25%
MC-L	Linear	**8.89**	**6.74**	**7.14**	**1.79**	**19.9**
	Kernelized	11.7	7.75	9.24	1.83	27.4

续表

		Mean/%	Median/%	Trimean/%	B-25%	W-25%
MC-M	Linear	11.5	8.28	9.21	2.38	26.9
	Kernelized	**9.31**	**6.69**	**7.56**	**1.78**	**20.8**
MC-H	Linear	13.4	11.8	12.2	3.61	25.9
	Kernelized	**10.7**	**7.48**	**8.32**	**2.22**	**24.6**

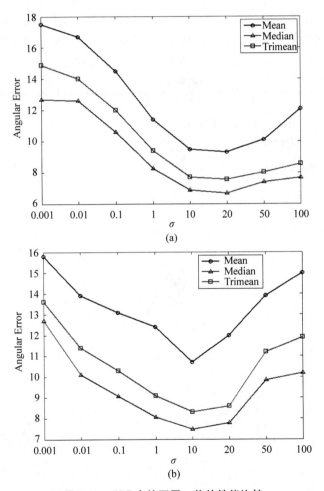

图 3-11　RBF 内核不同 σ 值的性能比较

(a) MC-M 方法；(b) MC-H 方法

3.7 本章小结

本章提出了一种新的光照估计方法,该算法结合了关于光照色度的多种线索。MC 方法的优势在于它使用树结构联合稀疏表示 TGJSR 框架,将低层、中层和高层的线索组合起来。目前大多数光照估计方法往往只依赖于单一的线索类型。树结构联合稀疏表示提供了一个通用框架。树结构分组提供了一种将来自训练图像的各种线索分组为组和子组的方法,与简单聚类相比,这种方法具有更大的灵活性。为了估计给定测试图像的光照色度,图像的线索根据特征向量进行编码,该特征向量利用训练集图像的特征向量在树结构上进行线性重构(稀疏约束),然后将测试图像的光照色度值估计为训练图像的真实光照色度的加权融合,其中权重为线性重建系数。

今后研究的一个方向是探索其他线索类型。例如,基于颜色矩的线索[51]可以用作新的低层特征,而 3D 场景几何[12]线索可以用作高层特征。另一个方向是将该方法应用于"偏好"(prefer)颜色恒常问题,而不是"正确"(correct)的颜色恒常问题。由于MC 方法直接根据训练图像提供的真实光照色度值进行预测,因此该方法可以直接应用于"偏好"颜色恒常问题,只需将当前的"白色"真实光照值替换为人类观察者偏好的任何值即可。

参考文献

第 **4** 章

基于纹理相似性的自然图像的
颜色恒常性计算

虽然目前已有各种各样的颜色恒常性算法被提出,但是任何一种算法都不是通用的,不能适用于所有图像。尤其对于自然图像,如何针对特定的图像选择一种最优的颜色恒常性算法或者融合现有算法以获得最好的光照估计结果,成为颜色恒常性计算中的一个重要问题。最近提出的 Grey Edge 颜色恒常性计算框架可以系统地产生各种不同的颜色恒常性算法,这也为算法的融合打下了良好基础。最近有学者指出,自然图像的纹理特征是图像颜色恒常性算法选择的一个重要依据。基于这个结论,本章将提出一种基于纹理相似性的自然图像的颜色恒常性计算,首先利用威布尔(Weibull)分布的参数描述自然图像的纹理特性;然后在综合考虑图像的全局纹理特征和局部纹理特征的基础上,根据纹理相似性为图像在训练库中找到最相似的参考图像;最后根据参考图像的最优算法为该图像选取最合适的颜色恒常性算法或者算法的融合。在大量自然图像上的实验表明,本章提出的颜色恒常性算法的选择或融合方案是有效的,能够显著提高自然图像的颜色恒常性计算的准确度。

4.1 引言

随着颜色恒常性计算技术的研究和发展,目前已经提出了各种各样有效的颜色恒常性计算算法。尤其是在 Grey Edge 算法框架提出以后,使得系统地产生各种不同的颜色恒常法成为可能。但是,目前还没有任何一种颜色恒常性算法能够在所有图像上都获取很好的颜色恒常性效果;并且各种不同的算法在同一图像上得到的光照估计的结果差异很大。因此,为特定图像,尤其是自然图像选择合适的颜色恒常性计算算法是十分必要且有意义的。于是,颜色恒常性算法的融合成为颜色恒常性计算研究中的一个重要问题。

在颜色恒常性算法的选择和融合的问题上,面临着以下 3 个关键问题:①使用哪些已有的颜色恒常性算法作为融合算法的候选集合；②根据图像的何种特征选择或融合算法，即寻找到图像特征和算法之间的对应关系；③在得到合适的算法后如何选择或融合这些算法得到的最优光照估计结果。为了解决这些问题，已有一系列的颜色恒常性算法的融合方案被提出，下面对现有的融合算法进行简要总结。

4.2   相关工作介绍

在进行自然图像的颜色恒常性算法的选择和融合时，实际上可以分为两种方案：一是为指定图像选择最优的算法；另一个是对所有候选算法得到的光照估计结果进行加权平均；那么第二种方案本质上就是解决权值计算的问题，而现有的颜色恒常性的融合算法也都是从这两个方面进行的。

4.2.1   基于自然图像统计的颜色恒常性算法融合

基于委员会的颜色恒常性算法融合只是将所有算法的结果都直接进行加权，而不考虑图像自身的特点以选择算法。因此，一旦融合的权值确定之后，所有图像都会使用同样的权值求解最终的光照色度。此外，由于基于委员会的颜色恒常性算法融合方案提出得较早，可供选择的颜色恒常性算法有限，并且 Cardei 等人[1]选择的算法之间没有直接的关系，因此无法用统一的计算框架概括这些算法，因此很难系统地推广到新的颜色恒常性算法中。

针对上述问题，最近 Gijsenij 等人[2]提出了一种基于自然图像统计的颜色恒常性算法融合方法(Color Constancy using Natural Image Statistics，CCNS)。该方法首先基于 Grey Edge 算法框架，根据不同的参数选择构建了一个算法候选集合，如公式 4-1 所示。

$$\left(\frac{\int |\partial^n f^\sigma(X)|^p dX}{\partial X^n}\right)^{1/p} = ke^{n,p,\sigma} \tag{4-1}$$

关于 Grey Edge 算法的详细介绍第 2 章已经给出，此处不再赘述。Grey Edge 算法框架的最大意义在于它可以通过不同的 n,p,σ 参数系统地产生不同的颜色恒常性计算方法。Gijsenij 等人从这些方法中选择了以下 5 种最具有代表性的算法。

- $e^{0,1,0}$，实际上等价于 Grey World 算法。
- $e^{0,\infty,0}$，实际上等价于 White Patch (max-RGB)算法。
- $e^{0,p,\sigma}$，一般的 Grey World 算法(general Grey World)。根据文献[3]的实验中最好的结果，设定 $p=12,\sigma=3$，从而构成颜色恒常性算法 $e^{0,13,2}$。
- $e^{1,p,\sigma}$，一阶 Grey Edge 算法，采用图像的一阶导数进行光照估计，参数设置

为 $e^{1,1,6}$。

- $e^{2,p,\sigma}$，二阶 Grey Edge 算法，基于图像二阶导数结构的颜色恒常性算法，参数设定为 $e^{2,1,5}$。

上述 5 种不同参数选择包含 0 阶、1 阶和 2 阶各种不同的算法；这些算法构成了一个颜色恒常性算法候选集合 $M = \{e^{0,1,0}, e^{0,\infty,0}, e^{0,13,2}, e^{1,1,6}, e^{2,1,5}\}$。基于自然图像统计的颜色恒常性算法融合方法所使用的算法将从候选 M 中选择。

Gijsenij 等人[2]通过进一步观察发现，不同的颜色恒常性算法适用于具有不同纹理特征的图像，如图 4-1 所示。例如，White Patch 算法适用于纹理丰富的图像，而 Grey World 算法则在纹理较少且对比度较弱的图像上具有较好的光照估计效果。同时，为了很好地刻画图像的纹理特征，Gijsenij 等人[2]引入了威布尔分布的参数描述图

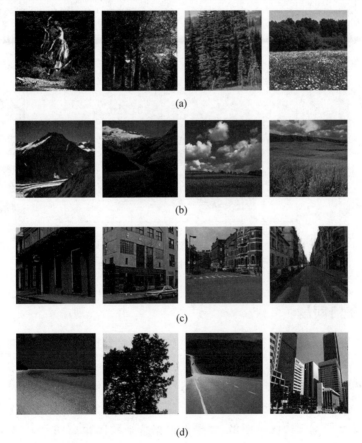

图 4-1　不同的颜色恒常性算法适合不同纹理特征的图像[2]

(a)White-Patch；(b)general Grey-World；(c)first-order Grey-Edge；(d)second-order Grey-Edge

像的纹理分布特征[4]。威布尔分布能够很好地描述图像的边缘响应,威布尔分布的参数为 γ、β,刻画了纹理的颗粒度和对比度。Gijsenij 等人分别使用了图像 x 和 y 方向的图像导数结构,并使用威布尔分布的参数 γ、β 描述它们的纹理特征,得到纹理特征向量 $(\gamma_x,\beta_x,\gamma_y,\beta_y)$。同时,利用 k-均值聚类将 $(\gamma_x,\beta_x,\gamma_y,\beta_y)$ 空间划分为 5 个子空间,如图 4-2 所示,然后在每个子空间上寻找到一个最优的颜色恒常性算法。对于给定的图像,首先计算出其威布尔纹理特征向量,然后根据其纹理特征向量所处的子空间选择一个颜色恒常性算法对其进行光照估计;或者利用多维高斯函数为其计算出各颜色恒常性算法的权值,对各算法的结果进行加权求和,以得到最终的光照估计结果。

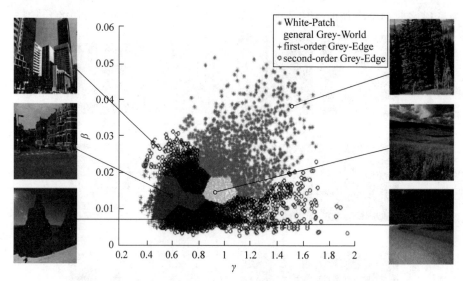

图 4-2　不同的纹理特征空间对应的最优的颜色恒常性算法[2]

4.2.2　存在的问题

基于自然图像统计的颜色恒常性算法融合方法很好地提高了自然图像光照估计的准确度。但是,直接利用 k-均值算法对纹理空间进行硬划分却是不合理的。我们通过对 11 000 幅自然图像集中的图像进行统计发现,虽然使用不同算法图像的纹理特征在 (γ,β) 空间上具有一定的聚集效应,但是并没有达到这种明显的划分效果。尤其对于处于 2 个子空间边缘的图像,如果仅根据特征欧氏距离的差异选择算法,则很容易产生错误的结果。

此外,Gijsenij 等人的融合算法[2]仅仅使用了图像的全局纹理特征作为自然图像颜色恒常性算法的选择依据。然而实际上,图像中不同区域的纹理特征会有很大的差异,仅仅以全局的纹理并不能够细致全面地刻画图像的纹理特性。如图4-3所示,(a)图中的上下部分、(b)图中的左右部分以及(c)图中上下左右部分都存在很大的纹理差异。

图4-3 同一图像中不同区域的纹理具有很大的差异性

同时,为了进一步说明图像中局部纹理的差异性,我们对11 000幅图像集中的山脉和海滩场景的图片的上下部分别进行了纹理统计,统计结果如图4-4所示。根据统计结果可以看出,许多场景的图像局部纹理确实存在着巨大的差异性。

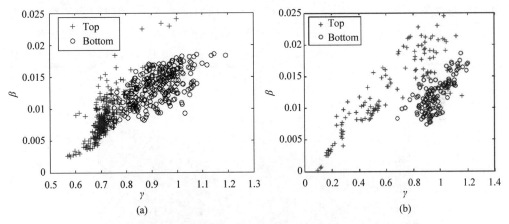

图4-4 同一图像中不同区域的纹理具有很大的差异性,"+"表示图像上
半部分的纹理特征,"o"表示图像下半部分的纹理特性
(a)对山脉场景统计的结果;(b)对海滩场景的统计结果

4.3 基于纹理相似性的自然图像的颜色恒常性计算

针对基于自然图像统计的颜色恒常性算法融合方法的缺点,本节将提出一种基于图像纹理相似性的自然图像的颜色恒常性算法的融合方法(Color Constancy based on

Texture Similarity for Natural Images，CCTS)[5]。该方法不再直接对纹理空间采用硬划分的方法，而是采用与给定图像具有纹理相似性的几幅图像作为该图像颜色恒常性算法选择的参考依据，同时使用了全局纹理特性和局部纹理特性相结合的方式描述图像的纹理特性。在详细介绍 CCTS 算法前，首先简要介绍威布尔分布与图像纹理特性的关系。

4.3.1 威布尔分布与图像的纹理特征

图像的空间结构是图像场景的一个重要特征。威布尔分布能够很好地描述图像的边缘响应[2,4]。威布尔分布的公式表达如下。

$$f(x) = \frac{\gamma}{\beta} \left(\frac{x}{\beta} \right)^{\gamma-1} e^{-(\frac{x}{\beta})^{\gamma}} \tag{4-2}$$

威布尔分布的参数 γ、β 可以用来描述图像纹理的统计特性。其中，γ 代表纹理的颗粒度，γ 越大，表示图像纹理的颗粒度越小。β 代表图像的对比度，β 越大，表示图像的对比度越高。基于威布尔分布参数的纹理描述方法已经被广泛地应用于图像的场景分类等技术中。考虑图像局部纹理的差异性，本章提出的 CCTS 算法不再仅仅使用图像的全局纹理特征，而是采用结合局部和全局纹理特征的方法，构建图像的纹理特征向量 $\boldsymbol{T}_i = [t_g, t_t, t_b, t_r, t_l]$。其中，$\boldsymbol{T}_i$ 表示第 i 幅图像的纹理特征，t_g 表示对整幅图像统计的全局纹理特征。t_t、t_b 分别表示图像上半部分和下半部分的纹理特性，如图 4-5(a) 所示。将图像分为上下两部分分别统计其纹理特征。t_r、t_l 则表示图像左右两部分的纹理特性，如图 4-5(b) 所示。

(a)   (b)

图 4-5　统计图像的局部纹理特性

基于自然图像统计的颜色恒常性算法融合方法在统计威布尔纹理特征时分别使用了图像 x 和 y 方向的导数结构，得到了纹理特征 $(\gamma_x, \beta_x, \gamma_y, \beta_y)$。这种带方向的纹理统计方案虽然较为细致，但是很容易受到图像旋转的影响。为了克服这种影响，同时为了降低特征的维数,在本章提出的 CCTS 中,所有的纹理统计只使用图像的梯度结构。因此有 $\boldsymbol{T}_i = [t_g, t_t, t_b, t_r, t_l] = [\gamma_g, \beta_g, \gamma_t, \beta_t, \gamma_b, \beta_b, \gamma_r, \beta_r, \gamma_l, \beta_l]$ 共 10 维的基于威布尔分布参数的纹理统计向量,其归一化后的向量记作 $\hat{\boldsymbol{T}}_i$。

4.3.2　基于纹理相似的颜色恒常性算法融合

在得到图像的纹理特征向量后,本节将讨论如何根据图像的纹理特性选择其最合适的颜色恒常性算法或融合算法。为了便于比较和描述算法,我们采用与基于自然图像统计的颜色恒常性算法融合方法相同的颜色恒常性算法的候选集 $M = \{e^{0,1,0},$ $e^{0,\infty,0}, e^{0,13,2}, e^{1,1,6}, e^{2,1,5}\}$,然后根据图像的纹理特征,利用 k-近邻(K Nearest Neighbour, KNN)算法,选择出与待计算图像纹理相似的 K 幅图像,最后根据 K 幅纹理最相似的图像的颜色恒常性算法选择出最合适的颜色恒常性算法或融合算法。详细的算法流程如算法 4-1 所述。

算法 4-1　基于纹理相似性的自然图像的颜色恒常性计算(CCTS)

输入:单幅待测试彩色图像以及训练集图像库
输出:待测试彩色图像的光照估计结果

具体步骤如下。

① 提取出训练库中所有图像的威布尔纹理特征 $\hat{\boldsymbol{T}}_i$。根据角度误差,从算法候选集 M 中选出最适合该图像的颜色恒常性算法,标记为 $m_i \in M$。

② 对于给定的待计算图像,首先计算出其纹理特征向量,记作 $\hat{\boldsymbol{T}}_e$,然后根据向量之间的欧氏距离,从训练图像库中选出 K 幅与待测图像纹理特征最相似的图像。

③ 根据 K 幅最相似的图像的最优颜色恒常性算法 m_i 的"投票",为待测图像选择最优的颜色恒常性算法和融合算法。最终待测图像的光照值 e_e 如公式(4-3)所示。

$$
\begin{cases}
e_e = \sum_{m \in M} w(m, K)\hat{e}_m \\
w(m, K) = \dfrac{\mathrm{Num}(m)}{K}
\end{cases}
\tag{4-3}
$$

其中,e_e 为待测图像的最终光照颜色。$\hat{e}_m$ 表示算法 m 在待测图像上得到的归一化后的光照颜色;$w(m, K)$ 表示在最终融合过程中 $\hat{e}_m$ 所占的权值。$\mathrm{Num}(m)$ 表示在 K 幅纹理最相似的图像中算法 m 出现的次数。算法 m 出现的次数越多,那么该算法得到的光照值在最终结果中所占的比例越大。根据不同的 K,这种融合框架可分解出以下 3 种不同的颜色恒常性算法的融合方案。

• $K = 1$,算法选择。这种情况下只有一种算法的权值 $w(m, K) = 1$,其他权值都

为 0。此时,融合算法退化为选择最优的一种算法。根据纹理特征与测试图像
最接近的图像的颜色恒常性算法作为待测图像的颜色恒常性算法。

- $1<K\leqslant DBNum$,**加权平均融合**。DBNum 表示图像库中图像的总数。这种情况下不同的 $w(m,K)$ 具有不同的值。最终的算法融合就成了加权融合方法。

- $K\to\infty$,**简单平均融合**。假设训练图像库中的图像数量足够大,并且假设随机给定一幅图像,对于颜色恒常性算法 $m\in M$ 成为其最优算法的概率 $p(m)$ 是相等的。实际上,通过对 11 000 幅图像集中的图像统计的结果,对于各种颜色恒常性算法,它们出现的概率 $p(m)$ 确实非常接近。当 $K\to\infty$ 时,根据伯努利大数定理,对于 $\forall\varepsilon>0$,有

$$\lim_{K\to\infty}P\left\{\left|\frac{Num(m)}{K}-p(m)\right|<\varepsilon\right\}=1 \tag{4-4}$$

根据公式(4-4),当 $K\to\infty$ 时,$w(m,K)=\dfrac{Num(m)}{K}=p(m)=\dfrac{1}{5}$,此时公式
(4-3)就退化为一个简单平均的融合方案。

4.4　实验结果与分析

由于本章提出的基于图像纹理相似性的自然图像的颜色恒常性算法的融合方法主要针对的是自然图像,因此在实验的图像集选择上,我们选择 11 000 幅自然图像集作为实验的图像集,并切除了图像中的小球部分,剩余 240×240 像素的图像。在误差比较上,由于本章要进行比较的算法较多;为了简单起见,本章实验中只采用角度误差(如公式(2-42))的中值和平均值这两个最重要的指标作为算法性能的评价依据。对于训练图像集,在图像最优算法的选择上,我们分别使用 5 种算法对同一幅图像进行光照估计,得到 5 个估计结果,利用测量得到的标准光照值与这 5 个结果进行比较,选择角度误差最小的算法作为该图像的最优算法。

4.4.1　参数 K 的选择实验

在本章提出的 CCTS 算法中,参数 K 的选择是一个关键问题。在本节的实验中,我们着重讨论的是参数 K 与训练图像库大小之间的关系。我们从 11 000 幅图像库中每隔 v 幅图像抽取一幅,共得到 N 幅图像作为训练集。剩余未被选中的图像将作为测试图像。设置 $N=\{2000,1800,1600,1400,1200,1000,800,600\}$。对于每个 N 的取值,K 的取值范围为 $1\sim24$。对于 $K=\infty$ 的特殊情况,此处不再考虑。部分实验结果如表 4-1 所示,其中,CCTS_1 表示本节实验方案的实验结果。根据表 4-1 中的实验结果,本章提出的 CCTS 融合算法要优于现有的单一的颜色恒常性算法;同时,

实验的角度误差也低于基于自然图像统计的颜色恒常性算法融合方法。为了充分地对 CCTS 算法进行测试,我们不断降低训练集中图像的数量,即使当 N＝600,不到 11 000 幅的图像库中图像总数的 5.6％时,CCTS 算法仍然表现出了很好的性能。此时的角度误差平均值只有 4.8,比 CCNS 的最好结果降低了 14％;角度误差中值只有 3.8,比 CCNS 的最好结果降低了 17％。

表 4-1　各种不同的颜色恒常性算法或融合算法在 11 000 幅图像集上的实验结果
（Mean 表示平均角度误差,Median 表示角度误差中值,百分比表示相对于
CCNS 算法的最好结果（Mean：5.6,Median：4.6）误差下降的比例）

	Method	Mean	Median
Single Method	Grey-World	7.9	7.0
	White-Patch	6.8	5.3
	General Grey-World	6.2	5.3
	first-order Grey-Edge	6.2	5.2
	second-order Gery-Edge	6.1	5.2
	Gamut mapping	8.5	6.8
	Color-by-correlation	6.4	5.2
CCNS	Selection(5 methods)	5.7	4.7
	Combination(5 methods)	5.6	4.6
CCTS_1(N＝2000)	Selection $K=1$	4.4 (21％)	3.1(33％)
CCTS_1(N＝1000)	Combination $K=4$	4.7(16％)	3.7(20％)
CCTS_1(N＝600)	Combination $K=6$	4.8(14％)	3.8(17％)
CCTS_2(W＝3)	Combination $K=11$	5.1(9％)	4.1(11％)
CCTS_2(W＝5)	Combination $K=11$	5.1(9％)	4.3(7％)

在上述实验中,对于不同的 N 值,调整参数 K 的值,光照估计的误差随 K 的变化曲线如图 4-6 所示;图 4-6 中使用测试图像集中所有图像的光照估计的角度误差的平均值作为实验误差的评定标准。对于每个 N 值,我们挑选出实验性能表现最好的 K 值,K 随训练图像数量 N 的变化曲线如图 4-7 所示。根据曲线图的变化趋势可以发现,N 越大,K 越小。这是因为 N 越大,训练库中有足够的图像,对于给定的任何一幅图像,在训练库中找到与其纹理特征完全一致的图像的可能性非常大,此时只要根据纹理最相似图像的颜色恒常性算法选择算法,就极有可能选择出待测试图像的最优颜色恒常性算法,因此,此时 K＝1 就能取得很好的实验效果。理想情况下,当 N→∞

时，$K=1$在理论上几乎可以为所有图像找到最合适的颜色恒常性算法。当N逐渐变小时，训练库中的图像就会越来越少，因此纹理最相似的图像的参考意义也会变得越来越小。此时，为了使纹理相似的图像更具参考意义，需要多挑选几幅图像作为参考，于是K就会变大。极限情况下，当$N=0$时，没有任何图像作为参考，此时只能选择简单平均的方法作为比较稳定和可靠的融合方案，即$K \to \infty$。

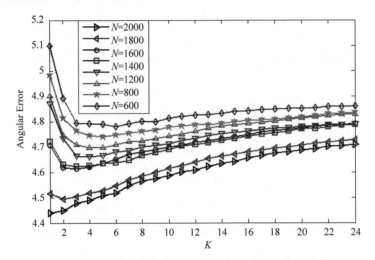

图4-6 光照估计的角度误差随N和K的取值变化曲线

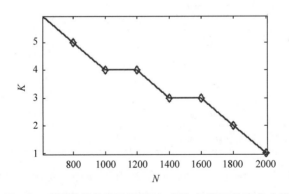

图4-7 当取最优的实验结果时，参数K随N的变化曲线

4.4.2 交叉验证实验

本节将使用交叉验证（Cross Validation）的实验方法验证本章提出的CCTS算法的有效性。由于11 000幅图像集中的图像是从近2小时的视频中提取的，因此相邻图像之间存在较大的相关性。虽然上节的实验将N调整为600时训练集图像与测试

集图像之间的相关性已经大幅降低了,但是这种相关性仍然会或多或少地存在并影响实验结果。为了消除这种相关性对实验结果的影响,我们引入了交叉验证的实验方案。

首先将 11 000 幅图像集划分为 W 个子集。不同子集中的图像来自于不同的视频片断。因此,各子集之间几乎不存在任何相关性。根据交叉验证的方法,每次实验从 W 个子集中选取一个作为训练集,剩下的 $W-1$ 个作为测试集。选择不同的训练集,共进行 W 次实验。W 次实验的误差结果将作为最终的误差。为了便于与基于自然图像统计的颜色恒常性算法融合方法相比较,设定 $W=3$ 时的实验结果如表 4-1 中的"CCTS_2 ($W=3$)"所示。从实验的结果来看,CCTS 仍然要优于 CCNS 算法,其均值误差和中值误差分别比 CCNS 下降了约 9% 和 11%。此外,为了更加充分地对算法进行实验测试,还设定了 $W=5$ 进行实验,实验结果如表 4-1 中的"CCTS_2($W=5$)"所示。此次实验结果又一次说明了在 11 000 幅图像集上,CCTS 仍然要优于 CCNS 算法。

4.4.3 图像光照校正示例

为了使实验结果更为直观,图 4-8 给出了部分图像光照矫正结果的实例。在矫正实验中,从包含 11 000 幅图像的自然图像集的不同场景中抽取了 3 幅图像,基于对角模型对这 3 幅图像进行光照矫正。图像的光照值分别采用 $N=600,2000$ 的光照估计结果。为了进行比较,我们还使用了 max-RGB 算法、Grey-World 算法以及标准光照值对图像进行光照矫正。根据图 4-8 的实验结果,本章提出的基于图像纹理相似的自然图像的颜色恒常性融合算法要优于单个算法。尤其是 CCTS($N=2000$)的矫正结果非常接近标准的矫正结果。更重要的是,CCTS 算法表现出了很好的稳定性。虽然 max-RGB 算法和 Grey-World 算法在某些图像上具有很好的矫正效果,但是在有些图像上却表现得很差。本章提出的 CCTS 算法在 3 幅实验图像上都表现出了不错的矫正效果,光照估计的准确性比较稳定。

(a)

图 4-8 图像光照矫正的实例比较

(a)原始图像;(b)max-RGB 算法的矫正结果;(c)Grey-World 算法的矫正结果;
(d)CCTS($N=600$)矫正结果;(e)CCTS($N=2000$)矫正结果;(f)标准矫正结果

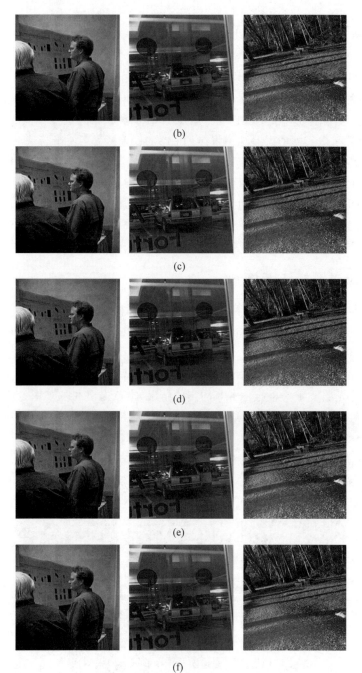

(b)

(c)

(d)

(e)

(f)

图 4-8 （续）

4.5　本章小结

　　随着颜色恒常性计算技术的研究和发展,以及各种颜色恒常性算法的提出,颜色恒常性算法的选择和融合成为了一个重要的课题。由于还没有一个现有的算法能够适用于各种图像,因此为特定的图像选择最适合的颜色恒常性算法或融合算法有着重要的实际意义。本章在总结和梳理了现有的颜色恒常性融合算法的基础上,针对现有算法的缺点和局限性提出了一种基于纹理相似的自然图像的颜色恒常性算法。该算法基于威布尔分布参数提取了图像全局和局部的纹理特征,然后根据纹理特征的相似性为给定图像选择最优的颜色恒常性算法或融合算法,最后通过在包含 11 000 幅图像的图像集上的大量实验验证了该算法的有效性;并通过实验讨论了算法中参数的选择方案。

参考文献

第 **5** 章

自然场景光照估计
融合算法的评价

光照估计是颜色恒常性算法和相机自动白平衡的重要组成部分。目前,出现了许多光照估计的融合算法,目的是提高光照估计的准确性。本章将对现有的光照估计融合算法进行系统分析,重点探索:①融合多个单一光照估计算法进行估计的有效性;②最佳融合策略;③影响融合算法性能的潜在因素;④融合算法在多光源场景下光照估计的有效性。同时还将对各种融合算法根据它们是否需要监督训练以及是否依赖于高级场景内容指导(如室内还是室外)进行分类。我们将使用 3 个真实图像数据集进行验证和分析。

5.1 引言

在过去的几十年中,研究者为不同类型的光照估计算法的发展做出了诸多贡献。其中,大多数是单一的光照估计算法。在此基础上,最近又提出了各种光照估计融合算法[1-7]。这些算法把已有的单一颜色恒常性算法作为候选算法集合,然后以某种融合方式(如加权平均)进行光照估计,以提高估计的准确性。

对单一颜色恒常性算法的综述文献较多。Barnard 等人提出 [8,9] 在 2 个数据集上对 比 5 种算法:Grey World[10]、White Patch[11]、Gamut Mapping[12]、Color-by-Correlation[13] 和基于神经网络的算法[14]。2 个数据集包括:一个合成的数据集和一个在实验室环境中捕获的 321 幅室内图像集。Hordley 等人[15] 提出了一种不同的策略以分析各种算法的性能。Agarwal 等人[16] 分析了颜色恒常性算法的最新进展,并研究了其在视频跟踪中的应用。Gijsenij 等人[17] 提出了一种感知欧几里得距离(Perceptual Euclidean Distance,PED)的评价指标,用于评估颜色恒常性算法的性能。该指标基于心理物理实验,将光照估计中的误差与人类受试者感知的误差进行了比较。Vazquez 等人[18] 通过与 10 个观察者进行大量的心理实验,评估了 3 种不同的光照色度估计算法。Gijsenij 等人对颜色恒常性算法进行了最新的综述[27],他们只对单一颜色恒常性算法提供了很好的对比分析,但是对融合算法的分析比较有限。

本章将对现有的光照估计融合算法进行定量比较,主要包括以下 3 点。

① 对现有的单一光照估计算法和融合算法的基础假设进行分类介绍。

② 使用 4 种不同的误差度量方法,在 3 个真实图像集上对融合算法进行全面比较。比较结果基于不同人在不同环境中拍摄的来自不同相机的各种图像,并以不同的误差度量进行评估得到,因此得出的结论更加可靠,更适用于实际应用。此外,分析还包括具有多个光源场景的结果。

③ 使用基于排名理论(Ranking Theory)[10,11]的一致性分析验证结论,从而发现不同误差标准与图像集之间的一致性。

5.2　光照估计融合算法

光照估计算法通常基于以下假设:相机的响应 $f(x)=(R,G,B)^\mathrm{T}$ 建模为

$$f(x)=\int_\omega e(\lambda)s(x,\lambda)\rho(\lambda)\mathrm{d}\lambda \tag{5-1}$$

其中,x 是空间图像的位置,λ 是波长,ω 是可见光谱,$e(\lambda)$ 是光源的光谱功率分布,$s(x,\lambda)$ 是 x 处的表面光谱反射率,$\rho(\lambda)=(R(\lambda),G(\lambda),B(\lambda))^\mathrm{T}$ 是相机光谱灵敏度函数。通常,假定场景由单个光源照明,通过理想的白色表面反射,光照的颜色可以表示为

$$(R,G,B)^\mathrm{T}=\int_\omega e(\lambda)\rho(\lambda)\mathrm{d}\lambda \tag{5-2}$$

相应的色度分量为 $r=R/(R+G+B)$,$g=G/(R+G+B)$ 和 $b=B/(R+G+B)$。因为 $b=1-r-g$,这样就仅需要 3 个分量中的 2 个即可对光照色度进行表示。我们称 $c=(r,g)^\mathrm{T}$ 为 rg-色度或色度,称 $e=(r,g,b)^\mathrm{T}$ 为 3D-色度。

假设 $E=\{c_1,c_2,\cdots\}$ 是从单一颜色恒常性算法 $|E|$ 获得的光照色度的估计。融合算法是将 $E=\{c_1,c_2,\cdots\}$ 估计融合为单个最终估计值。融合算法可以分为两个基本类别:直接融合(Direct Combination,DC)和引导融合(Guided Combination,GC)。DC 算法就是对所有候选算法得到的光照估计结果进行加权平均。GC 算法利用图像内容的属性(如图像是室内还是室外场景[1]或 3D 场景几何形状[2]是否具有特定结构)指导选择要使用的颜色恒常性算法。DC 算法可以进一步分为两类:有监督融合(Supervised Combination,SC)和无监督融合(Unsupervised Combination,UC)。在 SC 算法中,首先要在有监督的训练阶段学习相对权重,相对权重将与来自单一颜色恒常性算法的估计光照值相结合。UC 算法无须训练即可直接融合单一颜色恒常性算

法的光照估计值。

5.2.1　无监督融合

1. 简单平均（Simple Averaging，SA）

SA[4]是最简单的融合方案，融合公式为

$$c_e = \frac{\sum\limits_{i=1}^{|E|} c_i}{|E|} \tag{5-3}$$

2. Nearest2（N2）

N2 算法[3]会首先找到最接近的两个光照估计值，然后返回其均值，融合公式为

$$c_e = (c_n + c_m)/2 \tag{5-4}$$

条件是 $d(c_n, c_m) = \min\limits_{i,j;i\neq j} d(c_i, c_j)$，$d()$ 代表两个光照色度之间的欧几里得距离。

3. Nearest-N%（N-N%）

N-N% 融合[3]会返回所有估计值的平均值，对于这些估计值而言，它们中任意一对之间的距离都小于两个最近估计值距离的 $(100 + N)\%$。公式为

$$c_e = \frac{\sum\limits_{c_i \in E'} c_i}{|E'|}，\text{当 } E' = \{c_i \mid \exists c_j \in E,(i \neq j)，\text{s.t. } d(c_i, c_j) \leqslant \frac{100 + N}{100} d_{\text{Nearest2}}\} \tag{5-5}$$

其中，d_{Nearest2} 表示两个最接近的光照色度值之间的距离。

4. No-N-Max（NNM）

NNM 算法[3]会得到除距测试图像光照色度估计值最大距离 N 个光照估计值之外的平均值。 令 D_i 表示某估计值到所有其他估计值的距离之和 $D_i = \sum\limits_{j=1,2,\cdots,|E|;j\neq i} d(c_i, c_j)$。这样重新排列估计值 $c_1, c_2, \cdots, c_{|E|}$，条件 $D_{q1} < D_{q2} < \cdots < D_{q_{|E|}}$。NNM 算法可表示为

$$c_e = \frac{\sum\limits_{i=1}^{|E|-N} c_{q_i}}{|E|-N} \tag{5-6}$$

5. Median（MD）

Bianco 等人[3]提出了一种中位数融合策略，该策略会选择与其他所有估计的总距离最小的估计，它对应于 NNM 算法的重新排序序列的第一个元素 c_{q1}。

5.2.2　有监督融合

有监督融合算法是通过监督训练方式确定融合参数的。SC 算法在训练类型和参

数应用的方式上有所不同,将单一颜色恒常性算法的光照色度估计值融合为最终值。我们考虑了 3 种 SC 算法:基于最小二乘的算法[4]、基于极限学习机的算法[5]和基于支持向量回归的算法[20]。

1. 最小二乘融合

Cardei 等人提出了一种最小二乘的融合策略(Least Mean Square,LMS)[4]。将光照色度估计为单一颜色恒常性算法估计值的线性融合。最小二乘算法在训练阶段用于确定线性融合的权重矩阵 $\boldsymbol{W}$。给定估计值 $\boldsymbol{V}=[\boldsymbol{c}_1,\boldsymbol{c}_2,\cdots,\boldsymbol{c}_{|E|}]^{\mathrm{T}}$,最终的光照色度估计值为

$$\boldsymbol{c}_e = \boldsymbol{W} \times \boldsymbol{V} \tag{5-7}$$

2. 基于极限学习机的融合

Li 等人提出了基于极限学习机的融合策略(Extreme Learning Machine,ELM)[5],它利用一种单隐层前馈神经网络进行光照色度估计。在许多情况下,就泛化程度和学习速度而言,极限学习机已被证明比传统的反向传播更好[21]。神经网络的输入是估计值 $\boldsymbol{V}=[\boldsymbol{c}_1,\boldsymbol{c}_2,\cdots,\boldsymbol{c}_{|E|}]^{\mathrm{T}}$,单个隐藏层中具有 L 个节点,网络将输入融合为光照色度的最终估计值。

3. 基于支持向量回归的融合

支持向量回归是一种通用技术,它通过在回归数据中引入结构风险最小化估计连续值函数,该回归函数可以对训练数据中给定输入和相应输出之间的基本相互关系进行编码[22]。Xiong 等人首先将支持向量回归作为光照估计的统一方法[20],并将其称为 SVRU。支持向量回归也可以用作融合策略的一部分,该融合策略被称为 SVRC[5]。SVRC 的输入和输出与 ELM 的输入和输出相同。给定一个估计向量 $\boldsymbol{V}=[\boldsymbol{c}_1,\boldsymbol{c}_2,\cdots,\boldsymbol{c}_{|E|}]^{\mathrm{T}}$,SVRC 确定两个回归函数 $f_r(\boldsymbol{V})$ 和 $f_g(\boldsymbol{V})$,并将其映射到真实光照色度 r 和 g。$f_r(\boldsymbol{V})$ 可以表述为

$$f_r(\boldsymbol{V}) = \boldsymbol{W}_r \cdot \boldsymbol{V} + b_r, \text{ s.t. } \| r - \boldsymbol{W}_r \cdot \boldsymbol{V} + b_r \| \leqslant \varepsilon \tag{5-8}$$

其中,使用支持向量回归查找参数 $\boldsymbol{W}_r$ 和 b_r,并且根据所有训练样本的真实光照色度分量 r 获得 $\varepsilon(\varepsilon > 0)$。优化公式(5-8)可以通过二次规划方法解决[22]。给定回归函数 $f_r(\boldsymbol{V})$、$f_g(\boldsymbol{V})$ 和带有估计向量 $\boldsymbol{V}$ 的测试图像,光照色度估计可表示为 $r = f_r(\boldsymbol{V})$ 和 $g = f_g(\boldsymbol{V})$。

5.2.3　引导式融合

引导式融合使用图像内容的特征,例如纹理[6]、三维场景几何[2]以及属于室内还是室外场景[1]指导如何融合单一颜色恒常性算法的估计值以获得光照的最终估计。

1. 自然图像统计特征引导融合

Gijsenij 等人提出一种使用自然图像统计（Natural Image Statistics，NIS）特征指导融合策略的算法[6]。在该算法中，通过几种统计量表征图像，这些统计量用于选择最合适的单一颜色恒常性算法，然后返回该算法的估计值。Gijsenij 等人利用威布尔分布参数[23]用于描述图像的纹理分布和对比度特征。给定一组训练图像和相关的真实光照色度值，NIS 融合算法训练过程如下。

① 对于每个训练图像 I_i，将其转换为对立颜色空间[24]，然后计算 6 维威布尔参数特征向量 $\boldsymbol{\chi}_i \in R^6$。

② 使用单一颜色恒常性算法标记训练集中的图像 I_i，找到最佳估计算法，具体定义如下。

$$\tau_i = \underset{j}{\operatorname{argmin}}\{\Gamma_A(\boldsymbol{e}_j(i), \boldsymbol{e}_a(i))\} \tag{5-9}$$

其中，Γ_A 是候选第 j 个单一颜色恒常性算法估算的光照色度 $\boldsymbol{e}_j(i)$ 与其真实光照色度 $\boldsymbol{e}_a(i)$ 之间的角度误差。

③ 将高斯混合（Mixture of Gaussians，MoG）分类器应用于训练数据。MoG 描述了在给定标签 τ_i 下，k 个高斯分布的加权总和观察到的图像统计信息 χ_i 的可能性。

$$p(\chi_i \mid \tau_i) = \sum_{m=1}^{|E|} \alpha_m G(\chi_i, \mu_m, \sum_m) \tag{5-10}$$

其中，α_m 是正的权重并满足 $\sum_{m=1}^{|E|} \alpha_m = 1$，高斯分布 $G(\cdot, \mu_m, \sum_m)$ 的参数定义为均值 μ_m 和方差 $\sum_m$，通过使用最大期望值算法获取模型的最优参数。

选择使 MoG 分类器后验概率最大化的单一颜色恒常性算法，用于测试图像最后的光照色度估计。

2. 图像分类引导融合

图像分类引导融合（Image Classification，IC）的基本思想是基于图像内容相关的特征，为每个图像选择最佳的单一光照色度估计算法。IC 和 NIS 之间的区别在于图像特征和分类器。

在 IC 算法中，为了描述图像内容，Bianco 等人[25]考虑了两组特征：通用特征和问题相关特征。通用特征包括颜色直方图（27 个维度）、边缘方向直方图（18 个维度）、边缘强度直方图（5 个维度）、小波系数的统计信息（20 个维度）和颜色矩（6 个维度）。与问题相关的特征包括不同颜色的数量（1 个维度）、裁剪的颜色分量（8 个维度）和投射索引（2 个维度）。对于每幅图像，将这些值拼接成一个 87 维特征向量 $\boldsymbol{\eta}_i \in R^{87}$。

在获得每幅图像 I_i 的特征向量 $\boldsymbol{\eta}_i$ 和估计标签 τ_i 后，IC 算法使用决策森林学习选择最佳单一颜色恒常性算法的分类器。通过对森林中树的输出进行多数投票机制，可以预测具有特征向量 $\boldsymbol{\eta}_o$ 的测试图像 I_o 的最佳单一估计算法 τ_o。令 $T_k(\boldsymbol{\eta}_o)$ 为森林 $F(\boldsymbol{\eta}_o)$ 中第 k 个树的输出标签，则森林的最终输出公式为

$$\tau_o = F(\eta_o) = \underset{0<j\leqslant|E|}{\mathrm{argmax}}\{|\mathrm{Tr}_j|\}, \ \text{当} \ \mathrm{Tr}_j = \{T_k(\eta_i) \mid T_k(\eta_i) = j \bigcap 0 < j \leqslant |E|\}$$

(5-11)

其中，Tr_j 是一组树，其输出标签为第 j 个候选单一颜色恒常性算法的估计值。

3. 室内和室外分类引导融合

Bianco 等人[1]提出利用图像是室内还是室外(Indoor-Outdoor，IO)场景的知识作为选择最合适的单一颜色恒常性算法的策略。为了确定图像的场景类型，将根据颜色、纹理和边缘分布等低级图像特征对其进行分析。这些特征组合一起构建了一个特征向量，并作为用于室内外分类的决策森林[26]的输入，然后根据每个场景类别在训练集上的表现为每个场景类别选择最佳的单一光照估计算法。对于测试图像，将根据其对应的场景类别为其分配最佳的单一颜色恒常性算法。

4. 三维场景几何特征引导融合

Lu 等人[2]使用 3D 场景几何(3D Scene Geometry，3DSG)对不同的几何区域进行建模，这些模型用于选择最佳的单一颜色恒常性算法。Nedovic 等人提出了称为阶段(stages)的典型 3D 场景几何形状[27]。每个 stage 都有一定的深度布局，Lu 的算法中使用了 13 个不同的 stage[2]，3D 场景几何包含范围广泛的场景类别，其深度信息可从图像统计信息中获取[28]。尽管一些对深度敏感的属性，例如信噪比和比例与光照并没有内在关联，但已发现它们会影响光照色度估计的准确性[6]。SG 算法根据图像的 stage 类别为图像选择单一方法，并且还将单一方法分配给每个图像区域，然后对这些区域对应的单一方法获得的多个光照色度估计值进行平均，以得出图像总体光照色度的最终估计值。

5. 高级视觉信息引导融合(HVI)

Weijer 等[7]人提出使用高级视觉信息改善光照色度估计。利用几种单一颜色恒常性算法估计一组可能的光照色度值。对于每个值，都会根据其语义内容的可能性评估颜色校正图像，选择使图像最可能的语义成分对应的光源作为最终光照颜色。

图像 $\boldsymbol{f}$ 的光照 $\boldsymbol{c}_i$ 的概率表示为 $P(\boldsymbol{c}_i \mid \boldsymbol{f})$，场景 $\boldsymbol{c}_e$ 的光照估计可以由下式确定。

$$\boldsymbol{c}_e = \underset{\boldsymbol{c}_i \in E}{\mathrm{argmax}} \log(P(\boldsymbol{c}_i \mid \boldsymbol{f}))$$

(5-12)

假设 $\mathrm{Trs}(\boldsymbol{f}, \boldsymbol{c}_i) = \boldsymbol{f}^w$ 是对角颜色转换函数[29]，该函数可将光源 $\boldsymbol{c}_i$ 下的图像 $\boldsymbol{f}$ 转换为在白光下拍摄的图像 $\boldsymbol{f}^w$，其中 w 表示标准白光。这样，在光源 $\boldsymbol{c}_i$ 下拍摄图像 $\boldsymbol{f}$ 的概率等于在白色光源下拍摄变换图像 $\boldsymbol{f}^w$ 的概率，即

$$P(\boldsymbol{c}_i \mid \boldsymbol{f}) = P(w \mid \boldsymbol{f}^w) \propto P(\boldsymbol{f}^w \mid w)P(w)$$

(5-13)

为了获得概率值,Weijer 等人[7]使用概率潜在语义分析(pLSA)[30]进行图像语义分析。给定一组图像 $F = \{f_1, f_2, \cdots, f_N\}$,每幅图像用视觉词汇表描述 $VC = \{v_1, v_2, \cdots, v_M\}$,这些单词被认为是由潜在主题 $Z = \{z_1, z_2, \cdots, z_K\}$ 生成的。假设光源 $P(w)$ 是分布均匀的,则根据 pLSA 模型,公式(5-13)可以重写为

$$P(w \mid f^w) \propto P(f^w \mid w) = \prod_{m=1}^{M} P(v_m \mid f^w) = \prod_{m=1}^{M} \left(\sum_{k=1}^{K} P(v_m \mid z_k) P(z_k \mid f^w) \right)$$

(5-14)

分布 $P(z_k \mid f^w)$ 和 $P(v_m \mid z_k)$ 可以使用已知光源在训练集上利用最大期望值(Expectation Maximization,EM)算法[30]优化得到。

表 5-1 列出了本章涉及的所有融合算法及其类别。

表 5-1　融合算法的分类

主类别	子类别	算 法
DC	UC	Simple Average (SA) [4]
		Nearest 2 (N2) [3]
		Nearest N% (N-N%) [3]
		No-N-Max (NNM) [3]
		Median (MD) [3]
	SC	Least Mean Square based combination (LMS) [4]
		Extreme Learning Machine based combination (ELM) [5]
		Support Vector Regression based combination (SVRC) [5]
GC	/	Natural Image Statistics based combination (NIS) [6]
		Image Classification Guided combination (IC) [25]
		Indoor-Outdoor Classification guided combination (IO) [1]
		3D Scene Geometry guided combination (SG) [2]
		High-Level Visual Information Guided combination (HVI) [7]

5.3　单一颜色恒常性算法

为了完整起见,对比算法还包括一些单一颜色恒常性(简称单一算法)算法。与 2.4 节的描述类似,单一算法可以进一步分为无监督单一算法(Unsupervised Unitary,UU)和有监督单一方法(Supervised Unitary,SU)[31]。如 White Patch[11] 和 Grey

World[10]之类的 UU 算法是基于一些关于图像颜色和光源之间的一些假设预测光照色度的算法。基于神经网络的算法(NN)[14]，基于时空光谱统计的算法(SSS)[32]和相关色[13]等 SU 算法包括两个步骤：第一步是建立统计模型以学习图像颜色和光源色度之间的关系；第二步是使用学习的模型预测给定测试图像的光照色度。

　　Gray Edge 框架[33]描述了一类 UU 算法，它是 Weijer 等人提出的，其主要思想是场景中所有物理表面的平均反射的差分是无色差的。在光照变化的对角线模型下，光源色度的变化反映为各个 RGB 颜色通道的差分比例。由于对函数进行缩放与其导数的缩放比例相同，因此图像的各颜色通道之间的空间导数包含有关光源色度的信息。Grey Edge 框架根据每个通道的空间导数的比率不同估计光源信息，该算法比 Grey World 算法更有效的一个原因是它不易被大面积均匀颜色所误导。Weijer 等人[33]将 Grey Edge 框架中的颜色导数扩展到 n 阶，并将 Minkowski 范式引入，最后框架表示为

$$\left(\int \left| \frac{\partial^n \boldsymbol{f}^\sigma(\boldsymbol{x})}{\partial \boldsymbol{x}^n} \right|^p \mathrm{d}\boldsymbol{x}\right)^{1/p} = k e^{n,p,\sigma} \tag{5-15}$$

其中，$\boldsymbol{f}^\sigma = \boldsymbol{f} \otimes G^\sigma$ 表示使用标准偏差为 σ 的高斯滤波器 G^σ 对图像进行卷积，p 表示 Minkowski 范数，k 是缩放比例，$e^{n,p,\sigma}$ 是光照色度估计值。对于 0 阶导数，Grey Edge 成为 Shades of Grey，其中包括 White Patch 和 Grey World 两种经典算法[39]。由参数的不同选择定义的算法表示为 $\mathrm{GE}^{n,p,\sigma}$。

　　表 5-2 列出了本章涉及的所有单一算法及其类别。

表 5-2　单一颜色恒常性算法的分类

类　　别	方　　法
UU	White Patch (WP) [11]
	Grey World (GW) [10]
	Shades of Grey (SoG) [34]
	Grey Edge (GE$^{n,p,\sigma}$) [33]
SU	Bayesian color constancy (BCC) [35-37]
	Color Constancy using a Neural Network (NN) [14]
	Color Constancy using Support Vector Regression (SVRU) [20]
	Color Constancy with Spatio-Spectral Statistics (SSS) [32]
	Gamut Mapping (GM) [12]
	Derivative Structures based Gamut Mapping (DGM) [38]

5.4　实验设置

本章中,每种算法都在 3 个不同的图像集(如 2.5 节所示)上进行了测试,并比较了光照色度估计中的误差评价标准。以下各节分别介绍图像集和误差评价标准。

5.4.1　图像数据集

3 个图像数据集中总共包含 1 913 幅图像。我们手动标记了 3D 场景 stage 和室内/室外分类标记,这些标记用于验证 SG 和 IO 融合算法的性能。带标签数据库可从 www.cs.sfu.ca/～colour/data/在线获取。按照 Nedovic 等在文献[27]中所描述的,采用 15 个典型的 3D 场景:sky＋bkg＋grd(sbg),bkg＋grd(bg),sky＋grd(sg),grd(g),nodepth(n),grd＋Tbkg(LR)(gtl),grd＋Tbkg(RL)(gtr),Tbkg(LR)(tl),Tbkg(RL)(tr),tbl＋Prs＋bkg(tpb),1sd＋wall(LR)(wl),1sd＋wall(RL)(wr),corner(ce),corridor(cd),prs＋bkg(pb)。

1. Gehler-Shi 数据集

第一个图像集是 Gehler 等人提供的[37,39],它包含使用 Canon 5D 和 Canon 1D 数码单反相机拍摄的 568 幅图像,有 246 幅在室内拍摄,322 幅在室外拍摄。所有图像均以佳能 RAW 格式保存,Gehler 数据集包含了从 RAW 图像自动生成的 TIFF 图像。但是,这些图像被裁剪过,是非线性的(即应用了伽马或色调曲线校正),并且包含了相机白平衡的效果。为了得到有效数据,Shi 等人对该数据集重新进行了处理[40,41]。重新处理创建了几乎原始的 12 位 PNG 格式的图像,最终得到 RGB 空间中的 2041×1359(Canon 1D)或 2193×1460 的(Canon 5D)线性图像(gamma＝1)。3D stage 类型的分布如图 5-1(a)所示。

2. SFU 数据集

由 Ciurea 等人创建的 SFU 图像集[42]包含从数字视频序列中提取的 11 000 多幅图像。由于这些图像来自视频,因此相邻的图像相关性很强。为了避免相关图像可能引入的偏差,Bianco 等人[1]提取了 1 135 幅图像作为代表性子集(称为 SFU 数据子集),其相关性要低得多。该数据集的另一个问题是原始图像存储在非线性设备(NTSC-RGB)中。为了解决这个问题,Gijsenij 等人[19]应用了伽马校正(gamma＝2.2)以获得线性图像。为了保持一致性,真实光照值(ground truth)也将在线性图像上重新计算[43]。因此,在以下实验中将使用重新计算的 SFU 数据子集进行分析。

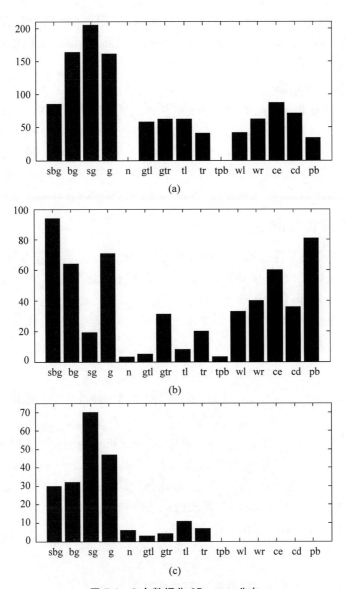

图 5-1　3 个数据集 3D stage 分布

(a)Gehler-Shi 图像集；(b)SFU 子集；(c)Barcelona 集

另外,我们手动将 SFU 数据子集中的每幅图像分类为室内或者室外,并用其 3D stage 对其进行标记。3D stage 类型的分布如图 5-1(b)所示,其中没有图像包含 nodepth 或 tbl+prs+bkg stage,其他 stage 都出现在 20 多幅图像中。在 1135 张图像中,有 488 幅室内图像,647 幅室外图像。SFU 的原始图像在每幅图像中都包含一个灰色球。在实验中,我们将灰色球裁切去除,所得图像的大小为 240×240 像素。

3. Barcelona 数据集

Barcelona 数据集由巴塞罗那自治大学的计算机视觉中心(CVC)提供[18,44,45]。这组数据全部是在户外拍摄的,包括市区、森林、海边等场景,总共包含 210 个大小为 1134×756 像素的图像。3D stage 的分布如图 5-1(c)所示。由于该数据集中的所有图像都是在室外场景拍摄的,因此不需要室内/室外分类。在后面的实验中,也会从所有图像中裁剪出灰色球。

5.4.2 误差评价标准

我们使用两个误差评价标准比较各种算法的性能。第一个是基于角度误差[1,2]的客观评价标准(如 2.6 节所描述)。第二个是基于心理物理实验的主观感知距离(Perceptual Euclidean Distance,PED)[17]。

角度误差是光照的实际 3D 色度 $e_a = (r_a, g_a, b_a)^T$ 与其估计的 3D 色度 $e_e = (r_e, g_e, b_e)^T$ 之间的角度数,定义为

$$\Gamma_A(e_a, e_e) = \cos^{-1}\left(\frac{e_a \cdot e_e}{\| e_a \| \ \| e_e \|}\right) \times \frac{180°}{\pi} \tag{5-16}$$

PED 由 Gijsenij 等人提出[17],它是 3D 色度空间中的加权欧几里得距离,定义公式为

$$\Gamma_P(e_a, e_e) = \sqrt{w_r (r_a - r_e)^2 + w_g (g_a - g_e)^2 + w_b (b_a - b_e)^2} \tag{5-17}$$

其中,$w_r + w_g + w_b = 1$。从心理物理实验中,受试者将色彩校正后的图像与真实图像进行比较,Gijsenij 等人[17]确定 PED 权重参数为 $w_r = 0.21, w_g = 0.71, w_b = 0.08$。

由于角度误差和 PED 均不呈正态分布,因此按照 Hordley 等人的建议,将中值用于评估统计性能[15]。另外,Gijsenij 等人建议使用三均值[17]进行验证,三均值分别为第一、第二和第三分位数的加权平均值,即

$$\text{Trimean} = \frac{Q_1 + 2Q_2 + Q_3}{4} \tag{5-18}$$

此外,我们还给出了每种算法的最大角度误差和最大 PED。

5.4.3 实验参数选择

对于每种算法,需要设置各种参数。对于有监督的算法,需要指定训练集。下面

介绍实验中每种算法所使用的参数设置及训练集。

1. 基于 SFU 321 数据集的参数选择

有监督算法(如 SVRU、SVRC、ELM 等)的性能取决于参数的选择。给定一组(有限的)参数设置,通过对 Barnard[46,47] 提供的 321 幅图像集(简称 SFU 321 数据集)进行 3 重交叉验证以评估参数性能,然后将在所有后续测试阶段选用产生最佳性能的参数。如 2.5 节所描述的,SFU 321 数据集是通过使用 SONY DXC-930 拍摄的 11 种不同光源下的 30 个场景获取的。

2. UU 的实验设置

仅有两种没有参数的 UU 算法,即 White Patch 和 Grey World。对于 SoG,设置 $p=6$[34]。对于 Gray Edge 框架,使用 $n=0,1,2$ 分别获得 0、1 和 2 阶的 Gray Edge 算法。对于每阶,根据 Weijer 等人提出的方式进行参数设置,如表 5-3 所示。这些 UU 算法的源代码由 Weijer 提供[48]。

表 5-3 各种算法的参数设置

	Method	Parameter Setting
UU	SoG	$\rho=6$
	GE^{0,13,2}	$n=0,p=13,\sigma=2$
	GE^{1,1,6}	$n=1,p=1,\sigma=6$
	GE^{2,1,5}	$n=2,\rho=1,\sigma=5$
SU	BCC	$\lambda=1$
	SVRU(2D)	r:RBF Kernel,$C=1,\gamma=0.025$
		g:RBF Kernel,$C=0.1,\gamma=0.025$
	SVRU(3D)	r:Linear Kernel,$C=0.01$
		g:Linear Kernel,$C=0.01$
SC	ELM	$L=30$
	SVRC_L	r:Linear Kernel,$C=2$
		g:Linear Kernel,$C=5$
	SVRC_R	r:RBF Kernel,$C=1,\gamma=1$
		g:RBF Kernel,$C=1,\gamma=1$

3. SU 的实验设置

对于 SU 算法,选择更为复杂。大多数 SU 算法使用二值化色度直方图,因此第一个问题是如何选择 bin 的大小。对于 2D 二值化色度直方图，rg 色度空间被划分为 50×50 bin。对于 3D 二值化直方图，还包括 15 个强度分量，总共构成 $50\times50\times15$ bin。对于贝叶斯推理的颜色恒常性（Bayesian Color Constancy，BCC）算法，在 SFU 321 数据集上对 $\lambda \in \{0.001, 0.1, 1, 2, 5, \infty\}$ 使用 3 重交叉验证进行参数选择，选择的 λ 能够使 BCC 算法的性能达到最佳。

对于 SSS，使用 3 个不同比例（1、2 和 4）的二阶导数高斯滤波器提取空间光谱特征[32]，源代码来自 Chakrabarti 等人[32,49]。对于神经网络，遵循 Cardei 等人的算法设置神经网络架构和参数[14]。第一隐藏层包含 200 个神经元，第二隐藏层包含 40 个神经元。每个神经元的激活函数选择 sigmoid 函数。对于 SVRU，使用 2D 和 3D 二值化直方图，分别表示为 SVRU(2D) 和 SVRU(3D)。参数核选择线性核和径向基函数核（RBF）。使用 SFU 321 集上的 3 重交叉验证对 $C \in \{0.005, 0.01, 0.1, 1, 2, 5, 10\}$ 和 $\gamma \in \{0.01, 0.025, 0.05, 0.1, 0.2, 1, 2, 5, 10, 20, 50\}$ 进行评估，从中选择最佳核和相应的参数 C、γ。

色域映射（Derivative Gamut Mapping，DGM）算法包括导数的计算。利用 x 和 y 中的一阶导数（DGM_x 和 DGM_y）、梯度（DGM）、二阶导数（DGM_{xx}，DGM_{xy}，DGM_{yy}）和拉普拉斯算子（DGM_{vv}）计算得到，实验结果使用 Gijsenij 提供的代码获取[57]。每种 SU 算法的参数设置如表 5-3 所示。

4. 融合的单一颜色恒常性算法

为了测试和比较各种融合算法，需要一组通用的候选单一颜色恒常性算法 $E = \{c_1, c_2, \cdots\}$ 获得初始光照色度估计。我们使用 Gray Edge 框架[33]可以很容易地获取一组统一算法[2,6]。选择在融合算法[6,25]中广泛使用的 6 种有代表性的无监督单一颜色恒常性算法 $\{GW, SoG, WP, GE^{0,13,2}, GE^{1,1,6}, GE^{2,1,5}\}$ 和 6 种有代表性的有监督单一颜色恒常性算法 $\{BCC, NN, SVRU(2D), SVRU(3D), SSS, GM\}$ 进行融合。根据文献[19]，GM 和 DGM 算法具有可比的性能，因此选择 GM 作为基于色域映射算法的代表。综上，实验中包括 12 种单一颜色恒常性算法 $US = \{GW, SoG, WP, GE^{0,13,6}, GE^{1,1,6}, GE^{2,1,5}, BCC, NN, SVRU(2D), SVRU(3D), SSS, GM\}$ 作为候选单一颜色恒常性算法。

5. DC 实验装置

针对 UC 算法，SA、N2 和 MD 没有参数。但是，对于 N-N%，可以选择 N，将其设置为 10（N-10%）和 30（N-30%）。对于 NNM，使用 $N=1$（N1M）和 $N=3$（N3M）进行测试。

针对 SC 算法，LMS 没有参数。对于 ELM，可通过在 SFU 321 集上对 $L = \{10,$

$20,30,\cdots,100\}$使用 3 重交叉验证选择隐藏层中的最佳神经元数量 L。sigmoid 型函数优于 ELM 的其他激活函数[5]，因此，它被选作激活函数。对于 SVRC，根据 Li 的分析[5]，选择线性内核和 RBF 作为 SVR 的内核，并将具有线性和 RBF 内核的 SVRC 分别定义为 SVRC_L 和 SVRC_R。通过在 SFU 321 集上对参数 $C \in \{0.005, 0.01,$ $0.1, 1, 2, 5, 10\}$和$\gamma \in \{0.01, 0.025, 0.05, 0.1, 0.2, 1, 2, 5, 10, 20, 50\}$使用 3 重交叉验证评估参数性能，选择最佳的参数 C, γ[5]。表 5-3 总结了 SC 算法的参数设置。

6. GC 实验设置

对于 GC 算法，需要带标注的图像进行训练。为了将 GC 算法与其他融合算法进行比较，我们根据图像的室内/室外类型和 3D stage 手动对图像进行标注。SG 算法无须分割即可应用于整个图像[2]。对于 IO 算法，使用类相关算法[1]而不须进行自动参数调整。对于基于 3D 场景几何的算法，如果某些 3D stage 类型的训练图像个数少于 10 个，则对候选光照色度估计值求平均，而不是选择一个最优的估计值。NIS 的代码由 Gijsenij 提供[50]。对于 IC，根据 Bianco 等人的设置[25]，在决策林中设置了 30 个分类树和回归树（CART），并考虑了类别相关性。对于 HVI，根据 Weijer 等人提供的代码[7,51]，包括 1 000 个颜色词、750 个形状词和 8 个位置 bins，用于 pLSA 模型生成 30 个主题，作为图像的内容描述子，自下而上和自上而下的融合方式[7]被用作最终的融合策略。

5.5　实验结果

本节将利用 3 个数据集测试所列的单一算法和融合算法，根据角度和 PED 误差度量各个算法的性能。

5.5.1　Gehler-Shi 数据集的结果分析

第一个实验使用 Gehler-Shi 数据集进行验证。该数据集中的图像是按拍摄顺序命名的。结果显示，序列中的相邻图像比其他图像更有可能具有相似的场景。为了确保训练集和测试集中的场景没有重叠，我们将所有图像按其文件名排序，将结果列表一分为三，前两个子集各包含 189 幅图像，另一个子集包含 190 幅图像。最后，使用 3 重交叉验证评估各类算法的性能。

表 5-4 和表 5-5 给出了对比结果。除了 WP 之外，各种 UU 算法的性能相当，而 UC 算法相对于 UU 和 SU 算法，性能有一定提升。但是，SC 算法的性能更好，其中，SVRC_R 的中值角度误差为 1.97，性能最佳。表 5-5 列出了每种算法的中值误差和三

均值误差的排名以及每种类别的平均排名。作为一类算法，SC 算法占据了最佳的 4 个位置（最低的排名），平均排名为 2.5。GC 算法（尤其是 IC 算法）优于 UC、UU 和 SU 算法。UC 算法的排名比 UU 和 SU 算法略好。UU 和 SU 算法的性能和排名差不多。

表 5-4　**Gehler-Shi 图像集上各类算法的性能比较。粗体表示该列的最小值。**
不执行任何操作（DN）算法将光源估计为白色（$r=g=b$）

	算法	角度误差/°			PED 误差		
		Med	Tri	Max	Med	Tri	Max
UU	DN	4.80	7.53	37.0	2.05	3.06	15.6
	GW	3.63	3.93	24.8	1.67	1.77	11.7
	SoG	4.48	5.20	36.2	2.22	2.79	22.2
	WP	9.15	9.48	50.4	5.02	5.71	33
	$GE^{0,13,2}$	3.90	4.76	36.7	1.82	2.56	20.5
	$GE^{1,1,6}$	3.28	3.54	17.8	1.47	1.61	10.1
	$GE^{2,1,5}$	3.35	3.62	17.5	1.53	1.66	10.9
SU	BCC	5.14	5.55	37.5	2.58	2.71	16.8
	NN	3.77	4.06	46.8	1.78	1.94	20.2
	SVRU(2D)	5.15	5.39	28.5	2.33	2.47	14.2
	SVRU(3D)	3.23	3.35	24.2	1.52	1.60	11.6
	SSS	3.24	3.46	17.9	2.09	2.12	9.40
	GM	3.98	4.53	28.8	1.99	2.47	12.8
	DGM_x	3.83	4.33	31.4	1.90	2.25	25.6
	DGM_y	4.01	4.59	32.8	1.93	2.29	21.7
	$DGM_{\triangledown}$	4.03	4.52	31.2	1.91	2.25	16.8
	DGM_{xx}	4.22	4.94	30.1	2.19	2.66	15.4
	DGM_{xy}	4.42	4.97	38.3	2.36	2.68	18.9
	DGM_{yy}	4.09	4.88	37.0	1.97	2.54	20.4
	$DGM_{\triangledown\triangledown}$	4.25	4.85	30.4	2.07	2.54	16.7

续表

算法		角度误差/°			PED 误差		
		Med	Tri	Max	Med	Tri	Max
UC	SA	6.09	6.1	17.7	2.86	2.87	8.19
	N2	3.00	3.22	24.0	1.32	1.46	13.7
	N-10%	2.98	3.21	24.4	1.33	1.46	13.8
	N-30%	2.95	3.20	24.4	1.33	1.45	13.8
	N1M	3.51	3.87	17.2	1.76	1.96	7.82
	N3M	3.26	3.54	17.2	1.54	1.73	8.02
	MD	4.86	5.02	20.7	2.20	2.28	8.67
SC	LMS	2.51	2.67	14.4	1.20	1.36	9.08
	ELM	2.37	2.63	29.0	1.22	1.35	13.3
	SVRC_L	2.24	2.45	16.4	1.15	1.33	10.2
	SVRC_R	**1.97**	**2.36**	**14.1**	**0.984**	**1.16**	**8.23**
GC	NIS	3.12	3.34	24.2	1.45	1.59	13.4
	IC	2.75	2.93	25.8	1.33	1.43	12.7
	IO	2.97	3.23	24.8	1.39	1.5	12.4
	SG	3.15	3.46	36.7	1.45	1.65	20.2
	HVI	3.06	3.38	24.8	1.50	1.67	11.7

表 5-5　基于表 5-4 给出的 4 类不同算法的误差排名以及每类中所得排名的平均值。
RM 为按中值误差排名,RT 为按三均值误差排名,M 为平均排名

算法		Angular Based Rank				PED Based Rank			
		RM	M	RT	M	RM	M	RT	M
UU	GW	19		19		17		17	
	SoG	30		31		30		33	
	WP	35		35		35		35	
	GE^{0,13,2}	22	23.2	25	23.7	20	21.5	29	23.3
	GE^{1,1,6}	16		15		12		12	
	GE^{2,1,5}	17		17		15		14	

续表

	算法	Angular Based Rank				PED Based Rank			
		RM	M	RT	M	RM	M	RT	M
SU	BCC	32		33		33		32	
	NN	20		20		19		18	
	SVRU(2D)	33		32		31		26	
	SVRU(3D)	13		11		14		11	
	SSS	14		13		27		20	
	GM	23		23		25		25	
	DGM_x	21	24.2	21	23.8	21	25.0	21	24.2
	DGM_y	24		24		23		24	
	DGM_v	25		22		22		22	
	DGM_{xx}	27		28		28		30	
	DGM_{xy}	29		29		32		31	
	DGM_{yy}	26		27		24		28	
	DGM_{vv}	28		26		26		27	
UC	SA	34		34		34		34	
	N2	9		8		5		7	
	N-10%	8		7		7		8	
	N-30%	6	17.3	6	17.0	8	16.7	6	16.1
	N1M	18		18		18		19	
	N3M	15		16		16		16	
	MD	31		30		29		23	
SC	LMS	4		4		3		4	
	ELM	3		3		4		3	
	SVRC_L	2	**2.50**	2	**2.50**	2	**2.50**	2	**2.50**
	SVRC_R	1		1		1		1	

续表

算法		Angular Based Rank				PED Based Rank			
		RM	M	RT	M	RM	M	RT	M
GC	NIS	11		10		11		10	
	IC	5		5		6		5	
	IO	7	9.00	9	10.0	9	9.80	9	10.4
	SG	12		14		10		13	
	HVI	10		12		13		15	

5.5.2　SFU 子数据集的结果分析

第二个实验使用 SFU 子数据集进行验证。SFU 子图像集包含在不同位置拍摄的 15 组图像。遵循 Gijsenij 等人的策略[6]，为了确保训练和测试子集不同，根据地理位置将 1135 幅图像划分为 15 个子集。1 个子集用于测试，其他 14 个子集用于训练。对于不同的测试集，过程重复 15 次。使用 15 重交叉验证评估各类算法性能。

表 5-6 和表 5-7 给出了比较结果。与 Gehler-Shi 数据集的验证结果一样，SC 算法(尤其是 SVRC_R)具有明显的优势。GC 类算法在该数据集上获得的排名比 Gehler-Shi 数据集上要好得多，因为较大的训练集会使最佳单一颜色恒常性算法的准确性更高。尤其是，IC 算法在角度误差方面排名第 2，在中值 PED 误差方面排名第 5。UC 算法也优于 UU 和 SU 算法，但性能仍然比 GC 算法差。

表 5-6　SFU 子图像集上各类算法的性能比较。粗体表示该列的最小值。不执行任何操作(DN)算法将光源估计为白色($r=g=b$)。Med 为中值误差，Tri 为三均值误差，Max 为最大值误差

算法		角度误差/°			PED 误差		
		Med	Tri	Max	Med	Tri	Max
UU	DN	14.6	14.8	41.6	5.89	6.09	22.2
	GW	10.8	11.3	56.4	5.43	5.74	32.2
	SoG	10.4	10.6	46.8	4.99	5.02	21.4
	WP	10.3	11.3	39.6	4.75	5.08	20.4
	GE[0,13,2]	10.6	10.9	50.5	5.13	5.21	20.7
	GE[1,1,6]	9.15	9.70	54.0	4.52	4.71	28.6
	GE[2,1,5]	9.55	9.89	51.9	4.52	4.70	27.2

续表

算法	角度误差/°			PED 误差		
	Med	Tri	Max	Med	Tri	Max
SU BCC	10.1	10.6	41.5	4.35	4.69	19.6
NN	9.75	10.2	48.9	4.55	4.79	21.5
SVRU(2D)	11.8	12.7	**36.6**	5.10	5.46	19.3
SVRU(3D)	8.39	8.74	47.0	4.10	4.22	20.3
SSS	8.74	9.20	51.4	4.39	4.60	27.1
GM	12.0	12.7	43.9	5.67	6.06	24.6
DGM_x	10.9	11.5	63.8	5.24	5.56	39.9
DGM_y	11.2	11.6	62.5	5.11	5.41	37.8
DGM_v	10.4	11.0	43.6	5.09	5.26	23.0
DGM_{xx}	11.7	12.3	46.2	5.45	5.76	30.3
DGM_{xy}	12.0	12.4	51.1	5.58	5.78	27.4
DGM_{yy}	11.2	11.8	48.5	5.07	5.45	24.2
DGM_{vv}	11.0	11.6	52.4	4.98	5.28	23.6
UC SA	8.95	9.20	42.7	4.07	4.22	**18.3**
N2	9.25	9.83	50.8	4.41	4.61	26.9
N-10%	9.14	9.76	50.5	4.32	4.56	27.2
N-30%	9.27	9.83	50.5	4.33	4.55	20.7
N1M	9.07	9.40	43.2	4.21	4.34	18.4
N3M	8.95	9.33	43.7	4.20	4.36	18.7
MD	8.80	9.17	45.8	4.09	4.27	19.8
SC LMS	7.41	7.74	47.6	3.47	3.66	20.9
ELM	7.32	7.69	45.4	3.45	3.64	19.7
SVRC_L	7.73	8.20	48.6	3.69	3.87	21.4
SVRC_R	**6.81**	**7.45**	53.6	**3.33**	**3.59**	25.5

续表

算法		角度误差/°			PED 误差		
		Med	Tri	Max	Med	Tri	Max
GC	NIS	7.58	8.25	56.4	3.86	4.07	32.0
	IC	7.05	7.63	40.7	3.62	3.85	27.0
	IO	7.70	8.16	56.4	3.84	4.05	32.2
	SG	8.80	9.18	48.8	4.24	4.47	22.8
	HVI	7.30	7.90	56.4	3.59	3.96	32.0

表 5-7　基于表 5-6 给出的 4 类不同算法的误差排名以及每类中所得排名的平均值。

RM 为按中值误差排名，**RT** 为按三均值误差排名，**M** 为平均排名

算法		Angular Based Rank				PED Based Rank			
		RM	M	RT	M	RM	M	RT	M
UU	GW	27		27		32		32	
	SoG	25		23		25		23	
	WP	23	23.0	26	22.7	23	25.2	24	24.2
	GE^{0,13,2}	26		24		30		25	
	GE^{1,1,6}	17		16		21		21	
	GE^{2,1,5}	20		20		20		20	
SU	BCC	22		22		17		19	
	NN	21		21		22		22	
	SVRU(2D)	33		34		28		30	
	SVRU(3D)	9		9		11		10	
	SSS	10		13		18		17	
	GM	34		35		35		35	
	DGM$_x$	28	26.0	28	26.3	31	25.8	31	26.2
	DGM$_y$	30		29		29		28	
	DGM$_\nabla$	24		25		27		26	
	DGM$_{xx}$	32		32		33		33	
	DGM$_{xy}$	35		33		34		34	
	DGM$_{yy}$	31		31		26		29	
	DGM$_{\nabla\nabla}$	29		30		24		27	

续表

算法		Angular Based Rank				PED Based Rank			
		RM	M	RT	M	RM	M	RT	M
UC	SA	14		12		9		9	
	N2	18		18		19		18	
	N-10%	16		17		15		16	
	N-30%	19	15.3	19	15.0	16	13.4	15	13.4
	N1M	15		15		13		12	
	N3M	13		14		12		13	
	MD	12		10		10		11	
SC	LMS	5		4		3		3	
	ELM	4		3		2		2	
	SVRC_L	8	4.5	7	3.75	6	3.00	5	2.75
	SVRC_R	1		1		1		1	
GC	NIS	6		8		8		8	
	IC	2		2		5		4	
	IO	7	5.80	6	6.40	7	7.60	7	7.80
	SG	11		11		14		14	
	HVI	3		5		4		6	

5.5.3 Barcelona 数据集的结果分析

第三个实验使用 Barcelona 数据集进行验证。与 SFU 数据集一样，Barcelona 数据集包含 3 组在不同地方拍摄的图像。根据位置将集合分成 3 部分，并进行 3 重交叉验证。表 5-8 列出了角度和 PED 的中值误差、三均值误差和最大值误差。表 5-9 列出了各类算法的排名，并提供了每个类别中算法的平均排名。

从表 5-9 可以看出，SC 算法显然是最好的，平均排名为 5.0(median 角度)、6.50(trimean 角度)、4.75(median PED)和 5.0(trimean PED)。另外，从表 5-8 中也可以看出，SVRC_R 仍然得到了最低的 median 角度误差(2.52)和 median PED 误差(1.21)。从该组实验中可以得出，UC 算法明显优于 GC 算法。此结果与之前的两个实验完全不同，这是因为该数据集中只有 210 幅图像，每次交叉验证中只有约 140 幅图像用于训练。GC 算法在给定的训练图像很少的情况下很难学习有效的分类器。但是，即使给定很少的训练集，SC 算法仍然有较好的性能。GC 算法的本质是多分类问题，很容易受训练集太小的影响，而 SC 算法的本质是回归问题，它受训练集大小的影响很小。

表 5-8 **Barcelona** 图像集上各类算法的性能比较。粗体表示该列的最小值。不执行任何操作（**DN**）算法将光源估计为白色（$r=g=b$）。**Med** 为中值误差，**Tri** 为三均值误差，**Max** 为最大值误差

	算法	角度误差/°			PED 误差		
		Med	Tri	Max	Med	Tri	Max
UU	DN	4.01	4.20	**13.0**	2.27	2.31	**6.30**
	GW	4.61	4.57	26.4	2.19	2.20	13.2
	SoG	3.76	3.89	18.5	2.02	2.00	8.64
	WP	4.60	4.46	19.6	2.78	2.69	8.72
	$GE^{0,13,2}$	3.7	3.69	17.7	2.01	2.02	8.4
	$GE^{1,1,6}$	3.91	4.26	17.4	1.93	2.04	8.37
	$GE^{2,1,5}$	4.66	4.78	16.2	2.20	2.28	7.85
SU	BCC	4.09	4.17	22.7	2.05	2.06	10.4
	NN	4.47	4.64	26.9	2.36	2.4	12.9
	SVRU(2D)	3.39	3.70	16.2	1.66	1.78	7.13
	SVRU(3D)	3.08	3.38	19.0	1.50	1.63	8.5
	SSS	4.23	4.35	23.3	2.10	2.20	11.5
	GM	4.19	4.59	90.2	2.19	2.41	171
	DGM_x	5.91	6.14	48.3	3.45	3.50	34.6
	DGM_y	6.19	6.44	33.4	3.56	3.64	19.1
	DGM_∇	5.81	5.95	17.6	3.23	3.37	10.1
	DGM_{xx}	5.79	6.32	36.3	3.16	3.41	21.8
	DGM_{xy}	5.84	6.14	36.6	3.10	3.20	22.1
	DGM_{yy}	6.07	6.04	34.7	3.26	3.40	20.1
	$DGM_{\nabla\nabla}$	5.40	5.47	17.7	2.93	2.93	9.78

续表

算法		角度误差/°			PED 误差		
		Med	Tri	Max	Med	Tri	Max
UC	SA	2.81	2.89	33.3	1.40	1.46	17.1
	N2	3.58	3.74	19.3	1.85	1.89	8.61
	N-10%	3.53	3.69	19.6	1.84	1.89	8.72
	N-30%	3.54	3.74	19.6	1.88	1.91	8.72
	N1M	2.85	2.91	15.7	1.38	1.41	7.51
	N3M	2.83	2.93	15.7	1.40	1.47	7.51
	MD	3.08	3.06	16.9	1.45	1.49	8.06
SC	LMS	3.68	3.80	27.0	1.80	1.82	11.3
	ELM	2.68	2.97	20.5	1.42	1.54	10.9
	SVRC_L	2.69	**2.85**	17.3	1.25	**1.35**	7.71
	SVRC_R	**2.52**	2.93	15.9	**1.21**	1.40	7.05
GC	NIS	4.10	4.23	23.3	1.94	2.03	11.5
	IC	3.55	3.75	21.7	1.83	1.90	9.37
	IO	4.17	4.40	23.3	2.13	2.23	11.5
	SG	4.27	4.63	19.0	2.20	2.28	8.87
	HVI	4.23	4.34	26.4	2.11	2.12	13.2

表5-9　基于表5-8给出的 4 类不同算法的误差排名以及每类中所得排名的平均值。RM 为按中值误差排名,RT 为按三均值误差排名,M 为平均排名

算法		Angular Error Based Rank				PED Based Rank			
		RM	M	RT	M	RM	M	RT	M
UU	GW	27		24		23		22	
	SoG	16		16		18		15	
	WP	26	21.5	23	19.8	28	21.2	28	20.5
	GE^{0,13,2}	15		9		17		16	
	GE^{1,1,6}	17		19		15		18	
	GE^{2,1,5}	28		28		26		24	

续表

算法		Angular Error Based Rank				PED Based Rank			
		RM	M	RT	M	RM	M	RT	M
SU	BCC	18		17		19		19	
	NN	25		27		27		26	
	SVRU(2D)	9		11		9		9	
	SVRU(3D)	7		8		8		8	
	SSS	22		21		20		21	
	GM	21		25		24		27	
	DGM_x	33	25.8	33	25.6	34	25.5	34	25.7
	DGM_y	35		35		35		35	
	DGM_∇	31		30		32		31	
	DGM_{xx}	30		34		31		33	
	DGM_{xy}	32		32		30		30	
	DGM_{yy}	34		31		33		32	
	$DGM_{\nabla\nabla}$	29		29		29		29	
UC	SA	4		2		4		4	
	N2	13		12		13		11	
	N-10%	10		10		12		12	
	N-30%	11	8.14	13	7.43	14	8.29	14	7.86
	N1M	6		3		3		3	
	N3M	5		5		5		5	
	MD	8		7		7		6	
SC	LMS	14		15		10		10	
	ELM	2	5.00	6	6.50	6	4.75	7	5.00
	SVRC_L	3		**1**		2		**1**	
	SVRC_R	**1**		4		**1**		2	

续表

算法		Angular Error Based Rank				PED Based Rank			
		RM	M	RT	M	RM	M	RT	M
GC	NIS	19		18		16		17	
	IC	12		14		11		13	
	IO	20	19.6	22	20.0	22	19.0	23	19.6
	SG	24		26		25		25	
	HVI	23		20		21		20	

5.5.4　时间性能比较

各种融合算法的时间性能分析是利用 SFU 数据子集的每幅图像的平均计算时间衡量的[1]。每种融合算法的代码均在 MATLAB 7.14 中实现,并在具有 4GB RAM 的 Intel Core i7-2600 3.40GHz 主机上运行。由于监督算法可以离线进行训练,因此没有考虑训练时间。此外,考虑到所有融合算法共享相同的单一颜色恒常性算法候选集合,因此也忽略了这些单一颜色恒常性算法的计算时间。表 5-10 给出了每种融合算法在一幅图像上的平均测试时间。

从表 5-10 中可以看出,UC 算法是最快的,而 SA 算法计算每幅图像仅需要 5×10^{-6} 秒。SC 算法比 GC 算法快得多。SVRC_R 在精度方面排名最高,计算每幅图像仅需要 2.51×10^{-4} 秒,这对于实时应用来说足够快。尽管在 SVRC_R 中使用了 RBF 非线性内核,但是输入矢量 $V = [c_1, c_2, \cdots, c_{|E|}]$T 的维数仅为 24,因此速度不会受到太大影响。与 UC 和 SC 算法相比,GC 算法较慢,因为这类算法提取图像特征的维数过高,例如,HVI 需要提取超过 1000 维的特征向量,结果是计算每幅图像需要 2.53 秒。

表 5-10　各种融合算法的单幅图像的计算时间(单位:秒)

Category	UC ($\times 10^{-4}$)					SC ($\times 10^{-4}$)					GC			
Method	SA	N2	N-N%	NNM	MD	LMS	ELM	SVRC_L	SVRC_R	NIS	IC	IO	SG	HVI
Time (sec.)	0.05	0.12	0.21	0.14	0.07	0.37	1.13	1.22	2.51	0.26	0.17	0.24	0.27	2.53
Mean	0.12					1.31					0.69			

5.6　实验结果分析

5.6.1　一致性分析

在 5.5 节中,不同算法的性能比较是通过对 3 个不同的图像集使用 4 个不同的误差统计结果进行排名完成的。那么,在不同的数据集和不同的误差度量中排名是否一致?我们采用排名相关性进行验证,利用两个排名列表之间的 Kendal-tau 距离[52,53]进行度量。过程如下:让 π 和 θ 代表排名的两个完整数字列表 $\{1, 2, \cdots, n\}$。π 和 θ 的 Kendal-tau 距离表示为 $K(\pi, \theta)$,即为成对 (i, j) $(i, j \in \{1, 2, \cdots, n\})$ 的数目,条件是 $\pi_i < \pi_j$ 且 $\theta_i > \theta_j$。因此,Kendal-tau 距离会计算两个列表的排名不同的次数。显然,$0 \leqslant K(\pi, \theta) \leqslant n(n-1)/2$。基于 Kendall 等级相关系数的定义[54],根据两个等级列表之间的 Kendal-tau 距离衡量其一致性,即

$$\mathrm{Con}(\pi, \theta) = 1 - \frac{2 \times K(\pi, \theta)}{n \times (n-1)} \tag{5-19}$$

其中,$\mathrm{Con}(\pi, \theta) \in [0, 1]$,并且 $\mathrm{Con}(\pi, \theta)$ 值越大,表示两个排名列表之间的一致性越高。

图 5-2 给出了 3 个混淆矩阵,它们分别表示 3 个图像集的每个误差统计量(中值角度误差、三均值角度误差、中值 PED 误差,三均值 PED 误差)之间的等级一致性。所有一致性都很高,平均值(不包括误差本身的一致性)始终高于 0.94。图 5-3 给出了不同图像集上的排名一致性以及相应的平均一致性值(不包括图像集与其自身的一致性)。尽管图像集对之间的一致性略低于图 5-2 中的误差之间的一致性,但是一致性仍然很明显,平均值在 0.71 以上。

5.6.2　UC 与 SC 算法的比较

UC 和 SC 算法都旨在找到一个函数 $\mathrm{Reg}()$,将单一颜色恒常性算法的估计值 $\boldsymbol{V} = [c_1, c_2, \cdots, c_{|E|}]^{\mathrm{T}}$ 映射到图像的真实光照色度 c,它可以表示为

$$c = \mathrm{Reg}(\boldsymbol{V}) \tag{5-20}$$

其中,$\mathrm{Reg}()$ 的输出是连续值,因此 UC 和 SC 算法的本质是回归问题,它们之间的区别在于 UC 算法预定义了简单的线性回归函数 $\mathrm{Reg}()$,而 SC 算法则通过机器学习技术学习线性/非线性回归函数 $\mathrm{Reg}()$。由于任何预定义的简单线性回归函数很难(甚至不可能)始终正确地反映图像集 $\boldsymbol{V}$ 和 c 之间的关系,因此 UC 算法通常不如 SC 算法的性能高。

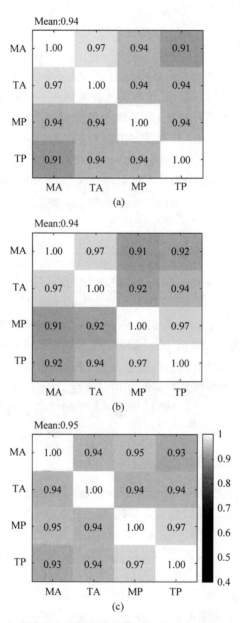

图 5-2 用每个图像集的混淆矩阵表示统计误差度量之间的一致性

(a)Gehler-Shi 图像集;(b)SFU 图像子集;(c)Barcelona 图像集

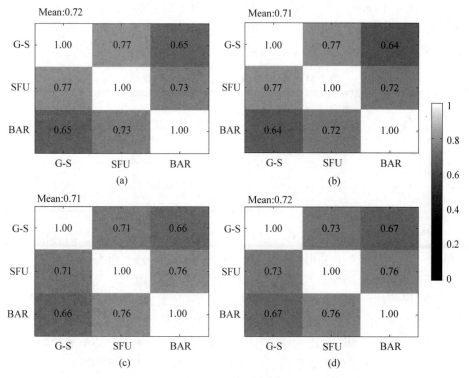

图 5-3　不同图像集的等级之间的一致性，以每个误差量度的混淆矩阵表示
（a）中值 median 角度误差；（b）三均值 trimean 角度误差；
（c）中值 median PED 误差；（d）三均值 trimean PED 误差

5.6.3　SC 和 GC 算法的比较

与 SC 和 UC 算法相反，GC 算法的目标是找到一个分类函数 Cls()，该函数可以基于图像的特征 τ 从给定的候选单一颜色恒常性算法集中选择最合适的一种 τ，它可以表示为

$$\tau = \mathrm{Cls}(\xi),\ \text{where } \tau \in \{\mathrm{GW}, \mathrm{SoG}, \mathrm{WP}, \cdots\} \tag{5-21}$$

其中，τ 为算法标签，Cls() 为离散算法标签。这样，GC 算法可被视为分类问题。

考虑理想的情况，可以获得完全准确的回归函数和完全准确的分类函数。在这种理想情况下，SC 算法的角度误差为 0，而 GC 算法的角度误差通常不为 0，因为它们是由选定的单一颜色恒常性算法确定的，不可能进行完美的估计。

表 5-11 列出了理想情况下 GC 算法的角度误差，其中为每幅输入图像选择了最佳的单一颜色恒常性算法，角度误差仍远大于 0。对于 SFU 图像子集，中值角度误差为 2.33，仍然很大。可以看出，GC 算法的性能在很大程度上取决于可用于每幅图像

的最佳单一颜色恒常性算法的性能。相比之下,基于回归的 SC 算法结合了重新估算步骤,该步骤结合了各个估算值,从而能够提升最佳单一颜色恒常性算法的性能。因此,从目标函数的角度来看,SC 算法通常比 GC 算法执行得更好、更稳定。

表 5-11　选择单一颜色恒常性算法的性能

图像集	角度误差/°			PED 误差		
	Median	Trimean	Max	Median	Trimean	Max
Gehler-Shi	0.82	0.83	8.21	0.49	0.55	28.1
SFU	2.33	2.52	30.1	1.34	1.46	15.3
Barcelona	0.95	0.87	8.93	0.54	0.58	4.69

除了目标函数的定义外,还有其他几个关键因素会限制 GC 算法的性能。GC 算法可以进一步分为两个子类别:基于类的 GC 算法(Class-based GC,CGC)和基于图像的 GC 算法(Image-based GC,IGC)。CGC 算法(如 IO 和 SG)假定相同场景类中的图像共享相同的最佳单一颜色恒常性算法。对于候选集合 US 中的每个单一算法,分别计算在室内和室外场景中使用单一算法获得最佳效果的图像所占的百分比。Gehler-Shi 图像集和 SFU 图像子集的统计结果如图 5-4 所示。结果表明,尽管确实存在一种单一颜色恒常性算法取得了比其他算法更高的百分比,例如 2 个图像集室内场景对应的 GW 算法和 Gehler-Shi 图像集室外场景对应的 SoG 算法,它们虽占比相对较高,但都不到 30%,这意味着 CGC 算法可能会在某种程度上改善光照色度估计的性能,但这种改进势必非常有限。

另一方面,基于图像的 GC 算法 IGC(如 NIS、IC 和 HVI)根据图像特征而不是场景类别为图像选择最佳的单一算法。为此,IGC 算法将测试图像分为 12 个类别,每个类别对应一个单一颜色恒常性算法。但是,3 个潜在的因素限制了其性能。首先,尽管已经提出了许多特征(如 Weibull 参数化特征[24]、颜色直方图[25]、边缘方向直方图、剪裁的颜色[25]、基于颜色词的直方图[7]),但很难知道哪些图像特征是可区分的,并且与最佳单一估计算法最密切相关。其次,如果仅提供有限的训练集,则分类效果不佳。通常,增加类别会降低分类的准确性,尤其是对于有限的训练数据而言。在实验中,NIS、IC 和 HVI 算法都是基于有限的训练数据进行了 12 种类别的分类。最后,针对12 个类别的训练样本在数量上也不平衡,特别是 SFU 图像子集,它与 GW 算法对应的类包含大约 300 个样本,而与 SoG 相对应的类仅包含不超过 50 个样本。这些不平衡的训练样本可能会在训练阶段降低分类器的性能。图 5-5 给出了 NIS、IC 和 HVI 的分类准确性。由于上述 3 个问题,分类准确性始终低于 25%,这将导致 IGC 算法会有较差的光照估计结果。

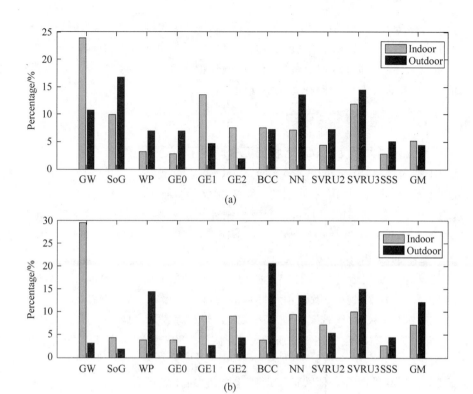

图 5-4　室内/室外图像的最佳单一算法的分布

（a）Gehler-Shi 图像集；（b）SFU 图像子集

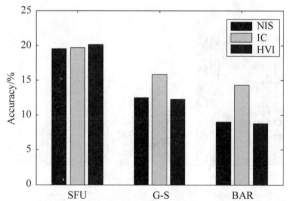

图 5-5　3 个图像集（G-S：Gehler-Shi 图像集，SFU：SFU 图像子集，
BAR：Barcelona 图像集）NIS、IC 和 HVI 的分类准确性比较

与 GC 算法相比,SC 算法可以有效避免这些分类问题。SC 算法通过回归函数,而不是分类函数输出最终光照色度估计。结果,特征提取或不平衡训练样本的数目都不会产生较大影响。此外,增加可用的单一颜色恒常性算法的数量意味着拥有更多的初始估计,更多的线索将会提升光照估计性能。

5.6.4　IGC 算法的特征分析

IGC 算法在很大程度上取决于特征提取。为了确定哪些特征(或特征融合)最有效,使用支持向量机(Support Vector Machines,SVM)比较了 3 种特征:威布尔参数化特征(表示为'W')[24]、IC 中使用的与内容相关的特征[25](表示为 C)、SIFT 描述子(表示为 S)[55]。针对 SIFT 描述子,为每幅图像提取密集 SIFT 描述子后,使用 K 均值[56]在 Bag-of-Words 框架中构造了 100 个视觉单词词汇。根据此词汇表,每幅图像表示为视觉单词的 100 维直方图特征。

SFU 图像子集用于评估 3 种类型的特征。考虑到上面讨论的训练样本数量不平衡的问题,我们对 12 种单一颜色恒常性算法进行了排序,然后仅选择前 u 个单一颜色恒常性算法作为 IGC 的候选集。使用 SVM 分类器对 SFU 图像子集上的 u 类($u=3$,6,12)进行分类的准确性如图 5-6 所示。从图 5-6 可以看出,与 SIFT 描述子相比,威布尔参数化特征和与内容相关的特征[25]会产生较好的分类结果。W+C 融合特征分类的效果最好,胜过所有其他特征。即使这样,它的性能还是不够好,没有达到 60%。因此,探索更多有区分能力的特征对于 IGC 算法性能的提升有重要意义。

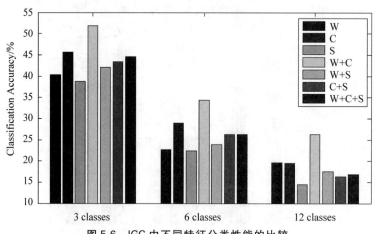

图 5-6　IGC 中不同特征分类性能的比较

5.7　场景类别对融合的影响

由于室内和室外场景及其各自的光源完全不同,因此我们研究了场景类别如何影响每种融合算法的性能。5.5 节中给出的性能比较结果是针对整个图像集的。本节分别给出室内和室外图像的性能。注意:每种算法的估计值与 5.5 节中的估计值相同,只是统计分析不同。由于 Barcelona 数据集的场景中没有室内图像,因此不在此处考虑。其他两组中的图像分为室内和室外子集。每种融合算法的结果也分为两个相应的子集,各个融合算法的中值角度误差是针对每个子集分别计算的,结果如图 5-7 所示。

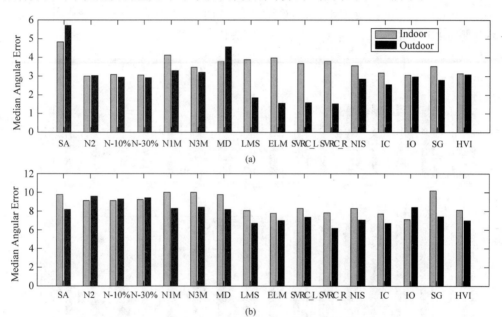

图 5-7　室内和室外场景的融合算法的中值角度误差对比
(a)Gehler-Shi 图像集;(b)SFU 图像子集

从图 5-7 可以看出,对于 SC 算法(LMS,ELM,SVRC_L,SVRC_R)和 GC 算法(NIS,IC,SG,HVI),室内场景的中值角度误差通常大于室外场景,这种差异主要是由于室内和室外子集中的图像数量不均匀所致,比率约为 1∶1.3。由于 SC 和 GC 算法都是属于监督学习的算法,因此训练集中样本数量的不平衡性会对预测结果产生影响。但是,IO 算法不受不平衡性的影响,因为它可以分别处理室内和室外图像。同样,无监督 UC 算法也不受影响。因此,如果同时在室内和室外图像上应用统一的融合模型,则很难获得非常好的结果。所以可以对室内和室外图像使用不同的融合方案。

5.8 单一估计算法对融合的影响

融合算法依赖于给定的单一颜色恒常性算法集提供的估计值,它需要解决两个问题:UU 算法和 SU 算法哪个更好? 单一算法的数量如何影响最终的性能? 下面将分别对这两个问题进行分析。

5.8.1 使用 UU 和 SU 算法进行融合的性能比较

为了确定单一 UU 和 SU 算法对融合的影响,将 US 集合按照类别分成两类,即{GW, SoG,WP,$GE^{0,13,2}$,$GE^{1,1,6}$,$GE^{2,1,5}$}和{BCC, NN,SVRU(2D),SVRU(3D),SSS,GM}。然后分别使用 UU 和 SU 数据集测试各种融合算法,产生的中值角度误差如图 5-8 所示。

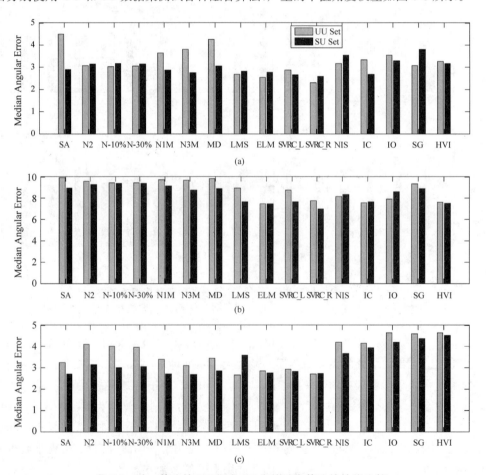

图 5-8　单一算法的 UU 集或 SU 集的融合算法的性能比较

(a)Gehler-Shi 图像集;(b)SFU 图像子集;(c)Barcelona 图像集

图 5-8 中的结果表明,SU 算法在 Gehler-Shi 数据集上的表现和 UU 算法相当,但略好于其他 2 个图像集上的 UU 算法。我们发现,如表 5-5、表 5-7 和表 5-9 所示,Gehler-Shi 图像集、SFU 图像子集和 Barcelona 图像集上的 UU 集的算法平均排名分别为 23.2、23.0 和 21.5,SU 集的算法平均排名分别为 22.5、21.5 和 17.0。这与图 5-8 中的结果一致。显然,融合算法的性能直接与可用的单一颜色恒常性算法的性能相关。

5.8.2　单一算法数量对融合结果的影响

将各种单一颜色恒常性算法的估计值进行融合的另一个问题是需要确定单一算法的最佳数量。为了评估数量如何影响最终的性能,我们使用 Gray Edge 框架生成多种单一颜色恒常性算法。具体设置为 $n=\{0,1,2\}$,$p=\{1,5,10,15,20\}$ 和 $\sigma=\{0,5,10,15,20\}$,可以得到 75 个具有不同参数的单一算法。在实验中,从这 75 个单一颜色恒常性算法中随机选择一部分算法($Nu \in \{5,10,15,\cdots,50\}$)作为子集,然后在 SFU 数据子集上测试单一颜色恒常性算法子集对融合结果的影响。对于 Nu 的每个值,选择不同的子集将实验过程重复 10 次,得到平均角度误差和最小角度误差。图 5-9 给出了 4 种典型融合算法(分别是 UC 算法的 SA 和 MD,GC 算法的 IC 和 ELM)的对比结果。注意:使用 ELM,而不是 SVRC_R,因为前者只有一个不敏感参数,从而使重复实验的参数选择变得容易。

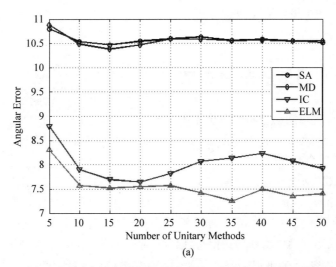

(a)

图 5-9　4 种单一颜色恒常性算法的性能与单一颜色恒常性算法数量的关系

(a)10 次重复的平均角度误差;(b)10 次重复的最小 median 角度误差

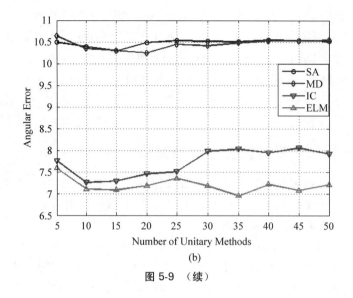

图 5-9 （续）

在图 5-9 可以看出，当单一颜色恒常性算法的数量在 15 个左右时，平均和最小误差最小。当超过 15 个（比如 30）时，ELM 只能带来非常有限的下降，而其他算法的性能则稳定或变差。特别地，由于错误分类的问题，IC 算法的误差随着单一算法数量的增多而增大。显然，任意增加候选单一颜色恒常性算法的数量并不一定会带来更好的结果，很可能会产生更差的结果。使用 $Nu \in [10,25]$，SFU 数据子集上的大多数融合算法可以获得较好的性能。

5.9 多光源场景的融合算法

由具有不同光谱功率分布的多个光源的场景非常普遍，例如在与室内光线和窗户的日光同时点亮的房间中。根据以上分析，融合算法可以改善单光源场景的光照色度估计，那么它是否还会改善多光源场景的估计？ Gijsenij 等人提出了一种多光源光照色度估计框架[57]，它是基于带有网格采样的局部单一颜色恒常性算法（称为 Ugrid）而提出的。通过用融合算法（表示为 Cgrid）代替单一颜色恒常性算法，可以轻松地扩展该框架。实验中，使用图像子窗口 10×10 进行局部估计光照。由于该尺寸太小，因此无法为 SU 和 GC 算法提供足够的色度和场景信息，因此此处不再进一步考虑这两类算法。为了进行测试，将 UC 算法（SA 和 MD）和 SC 算法（SVRC_R）用作融合算法，通过单一 UU 算法候选集 $\{GW, WP, GE^{0,8,1}, GE^{1,1,1}, GE^{2,1,1}\}$ 获得光照初始估计值[57]。

图像集：在多个光源下的 2 个图像集可用于性能评估。第一组（Lab set）包含 59 幅在实验室条件下拍摄的带有 2 个 halogen 灯的场景图像[57]，4 个不同的滤镜用于获得光源颜色。第二组（Natural set）包含校园周围的 9 幅室外场景的图像[57]。使用放置在场景中的几个灰色球测量局部光照的色度。

角度误差：多光源场景的角度误差测量与单光源场景的角度误差测量略有不同。用于多光源场景的算法为图像中的每个像素分配一个估计值。给定图像中的一个像素 x，该像素的真实光照色度为 $e_a(x)$，估算光照色度为 $e_e(x)$，使用公式 5-16 定义的 $\Gamma_A(e_a(x), e_e(x))$ 对该像素的角度误差进行计算，最后将所有图像像素上的平均角度误差作为该图像的估计误差。

除了 Ugrid 和 Cgrid 算法外，还考虑了另外两种处理多光源场景的算法，即 Retinex[70,71] 和局部空间平均色彩算法（LSAC）[60]。同样，单一颜色恒常性算法 $\{GW, WP, GE^{0,8,1}, GE^{1,1,1}, GE^{2,1,1}\}$ 也直接应用于两组图像。对于 Natural set 场景，使用 Barcelona 场景中的图像训练 Cgrid 中的 SVRC_R，因为 Barcelona 数据集是使用带有 Foveon X3 传感器的 Sigma SD10 相机在室外拍摄的。对于 Lab set 场景，不考虑基于 SVRC_R 的 Cgrid 算法，因为不存在具有与实验室设置相同的光照条件的训练集。

表 5-12 给出了所有算法的中值角度误差。可以看出，在 Lab set 图像集上，基于融合算法的 Cgrid 算法优于所有其他算法。而对于 Natural set 图像集，基于 SA 和 MD 的 Cgrid 算法的性能与 Ugrid 算法的性能相当。基于 SVRC_R 的 Cgrid 算法优于其他所有算法。由于测试图像的数量相对较少，因此很难得出强有力的结论。但是，在 Cgrid 框架下应用融合策略可能有助于多光源光照估计。

表 5-12   多光照估计算法性能比较[69]

Method		Lab	Natural
GW		12.8	8.9
WP		14.8	7.8
$GE^{0,8,1}$		14.9	8.9
$GE^{1,1,1}$		14.4	6.4
$GE^{2,1,1}$		14.6	5.0
LSA		12.9	7.4
Retinex		13.0	7.7
Ugrid	GW	11.7	6.4
	WP	13.2	6.7
	$GE^{0,8,1}$	13.1	7.0

续表

Method		Lab	Natural
Ugrid	GE[1,1,1]	13.4	5.6
	GE[2,1,1]	12.3	5.1
Cgrid	SA	11.5	5.6
	MD	11.2	5.3
	SVRC_R	N/A	4.9

5.10　本章小结

本章对自然场景光照估计融合算法进行了综合对比分析,可以得出以下结论。①融合算法通常比单独使用任何单一颜色恒常性算法的效果更好。在给出的融合算法中,SC 算法(特别是带有 RBF 内核的 SVRC)在这 3 个图像集中是最好的。在 2 个较大图像集 Gehler-Shi 和 SFU 上,GC 算法的性能优于 UC 算法,而在较小的 Barcelona 图像集上则不如 UC 算法。尽管 UC 算法的性能不如 SC 和 GC 算法好,但它们的优点是更简单、有效且不需要训练。②引导式融合 GC 算法的成功表明对图像内容的高级分析确实提供了可以改进最终估计性能的线索。但是与有监督的融合算法相比,引导式融合性能受到了图像特征和训练集平衡性的影响,会降低该类算法的性能。另外,威布尔参数特征和图像内容特征[25]的结合在 GC 算法中被验证是最有效的。③融合算法的性能还取决于单一颜色恒常性算法的准确性。单一颜色恒常性算法的数量对融合结果会产生影响。但是,任意增加数量并不一定有帮助。实验表明,大约 20 个初始光照估计算法即可获得最佳结果。④对多光源场景进行测试表明,尽管并没有太大的改进,但融合算法仍然优于单一多光照估计算法。

参考文献

第 6 章

基于亮度感知的 HDR 场景再现

人类视觉系统(Human Vision System,HVS)的亮度恒常性是指：在阴影下,虽然白色表面反射的光可能比阳光下黑色表面反射的光少,但 HVS 仍能感知到白色表面为白色,黑色表面为黑色,不会因反射光的多少而改变对物体的亮度认知。大量研究成果表明,人眼对相对亮度敏感,而不是绝对亮度。可是只知道相对亮度,对于判断物体的色深来说,依然存在相当大的不确定性。例如,当场景中某个区域的亮度是邻近区域亮度的 5 倍时,人眼可以判定其中一个区域为灰色,另一个区域为黑色;同样也可以判定一个区域为白色,另一个区域为灰色。由此可见,相对亮度只能说明两种色深之间的差异的大小,而不能说明每种色深的具体深浅。所以要想确定某个表面的确切色深,需要一个可供比较的基准点。为了解决这个问题,Bressan[1] 提出了“双锚”(double-anchoring)亮度感知理论,用来确定该基准点,以确定场景中其他物体的色深。本章将探索如何利用“双锚”亮度感知理论,有效地实现 HDR 图像的动态范围压缩,使其结果图像更符合 HVS 的视觉感知。具体地说,首先根据亮度把图像分解为暗区、可视区和亮区(在“双锚”理论中,定义为框架(framework))。然后确定像素所属 framework 对其的影响程度(所属度),并由“双锚”原理计算出每个 framework 中的两个锚定值,最后构建压缩算子,实现动态范围压缩。此外,为了更好地再现 HDR 场景内容,使其接近真实场景带给人眼的视觉感受,本章提出在对亮度通道进行动态范围压缩的同时,对 HDR 图像的色度信息进行颜色校正(color correction)的并行处理机制。通过大量实验验证,所提出的算法能够保留更多的场景细节信息,并很好地表现出真实场景原有的整体明暗效果。

6.1　引言

色调映射算法的目标是真实地再现 HVS 对自然场景的感知,即为计算机视觉提供符合人眼视觉特性的理想图像。HVS 对亮度的感知特性融入色调映射算法中,便可提供更适合于人眼感知的高质量图像。所以,基于 HVS 的视觉特性的色调映射方法的研究得到了众多研究学者的关注,成为 HDR 图像处理研究的一个重要课题。

在基于 HVS 特性的色调映射算法研究上,首先要确定选用何种 HVS 视觉模型作为研究的基础。其次,由于大多数 HVS 视觉模型是基于简单场景提出的,因此在复杂的自然场景中如何应用这些模型也是要考虑的另一个问题。最后,要考虑如何根据模型构建 HDR 图像动态范围压缩算法。针对这些问题,目前已有一些基于 HVS 视觉特性的色调映射方法被提出,下面将对这类算法进行简要介绍。

6.2　相关工作介绍

在介绍相关色调映射算法之前,首先给出和 HVS 有关的亮度定义:明度 (brightness)是一种感知属性,难以度量;亮度(luminance)是一种物理属性,容易测量;光亮度(lightness)是人类视觉对亮度的感应值。具体地,明度是 HVS 对可见物体辐射或者发光多少的感知属性,它和人的感知有关。虽然目前明度的主观感觉值还无法用物理设备测量,但可以用辐射的能量度量。表面的明度取决于亮度和表面的反射率。由于感知的明度与反射率不呈正比,而是一种对数关系,因此在颜色度量系统中使用一个比例因子(如 0~10)表示明度。明度的一个极端是黑色,另一个极端是白色,在这两个极端之间是灰色。由于明度很难度量,因此国际照明委员会定义了另一个比较容易度量的物理量,称为亮度。亮度是用反映视觉特性的光谱敏感函数加权之后得到的辐射功率(radiant power),并在 555 nm 处达到峰值,它的幅度与物理功率呈正比。从这个意义上说,可以认为亮度就是光的强度(intensity)。亮度的值是可度量的,它用单位面积上反射或者发射的光的强度表示,单位为烛光/平方米(cd/m2)。根据国际照明委员会的定义,光亮度是人的视觉系统对亮度(luminance)的感知响应值,用来描述人眼对反射表面或者透射表面的光的感知。

目前,基于 HVS 的视觉特性的色调映射方法已经有了很大的发展。Stevens 等人[2]提出了明度和亮度之间的幂指数关系,主要目标是保持显示器上的明度和真实场景的亮度之间的比率关系。Ward 等人[3]提出了一种保留对比度信息,而不是亮度信息的变换处理算法。参考人眼对亮度相对变化的敏感模型,该算法能够通过一个缩放因子以最低的计算开销将真实场景的亮度值变换为显示设备上的亮度值。由于采用线性的缩放因子,因此在结果图像中极高和极低的亮度值都被钳定在固定值上,这样对于整个图像来说,某些地方的可见性仍然没有被保留。

Tumblin 等人[4]提出了一种基于 HVS 亮度感觉模型的图像变换算法,主要思想是为高动态图像中的每个亮度寻找一个映射因子,使得映射后的亮度和原亮度具有同样的视觉感知。此算法是一种非线性的绝对亮度映射算法,它只依据已建立的映射关系一对一地映射图像各像素的亮度值,不考虑图像的具体亮度范围,并不能保证图像亮度感知保持不变。这种方法只局限在处理灰度图像上,它能够处理非常大的亮度级别,但是同时会造成某些图像偏暗或模糊,所以它对明亮差异程度信息的保留是以牺牲高动态场景中的可见性为代价的。

1998 年,Pattanaik 等人[5]模拟 HVS 对亮度变化及空域变化的适应性模型,建立了一套多分辨的计算模型,包括空间视觉的阈值、空间视觉的适应、空间视觉的超阈值以及适应等,并且在多分辨框架的基础上有机地结合了这些视觉特性。该算法不仅可用于 HDR 图像在普通显示器上的显示,还可以作为一般模型用于图像质量评价、图像压缩和基于感知的图像合成等领域。但是,一方面由于该模型在压缩动态范围的过程中分别对不同滤波层采用了不同的增益因子,因此也会在对比较强的边缘处引起局部对比度反转,并产生光晕现象;另一方面,该模型过于复杂,影响了其实际应用。Drogo 等人[6]提出了一种自适应的色调映射算法,其基本思想是利用一个参数控制映射因子曲线的形状和相应的亮度范围,即使高动态范围图像中存在极端亮度场景,只要使用者根据图像的特征调整合适的控制参数,也可以获得比较理想的结果。Ferverda 等人[7]提出了同时考虑视锥细胞和视杆细胞适应性的时间过程的模型,综合考虑了亮、暗视觉适应对于阈值、色貌、锐度及敏感性随时间变化的影响。

2005 年,Reinhard 等人[8]根据人眼视细胞的响应机理提出了一种 S 形映射因子曲线的映射算法,此 S 形映射因子曲线也可以通过用户控制参数调整亮度响应区域和具体形状。Ledda 等人[9]在一系列生理学实验的基础上,结合视觉适应的时间依赖性和视觉锐度因素综合建立模型。文献[10]中,模拟了色素漂白与神经反馈对视锥适应的相互作用关系,使得映射结果图像在外界光发生局部或全局变化时仍能保持较高的对比度。Schlick 根据 Weber 定律[11]建立了缩放因子随亮度值呈对数变化的关系,此方法对对比度较高的高动态范围图像的效果较好,但不能同时再现极暗和极亮的图像场景,因此它比较适合没有极端亮度场景的高动态范围图像。HVS 对亮度相对变化更敏感,Ward 根据视网膜中央凹的局部视觉适应建立模型,提出了一种较为简单的线性映射算法[12],以保留对比度而非绝对亮度信息为目的,能有效避免"光晕"现象的产生。

在文献[13]中,Krawczyk 等基于"单锚"(single anchoring)理论[14]构建了一个动态范围压缩算子,当具有小的动态范围的 HDR 图像作为输入时,它能很好地实现亮度级别的映射。但是,当 HDR 图像的动态范围很大时,必须利用另外的压缩因子实现动态范围的压缩,否则细节信息将严重丢失。

6.3　存在的问题

　　前面对现有的基于 HVS 感知模型的色调映射算法进行了简要的梳理和介绍。针对全局均一的明度和亮度之间的映射函数容易使细节信息丢失，并且降低了图像的对比度。另一方面，基于局部处理的方法在结果图像中会出现不同程度的噪音，如在对比度较高的边缘附近出现"光晕"等瑕疵现象，主要原因是由于局部映射没有保持原场景图像中像素亮度之间的相对关系。

　　综上所述，基于感知的色调映射算法虽然简单且时间复杂度较低，但仍然存在以下两方面的问题：①不适用于动态范围较高的 HDR 图像；②映射曲线局部非单调，导致亮度反转现象的产生，使结果图像看上去不自然。为了解决以上两方面的问题，本章提出基于"双锚"亮度感知理论的动态范围压缩算子，可以直接对具有各种动态范围的 HDR 图像进行处理。在压缩过程中，该算法保持了像素亮度值之间的相对关系，使压缩后的图像更加自然、逼真，能够更好地符合人眼对真实场景的视觉感知。下面详细介绍该算法的实现过程。

6.4　基于亮度感知理论的 HDR 场景再现算法

　　本节将详细介绍基于亮度感知理论的 HDR 场景再现算法，它包括两部分：一是基于双锚理论的动态范围压缩过程；二是 HDR 图像的颜色校正过程。在介绍具体算法之前，首先简要介绍 HVS 亮度感知理论。

6.4.1　HVS 亮度感知理论

　　生活中，阴影下的白色表面反射的光可能比阳光下的黑色表面反射的光更少。然而，HVS 不会只根据物体反射光的多少决定对物体的认知，这就是 HVS 亮度恒常性。在任何一个场景中，进入人眼的总光量主要取决于场景的照明程度，物体的表面反光率起到的作用则相对较小。

　　一个典型的实验如图 6-1 所示，一个灰色菱形被放在纯白的底色上（图 6-1 右图），还有一个完全相同的灰色菱形，被放在纯黑的底色上（图 6-1 左图）。如果人眼感觉到的颜色深浅完全取决于表面反光率，则这两个菱形看起来就应该是一样的。但事实上，我们会发现黑底上的菱形的颜色看起来浅一些，这就说明 HVS 在判断物体色深时会与相邻的表面进行比较。

　　Wallach[15]通过实验证明，人眼感知的光亮度的高低与物体表面本身的色深并没有必然的联系，任何一个表面对于 HVS 来说都可以呈现出任意色深。Wallach 在实验中把一块厚度均匀的单色纸板放在受试者面前,只要适当改变纸板周围光的亮度,就可以使受试者觉得这块纸板呈现出由黑到白的任何一种色深。该试验验证了两个表面的相对亮度是解释 HVS 感知过程的重要依据。但是,如果只知道相对亮度,那么对于判断颜色深浅来说,依然存在相当大的不确定性。例如场景中某个区域的亮度是其邻域亮度的 5 倍,HVS 可以感知其中一个区域为灰色,另一个区域为黑色,同样也可以判断这两个区域一个为白色,另一个为灰色。因此,相对亮度本身只能决定两种色深之间的差异有多大,而不能告诉你每种色深的具体深浅。为了确定某个表面的确切灰度,还需要一个可供比较的基准点,称为亮度感知的"锚定"理论。目前有两种锚定规则:①最大亮度规则,即场景中最高亮度值为"锚"值[16];②平均亮度规则,即某个场景的平均亮度被认为是代表中等灰度的锚值[17]。这样,把其他各种亮度值与这个基准值进行比较,便可以确定其色深。

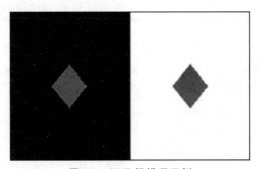

图 6-1　HVS 视错觉示例

自然场景比图 6-1 给定的场景复杂得多,这时,简单的锚定理论是行不通的。如果只是把每个表面的亮度同整个场景中的最大亮度做比较,那么明亮光线照射下的黑色表面与阴影下的白色相比,可能具有相同的亮度,因此在人眼看来,它们呈现出的色深应该是相同的。然而,实际情况并不是这样,HVS 能够感知两者的差别,主要原因是它在不同的照明区域(定义为 framework)内运用了不同的锚定标准[14]。

6.4.2　基于"双锚"理论的色调映射算法

根据上述 HVS 感知过程,本章提出了基于"双锚"理论的色调映射算法[36]。首先,根据不同的亮度级别把 HDR 图像理解成多个照明一致的区域。其次,确定像素对于其所在区域的所属度。最后,根据双锚理论计算每个区域中的锚定值,并构建压缩算子进行 HDR 动态范围压缩。

1. 区域分解

在亮度感知理论[1]中,具有相似亮度的区域被看作一个框架,例如阴影下的区域构建了一个框架。本章采用快速 K-means 聚类算法[18]寻找图像的质心点(centroid)。该聚类算法为了提高算法的性能,利用解三角不等式避免冗余的距离计算。实验中,初始化 $K=3$,这样通过一次操作便可获得 3 个质心点。接下来,利用这 3 个质心点对图像进行分解。

获取 HDR 图像的亮度通道,并对其进行以 10 为底的对数操作,具体公式如下。

$$I_O(x,y) = 0.213 \times R(x,y) + 0.715 \times G(x,y) + 0.072 \times B(x,y) \quad (6\text{-}1)$$

$$I(x,y) = \log_{10}(\max(I_O(x,y), 0.0001)) \quad (6\text{-}2)$$

其中,$R(x,y)$、$G(x,y)$ 和 $B(x,y)$ 表示位于 (x,y) 处像素的 R、G 和 B 通道的色度值,$I_O(x,y)$ 代表其亮度值。由于对数值"0"取对数无意义,并且人眼感知的最小亮度级别为 10^{-4},所以将 $I_L(x,y)$ 的最小值设置为 10^{-4}。

K-means 算法的输入为图像 I 的直方图统计向量,经过处理可以得到 3 个能够代表场景亮度级别的质心点。根据质心点的数值进行升序排序,分别标记为 c_1、c_2 和 c_3,然后取其中间值 $(c_1+c_2)/2$ 和 $(c_2+c_3)/2$ 作为分解框架的边界值。具体处理过程如下:处在 c_1 和 $(c_1+c_2)/2$ 之间的像素所在的区域构成暗区框架;处在 $(c_1+c_2)/2$ 和 $(c_2+c_3)/2$ 之间的像素所在的区域构成可视区框架;处在 $(c_2+c_3)/2$ 和 c_3 之间的像素所在的区域构成亮区框架。公式定义如下。

$$\text{Dark\_框架} = \{I(x,y) \mid I(x,y) < (c_1+c_2)/2\}$$

$$\text{Visible\_框架} = \{I(x,y) \mid (c_1+c_2)/2 \leqslant I(x,y) \leqslant (c_2+c_3)/2\} \quad (6\text{-}3)$$

$$\text{Light\_框架} = \{I(x,y) \mid I(x,y) > (c_2+c_3)/2\}$$

其中,Dark_框架,Visible_框架和 Light_框架分别代表暗区框架、可视区框架和亮区框架。根据该公式把 HDR 图像分解成 3 个框架,示例如图 6-2 所示,其中图 6-2(a)代表 HDR 图像不经过任何处理直接在普通显示器上显示的效果图(为了描述简洁,本书用"原始图像"进行标记),图 6-2(b)给出了由公式(6-3)分解框架的示例图,其中,红色区域代表暗区框架,青色区域代表可视区框架,绿色区域表示亮区框架。从图 6-2 中可以看出,该方法可以有效地把 HDR 图像中具有相近亮度的像素划分到同一个框架,符合双锚亮度感知理论对框架的定义。

从公式(6-3)中可以看出,一个像素只属于一个框架。但是,当一个像素处于两个框架定义的交界处时,不易区分它到底属于哪个框架。针对这个问题,我们提出位于质心点 c_1 和 c_3 之间的像素都是由两个框架共同作用的,至于每个框架对其的影响程度(即像素对每个框架的所属度),将由"2.所属度的确定"给出的一组线性函数确定。另外,位于 c_1 和 c_3 之外的像素由于处于极暗或极亮的区域,所以被近似地认为只属于一个框架。

2. 所属度的确定

根据每个像素的亮度值和质心点值之间的距离决定该像素对所在 framework 的

图 6-2　将 HDR 图像分解为多个框架示例

(a)原始图像；(b)不同颜色代表不同的框架

所属度。具体由下面一组分段线性函数决定。

$$B_1(x,y) = \frac{I(x,y) - \min}{c_1 - \min}, \quad I(x,y) < c_1$$

$$B_1(x,y) = \frac{c_2 - I(x,y)}{c_2 - c_1}, \qquad c_1 \leqslant I(x,y) < c_2$$

$$B_2(x,y) = \frac{I(x,y) - c_1}{c_2 - c_1}, \qquad c_1 \leqslant I(x,y) < c_2$$

$$B_2(x,y) = \frac{c_3 - I(x,y)}{c_3 - c_2}, \qquad c_2 \leqslant I(x,y) \leqslant c_3 \qquad (6\text{-}4)$$

$$B_3(x,y) = \frac{I(x,y) - c_2}{c_3 - c_2}, \qquad c_2 \leqslant I(x,y) \leqslant c_3$$

$$B_3(x,y) = \frac{\max - I(x,y)}{\max - c_3}, \quad I(x,y) > c_3$$

其中，$B_i(i \in \{1,2,3\})$ 代表像素 $I(x,y)$ 对第 i 个 framework 的所属度。该分段线性函数组的形状在图 6-3 中给出，其中，红线代表的函数是像素对暗区 framework 的所属度；黑线代表的函数是像素对可视区 framework 的所属度；蓝线代表的函数是像素对亮区 framework 的所属度。从图 6-3 中可以看出，对于像素 $I(x,y)$，它同时属于可视区 framework 和亮区 framework，它对可视区 framework 的所属度由黄色线标识，而对亮区 framework 的所属度由绿线标识。如"1.区域分解"所述,在 c_1 和 c_3 之间的所有像素同时属于两个 framework,其他处于极亮或极暗的像素只属于一个framework。

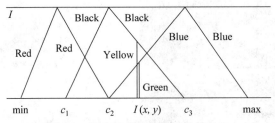

图 6-3　提出的分段线性函数组示意

另外,在双锚亮度感知理论[1]中,每个 framework 自身所包含的信息量也会对像素的所属度产生影响。信息量大,对像素的亮度影响就大。基于以上分析,我们可以利用 framework 的熵值标识一个 framework 所包含的信息量,具体公式如下。

$$
\begin{cases}
E(F_i) = \sum_{\text{Bin}=0}^{m\text{BIF}_i} p(\text{Bin})Ln(1/p(\text{Bin})) & (i=1) \\
E(F_i) = \sum_{\text{Bin}=m\text{BIF}_{i-1}+1}^{m\text{BIF}_i} p(\text{Bin})Ln(1/p(\text{Bin})) & (i>1)
\end{cases}
\tag{6-5}
$$

其中,$E(F_i)$ 代表标识为 i 的 framework 的熵值。$p(\text{Bin})$ 代表概率值,即直方图中 Bin 上的像素个数和该 framework 所含像素总数的比值。$m\text{BIF}_i$ 代表该 framework 中具有最大亮度级别的 Bin 的索引号。由该公式可得出每个 framework 的相对熵值为

$$
A(F_i) = E(F_i) / \sum_{i=1}^{N} E(F_i)
\tag{6-6}
$$

其中,N 代表图像分解 framework 的个数,本实验设定 $N=3$。

在每个像素对其所在的 framework 的所属度和相应 framework 的熵值给定后,两个值的乘积最终定义为该 framework 对其影响的程度,公式定义为

$$
\text{Pr}_i(x,y) = B_i(x,y) \times A(F_i)
\tag{6-7}
$$

3. 构建压缩算子

本节将给出如何根据双锚理论定义每个 framework 的锚定值:一个是最大亮度(highest luminance),另一个是环境亮度(surround luminance)。关于环境亮度,本章提出了一种新的方法确定环境亮度。下面就如何定义两个锚定值和如何构建 HDR 图像压缩算子展开详细介绍。

　　关于最大亮度规则,我们没有采用常用的方法,即用每个 framework 中的最大亮度值作为锚定值。我们知道,当具有高亮度的像素占很小的比例时,这些像素可看作是自我发光(self-luminous),会对感知的值产生影响[14]。为了降低这种情况对算法的影响,我们采用一个预处理方法,即先对属于某 framework 中的所有像素的亮度值进行排序,然后去除 3% 的最大值,最后在剩余像素中取最大亮度值作为第一个锚定值。由于像素的亮度值和其周围环境的亮度是相关的,所以关于环境亮度,我们利用高斯函数对图像进行空间滤波,然后利用邻域中亮度的权重平均值作为第二个要确定的锚定值,具体公式如下。

$$S(x,y) = G_{\sigma_f}(x,y) \otimes I(x,y) \tag{6-8}$$

其中,G_{σ_f} 代表核参数为 σ_f 的高斯函数,本实验采用 $\sigma_f = 20$ 作为默认值。

　　最后,对于每个像素,利用公式(6-7)得到的所属度和其所属 framework 中的两个锚定值构建压缩算子,实现 HDR 图像的动态范围压缩,公式如下。

$$I_L^{\text{new}}(x,y) = \alpha \sum_i ((I(x,y) - H_i - \beta S(x,y)) \times \Pr_i(x,y)) + (1-\alpha)(I(x,y) - H_g) \tag{6-9}$$

其中,$I_L^{\text{new}}(x,y)$ 表示像素 (x,y) 的压缩值,$I(x,y)$ 代表输入亮度值(由公式(6-2)给出),H_i 代表第 i 个 framework 中的最大亮度值,$S(x,y)$ 表示像素 (x,y) 的环境亮度值,H_g 代表整幅图像的最大亮度值。$\Pr_i(x,y)$ 表示第 i 个 framework 对像素 (x,y) 的影响程度。在实验中,参数 β 的值设置为输入图像在 $\log_{10}$ 域内的最大亮度和最小亮度的比值(即动态范围),参数 $\alpha \in [0.2, 0.5]$。下面就公式(6-9)如何实现 HDR 图像的动态范围压缩(即物理意义)进行详细介绍。

　　我们知道,给定一个范围为 $[a,b]$,其中 a 代表小值,b 代表大值。如果可以使 a 和 b 向同一个方向移动,a 移动的步长大于 b 的步长,并保证不出现反转现象(即 a 移动后的值大于 b 移动后的值),就可以实现 $[a,b]$ 的压缩。为了达到这个目的,给定另外一个范围为 $[m,n]$,其中 m 代表小值,n 代表大值,条件是 $|b-a| \geqslant |n-m|$。这样,可以用 $[a+n, b+m]$ 操作实现 $[a,b]$ 的压缩,原因是相对于原始范围为 $|b-a|$ 来说,新的距离为 $|(b+m) - (a+n)| = |(b-a) + (m-n)|$,由于 $m-n < 0$,所以 $|(b-a) + (m-n)| < |b-a|$,这样就实现了范围为 $[a,b]$ 的压缩。$[m,n]$ 的范围越大,$[a,b]$ 压缩的幅度越大。

　　基于上述原理,公式(6-9)实现了 HDR 图像的动态范围压缩。下面从两个步骤进行分析。

　　(1) 先利用公式(6-9)中的"+"号把它分解成两部分,即 $\alpha \sum_i ((I(x,y) - H_i - \beta S(x,y)) \times \Pr_i(x,y))$ 和 $(1-\alpha)(I(x,y) - H_g)$。由第 1 章可知,HDR 图像采用浮点数进行存储,并且在处理前进行了归一化处理,所以图像的亮度值范围为 $[0,1]$,由

于我们是在 $\log_{10}$ 域上进行操作的,所以亮度值转换为负数。普通显示器能够显示的动态范围为 $[0,255]$,映射到 $\log_{10}$ 域上为 $[0,2]$。本章提出的压缩函数实现的目标就是使 HDR 图像的动态范围值从一个未知的负数范围(因为 HDR 图像的动态范围是不确定的)移向范围 $[0,2]$,并尽可能多地覆盖 $[0,2]$ 范围,同时保证在移动过程中不改变像素值之间的相对大小关系。公式后半部分中的算子 $(I(x,y)-H_g)$,由于 H_g 是整幅图像的最大亮度值,"$-$" 操作使得 HDR 图像的亮度移向"0"点,但是图像的整体动态范围并没有发生变化。假设 $I_2(x)$ 和 $I_1(x)$ 是要处理的两个像素值,并且 $I_2(x)>I_1(x)$,接下来的目标就是使 $I_2(x)$ 所加的数值比 $I_1(x)$ 所加的数值小。

(2) 给定两个像素 $I_2(x)$ 和 $I_1(x)$,经过前部分公式 $(I(x,y)-H_i-\beta S(x,y))$ 的处理后,两个像素的亮度差值为 $I_2(x)-H-\beta S_2(x)-(I_1(x)-H-\beta S_1(x))$。由于 $S(x,y)$ 表示像素 (x,y) 的环境值,所以就数值而言,可以假设 $S_2(x)=I_2(x)$ 和 $S_1(x)=I_1(x)$,那么有

$$
\begin{aligned}
& I_2(x)-H-\beta S_2(x)-(I_1(x)-H-\beta S_1(x)) \\
= & I_2(x)-H-\beta I_2(x)-(I_1(x)-H-\beta I_1(x)) \\
= & I_2(x)-H-\beta I_2(x)-I_1(x)+H+\beta I_1(x) \\
= & (\beta-1)I_1(x)-(\beta-1)I_2(x) \\
= & (\beta-1)(I_1(x)-I_2(x))
\end{aligned}
\tag{6-10}
$$

根据 β 的不同取值,可以分三种情况进行分析:①当 $0\leqslant\beta<1$ 时,公式(6-10)的值大于 0,使得 $I_2(x)$ 所加的数值比 $I_1(x)$ 所加的数值大,不满足要求。②当 $\beta=1$ 时,公式(6-10)的值等于 0,使得 $I_2(x)$ 加的项数值和 $I_1(x)$ 加的项数值相等,不能实现范围压缩。③当 $\beta>1$ 时,公式(6-10)为负值,说明 $I_2(x)$ 所加的数值比 $I_1(x)$ 所加的数值小,能够实现范围的压缩。但是,由于参数 β 的作用容易改变像素之间的相对关系,因此针对这个问题,只要能保证 $I_2(x)$ 和 $I_1(x)$ 新加数值的范围小于原来的范围(即前面所述的条件 $b-a\geqslant m-n$),即可避免这种反转情况的发生。我们用另外一个参数 α 进行控制,具体地,保证 $(\beta-1)(I_1(x)-I_2(x))\alpha\leqslant I_1(x)-I_2(x)$,即 $(\beta-1)\leqslant 1/\alpha$,就可以保证原亮度值之间的相对关系。

通过上面的详细分析,说明本章提出的算法能够实现 HDR 图像的动态范围压缩,并且有效地控制了亮度反转现象的产生。

6.4.3　对比度增强

用动态范围压缩算法处理后的 HDR 图像能够保持大部分暗区和高亮区的细节信息,但是压缩处理降低了图像的整体对比度。如图 6-4 所示,在图 6-4(a)中,虽然绝大多数场景信息可见,但是整幅图像看上去很"平"(flat),图像的对比度低导致它看上去不逼真。为了解决这个问题,本节将提出一个对比度增强算法,该算法的核心思想

是：如果某像素亮度值与其邻域的环境值的差异小，则说明局部对比度低，那么，可以通过函数处理提高两者之间的差异程度，然后把新差异量和其环境值相加，便可以实现增加图像对比度的目的。具体步骤如下。

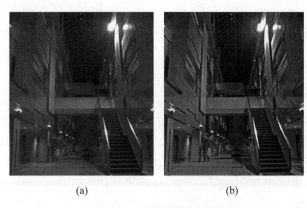

(a)　　　　　　　　(b)

图 6-4　对比度增强示例

(a)无对比度增强；(b)有对比度增强

① 定义像素的亮度值和与其邻域的环境值的差值。

$$I_L^v(x,y) = I_L^{\text{new}}(x,y) - G_{\sigma_f}(x,y) \bigotimes I_L^{\text{new}}(x,y) \tag{6-11}$$

其中，$I_L^{\text{new}}(x,y)$ 是压缩后像素 (x,y) 的亮度值，由公式(6-9)给出。$G_{\sigma_f}(x,y)\bigotimes I_L^{\text{new}}(x,y)$ 代表环境亮度值，$G_{\sigma_f}(x,y)$ 代表核参数为 σ_f 的高斯函数。$I_L^v(x,y)$ 为两者之间的差值。值得注意的是，$I_L^v(x,y)$ 可能为正数，也可能为负数，正数代表像素 (x,y) 的亮度要比其环境亮度值大，而负数代表其比环境值小。由于 $|I_L^v(x,y)|$ 值的大小可以表示像素 (x,y) 的局部对比度，这样就可以通过增加其值的方式增加局部对比度。本章采用幂函数处理达到该目的，具体公式定义为

$$I_L^e(x,y) = |I_L^v(x,y)|^\eta \tag{6-12}$$

其中，参数 $\eta \in [0\ 1]$。需要注意的是，在取绝对值之前，要存储 $I_L^v(x,y)$ 的正或负符号。在实验中，取 $\eta = 0.85$ 为默认值。从公式(6-12)中可以看出，当 $0 \leqslant |I_L^v(x,y)| \leqslant 1$，它能够增加小的差异值 $I_L^v(x,y)$，并保持大的差异值 $I_L^v(x,y)$。另外，由于在初始处理阶段已经对 HDR 图像的亮度值进行归一化，所以，$|I_L^v(x,y)| > 1$ 只能说明该像素为噪声，那么通过该函数处理后，可以降低噪声和邻域亮度的差异程度，实现去除噪声的功能。

② 根据存储的符号标记增强后的差异值 $I_L^e(x,y)$：如符号为正，$I_L^e(x,y)$ 仍为正数；如符号为负，$I_L^e(x,y)$ 取负数。

③ 提升后的差异值和邻域亮度值相加，得到对比度增强后的结果图像，公式定义如下。

$$I_L^{CE}(x,y) = I_L^e(x,y) + G_{\sigma_f}(x,y) \otimes I_L^{new}(x,y) \qquad (6\text{-}13)$$

实验结果如图 6-4(b)所示，图像的整体对比度大幅增加，并保持了更多的墙砖纹理细节信息，图像看上去自然、逼真，符合人眼的视觉感知。

在动态范围压缩处理的最后阶段，由于所有处理都是在 $\log_{10}$ 域中进行的，所以需要对 $\log_{10}$ 域进行取反函数操作以得到可直接在普通显示器上显示的亮度级别，公式定义为

$$I_L(x,y) = 10^{I_L^{CE}(x,y)} \qquad (6\text{-}14)$$

6.4.4　颜色校正

现有的绝大多数 HDR 图像处理都是针对亮度通道的，没有考虑在 HDR 图像成像时光照对图像色度信息的影响。针对这个问题，本章提出亮度通道动态范围压缩和色度通道颜色校正(color correction)并行处理的机制，它能够更好地再现场景的真实内容，符合人眼的视觉感知。

根据理想的朗伯特反射模型[19]，场景中某物理表面上一点的颜色 $f(X) = (R,G,B)^T$ 可通过在整个可见光范围内对光谱分布、反射面的反射率以及相机的感光系数的乘积进行积分得到，公式如下。

$$f(X) = \int_\omega e(\lambda)S(X,\lambda)c(\lambda)\mathrm{d}\lambda \qquad (6\text{-}15)$$

其中，ω 代表整个可见光范围，λ 为光谱的波长，$e(\lambda)$ 为光源的光谱分布，X 表示空间位置坐标，点 X 处物体表面对波长为 λ 的光线的物理反射率为 $S(X,\lambda)$，成像设备的敏感函数 $c(\lambda) = (R(\lambda),G(\lambda),B(\lambda))^T$。为了达到颜色校正的目的，需要估计出 HDR 图像成像时的光照颜色 e，在不考虑相机本身对图像色度信息影响的情况下，其定义为

$$e = \int_\omega e(\lambda)c(\lambda)\mathrm{d}\lambda \qquad (6\text{-}16)$$

在文献[20]中，研究者通过对对立颜色空间(Opponent Color Space)上的图像颜色导数的分布进行观察发现，图像的颜色导数在对立颜色空间上形成了一个相对规则的椭圆形分布，并且椭圆的长轴与图像的光照方向一致。其中，对立颜色空间与 RGB 空间上的颜色导数的转化关系为

$$\begin{cases} O1_X = \dfrac{R_X - G_X}{\sqrt{2}} \\[2mm] O2_X = \dfrac{R_X + G_X - 2B_X}{\sqrt{6}} \\[2mm] O3_X = \dfrac{R_X + G_X + B_X}{\sqrt{3}} \end{cases} \qquad (6\text{-}17)$$

根据图像的颜色导数分布的特点，提出 Grey Edge 假设[20]：场景中所有物理表面

的平均反射差分是无色差的,用公式表示如下。

$$\frac{\int |S_X(X,\lambda)| \, dX}{\int dX} = k \tag{6-18}$$

根据 Grey Edge 假设,图像的光照颜色可以通过计算图像的平均颜色导数得到,公式推导过程如下。

$$\begin{aligned}
\frac{\int |f_X(X)| \, dX}{\int dX} &= \frac{1}{\int dX} \iint_{\omega} e(\lambda) |S_X(X,\lambda)| c(\lambda) \, d\lambda \, dX \\
&= \int_{\omega} e(\lambda) \left(\frac{\int |S_X(X,\lambda)| \, dX}{\int dX} \right) c(\lambda) \, d\lambda \\
&= k \int_{\omega} e(\lambda) c(\lambda) \, d\lambda = k\boldsymbol{e}
\end{aligned} \tag{6-19}$$

另外,闵可夫斯基范式和高斯平滑处理也被引入 Grey Edge 算法中,并且将颜色导数推广到 n 阶,从而得到一个通用的颜色恒常性计算公式,即

$$\left(\frac{\int |\partial^n f^\sigma(X)|^p \, dX}{\partial X^n} \right)^{1/p} = k\boldsymbol{e}^{n,p,\sigma} \tag{6-20}$$

公式(6-20)中,f^σ 表示图像 f 与高斯滤波器 G^σ 的卷积,$\partial^n / \partial X^n$ 表示阶求导的过程。

　　本章提出的 HDR 图像颜色校正处理就是基于上述框架实现的,其中参数 $n=1$、$p=6$ 和 $\sigma=2$ 作为默认值。对角模型[21]能够将未知光照下生成的图像映射到标准白光照射下的图像。具体地,假设未知光照定义为 $\sigma^U = (\sigma_1^U, \sigma_2^U, \sigma_3^U)$,标准光照定义为 $\sigma^C = (\sigma_1^C, \sigma_2^C, \sigma_3^C)$,在光照 $\sigma^U = (\sigma_1^U, \sigma_2^U, \sigma_3^U)$ 下获取的一幅图像可以用 $\sigma_i^C / \sigma_i^U, i \in \{R, G, B\}$ 对其 3 个颜色通道分别进行校正,从而得到标准光照 $\sigma^C = (\sigma_1^C, \sigma_2^C, \sigma_3^C)$ 下的对应图像。

　　根据该模型理论,HDR 图像颜色校正后的色度值可表示为

$$\begin{aligned}
R_c &= R_o / (R_e \times \sqrt{3}) \\
G_c &= G_o / (G_e \times \sqrt{3}) \\
B_c &= B_o / (B_e \times \sqrt{3})
\end{aligned} \tag{6-21}$$

其中,R_e、G_e 和 B_e 由公式(6-20)估计得出,R_o、G_o 和 B_o 代表输入 HDR 图像的色度值,R_c、G_c 和 B_c 是校正后的图像色度值。

　　最后,将动态范围压缩后的亮度信息和颜色校正后的色度信息进行线性组合,生

成结果图像并显示。为了描述简洁，本章只给出 R 通道的定义公式，G 和 B 通道以此类推，公式定义为

$$R_{out}(x,y) = \frac{I_L(x,y)}{I_O(x,y)} \times R_C(x,y) \tag{6-22}$$

其中，对于像素(x,y)来说，$I_L(x,y)$为动态范围压缩后的亮度值（由公式（6-14）给出），$I_O(x,y)$为原始亮度值，$R_C(x,y)$为颜色校正后的色度值[37]。

6.5　实验结果与分析

　　一个好的色调映射算法应该不受图像内容的影响，不管 HDR 图像的动态范围有多大，都能够很好地再现真实场景中的内容[22]。所以，在本章实验中，为了验证所提出算法的有效性，我们采用了大量的 HDR 图像进行测试。对色调映射算法的客观评价标准的研究也得到了很多学者的关注，并取得了一定的进展。我们采用 High Dynamic Range-Visual Difference Predictor（HDR-VDP）[32]作为衡量色调映射算法优劣的评价标准。

6.5.1　评价标准

　　视觉差异预测器（Visual Difference Predictor，VDP）[23]最早是由 Daly 提出的。VDP 用于比较两幅图像的差异，其目标是将图像物理上的客观差异转化为 HVS 区分这些物理差异的概率。由于 VDP 是在普通低动态范围显示设备的基础上建立的，无法直接应用于 HDR 图像的评价。Mantiuk 等人[24]对 VDP 进行了改进，提出了 HDR-VDP，可用于 HDR 图像的评价。由于 LDR 图像与原 HDR 图像之间进行比较的最大障碍在于两者的亮度处于不同的亮度范围，所以无法直接进行比较。HDR-VDP 引入了最小可觉差异（Just Noticeable Difference，JND），它是一条人眼视觉特性曲线，表示在一定亮度背景下人眼能分辨出的亮斑点与背景之间的亮度的最小差值。这样，将 LDR 图像与 HDR 图像都按 JND 阈值量化到同一空间，便可进行基于 VDP 的比较。对于 HDR-VDP 来讲，输入为色调映射后的图像与原 HDR 图像，输出为两者之间的视觉差异概率图[25]。

　　HDR-VDP 处理的过程如下。①模拟光在视网膜中的散射，通过光学转换函数（Optical Transfer Function，OTF）对输入图像进行滤波。为了模拟视网膜对不同的亮度级别的自适应调整功能，信号的幅度被非线性地压缩并且被转换到 JND-SCALE 空间，它是将图像显示时发出的实际亮度以 JND 为量化单位进行的量化。②HVS 的对比敏感度和空间频率存在函数关系，这种关系可以用对比敏感度函数（Contrast sensitivity function，CSF）表示。以不同的空间频率为横坐标，各空间频率上的对比敏

感度为纵坐标,可以得到对比敏感度曲线。这种函数关系即为 CSF,并且该曲线呈钟形。其中,空间频率指单位空间上黑白光栅的周期数,对比敏感阈值是指在一定空间频率下人眼能分辨光栅的最低对比度,对比敏感度则定义为对比敏感阈值的倒数。③VDP 算法将 CSF 函数从周期/度(cy/deg)单位空间映射到数字频域,映射过程用到了显示设备参数以及人眼接收图像的距离参数。④进行皮层转换(cortex transform)与视觉掩蔽(visual masking),将图像分解为空间通道与定向通道,并且在每个通道上单独预测可被感知的差异。通过去除在信号的相位上掩蔽的相关性,相位不确定(phase uncertainty)使视觉掩蔽的预测更加完善。心理测量函数用来描述随信号的对比度增加,检测概率的增加。⑤对所有通道的概率差异求和,这样,每个像素产生了一个 0~1 的概率值,从而生成概率图。

6.5.2　性能分析与比较

本节将从动态范围压缩和颜色校正这两个方面对本章提出的基于亮度感知理论的 HDR 场景再现算法进行验证。首先介绍在动态范围压缩方面的比较结果。

1. 动态范围压缩算法比较

本节实验采用了文献中广泛使用的 HDR 图像作为测试图像,对 9 种现有的 HDR 图像色调映射算法进行了比较,包括 Drago[6]、Fattal[26]、Pattanaik[27]、Reinhard02[28]、Reinhard05[8]、Meylan06[29]、Meylan07[30]、Li[31]、Krawczyk[13] 和本章的算法。我们给出 4 组实验,实验结果如图 6-5 至图 6-8 所示,每组实验中,各个算法都给出了映射后的结果图像和 HDR-VDP 概率图。

首先从主观感知上进行评价。从图 6-5 中可以看出,图(c)和图(d)由于过暗,导致细节信息严重丢失。图(b)和图(g)出现光晕等瑕疵现象,图像看上去不逼真。图(f)和图(h)在高亮区域由于曝光过度,导致细节信息丢失。由于对比度低,图(a)和图(e)看上去很"平",视觉感知效果很差。由算法[13]生成的图像与本章提出的算法产生的图像,在视觉上很难判断哪个算法更好。可通过由 HDR-VDP 生成的概率图进一步说明提出的算法优于与之比较的各种算法。下面将详细说明 HDR-VDP 是如何对色调映射算法进行客观评价的。

如 6.5.1 节所述,HDR 图像与映射后的图像无法直接进行比较,主要原因是它们处在不同的亮度范围。HDR-VDP 将原 HDR 图像和可视化的 LDR 图像都转换到一个中间 JND-SCALE 空间,两者就有了比较的基础。另外,Mantiuk 等人在互联网上提供了 HDR-VDP 的实现程序[32],本章关于 HDR-VDP 的实验都是基于这个程序进行的。

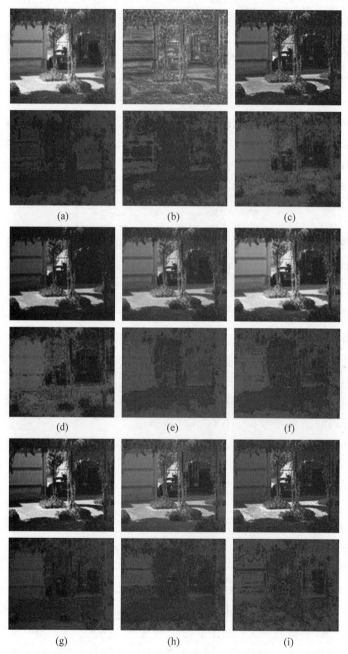

图 6-5 HDR-VDP 概率图比较,其中每组包括一个结果图像和一个 HDR-VDP 概率图

(a)Drago[6];(b)Fattal [26];(c)Pattanaik [27];(d)Reinhard02 [28];(e)Reinhard05 [8];

(f)Meylan06[29];(g)Meylan07 [30];(h)Yuanzhen Li[31];(i)Krawczyk [13];

(j)本章提出的算法(图像来源于 Laurence Meylan[29])

(j)

图 6-5　（续）

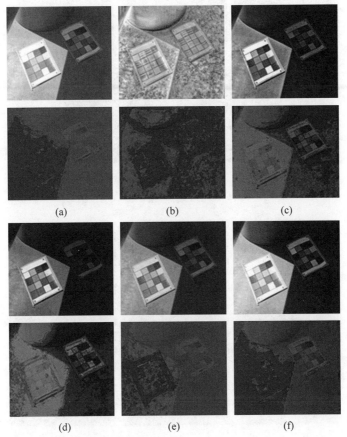

图 6-6　HDR-VDP 概率图比较，其中每组包括一个结果图像和一个 HDR-VDP 概率图

(a)Drago[6]；(b)Fattal[26]；(c)Pattanaik[27]；(d)Reinhard02[28]；

(e)Reinhard05[8]；(f)Meylan06[29]；(g)Meylan07[30]；(h)Yuanzhen Li[31]；

(i)Krawczyk[13]；(j)本章提出的算法（图像来源于 Laurence Meylan[29]）

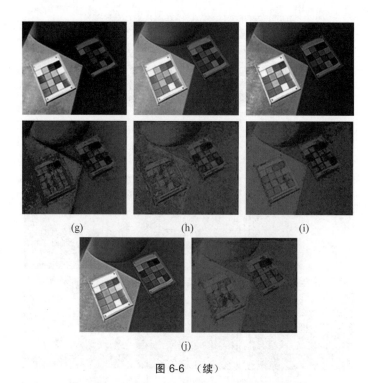

图 6-6 （续）

图 6-7　HDR-VDP 概率图比较，其中每组包括一个结果图像和一个 HDR-VDP 概率图

(a)Drago[6]；(b)Fattal[26]；(c)Pattanaik[27]；(d)Reinhard02[28]；

(e)Reinhard05[8]；(f)Meylan06[29]；(g)Meylan07[30]；(h)Yuanzhen Li[31]；

(i)Krawczyk[13]；(j)本章提出的算法(图像来源于 Durand and Dorsey[38])

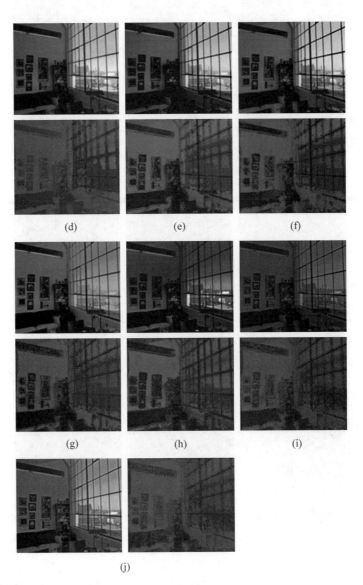

图 6-7　（续）

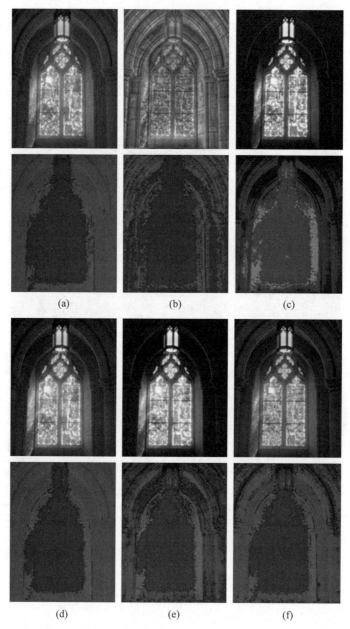

图 6-8 HDR-VDP 概率图比较,其中每组包括一个结果图像和一个 HDR-VDP 概率图

(a)Drago[6];(b)Fattal[26];(c)Pattanaik[27];(d)Reinhard02[28];

(e)Reinhard05[8];(f)Meylan06[29];(g)Meylan07[30];

(h)Yuanzhen Li[31];(i)Krawczyk[13];(j)本章提出的算法

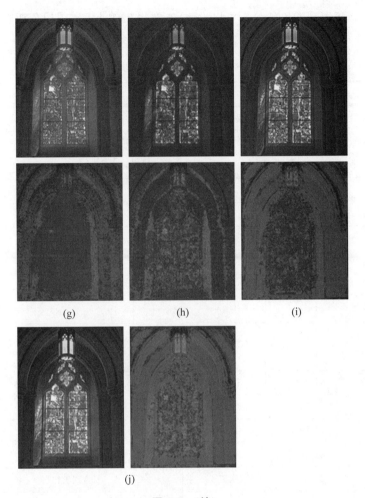

图 6-8　（续）

　　实验中,我们将结果的概率值进行了颜色编码,用不同的颜色表述不同的概率范围:白色(透明)表示输出概率为 0~0.25,绿色为 0.25~0.5,黄色为 0.5~0.75,红色为 0.75~0.95,粉色为 0.95~1。这样,在概率图中,粉色区域表示两幅图像在视觉上有明显的区别,而白色区域表示两者无明显视觉差异。从图 6-5 至图 6-8 中的概率图可以看到,本章提出的算法生成的结果要优于其他比较算法。为了更加直观地进行比较,表 6-1 给出了概率 $p>75\%$ 和 $p>95\%$ 的像素所占的百分比。该结果可以进一步验证本章算法的性能。比如,对于图 6-5,$p>75\%$ 的像素所占的百分比是 12.04%,高于其他 9 个算法,$p>95\%$ 的像素所占的百分比是 6.81%,同样高于其他 9 个算法。针对图 6-6 至图 6-8,可以得到同样的结论。

基于主观和客观的比较分析可以说明,本章提出的 HDR 图像色调映射算法是有效的,它能够很好地再现场景中的真实内容,更加符合人眼的视觉感知。

表 6-1　关于 HDR-VDP 的各种色调映射算法的比较

图像	方法	$p>75\%$	$p>95\%$	图像	方法	$p>75\%$	$p>95\%$
图 6-5	a	32.58%	24.37%	图 6-6	a	32.99%	23.32%
	b	48.30%	35.93%		b	54.10%	34.33%
	c	18.81%	12.93%		c	22.52%	12.52%
	d	41.31%	33.07%		d	49.42%	43.92%
	e	20.05%	14.51%		e	10.66%	4.91%
	f	27.38%	21.62%		f	30.58%	21.25%
	g	26.39%	18.57%		g	18.07%	9.30%
	h	35.79%	21.93%		h	10.94%	5.54%
	i	17.21%	9.40%		i	11.84%	7.28%
	j	12.04%	6.81%		j	5.33%	3.25%
图 6-7	a	21.60%	14.97%	图 6-8	a	34.31%	32.27%
	b	67.06%	51.92%		b	56.33%	44.20%
	c	48.55%	38.59%		c	87.09%	82.54%
	d	13.49%	9.96%		d	31.95%	30.01%
	e	22.24%	14.35%		e	34.80%	29.72%
	f	28.24%	19.58%		f	40.14%	34.78%
	g	37.70%	28.39%		g	51.46%	39.92%
	h	43.90%	33.80%		h	54.36%	35.35%
	i	20.40%	11.34%		i	19.72%	10.60%
	j	16.61%	9.34%		j	11.71%	7.33%

2. 颜色校正算法比较

下面将给出颜色校正算法的实验比较,图 6-9 中共有 4 组实验结果,每组中左侧的图像为未采用颜色校正算法的结果图像,右侧为利用本章引入的颜色校正算法得到的结果图像。从图 6-9 中可以看出,在每组左侧的示例中,图(a)中存在蓝色天空对建筑物的颜色投影(color cast),图(b)中存在红色灯光对窗户和墙面的颜色投影,图(c)

和图(d)也存在光照颜色投影。这些图像看上去不符合真实场景给人眼的视觉感知。在右侧对应的图像中大幅降低了这些颜色投影对图像色度信息的影响,能够很好地恢复场景的内容。

图 6-9　颜色校正示例,每组左图为未经过颜色校正的图像,右图为经过颜色校正后的图像

　　下面给出另外一组实验,以说明本章算法在灯光照射的特定场景中能够很好地保持高亮区和暗区的细节信息,实验结果如图 6-10 所示。在这类场景中,由于灯光的照射,用普通相机进行拍摄时不管采用低曝光还是高曝光,都很难同时获取书上的字和背景中的细节信息,主要原因是由于其亮度范围过大。这类场景对 HDR 图像的色调映射算法具有很大的挑战性。

　　实验选择了多种色调映射算法进行主观比较,做比较的结果图像由 Cadik 提供[34]。这些结果图像也被用来进行色调映射算法的客观评价[35]。从图 6-10 中可以看到,一些高亮区的细节信息严重丢失,如图(c)、(d)、(g)和(h)。在图(a)、(b)和(f)中,对比度很低,图像看上去不逼真,不符合人眼感知。图(e)中产生了大量的光晕现象。在文献[35]中,由算法[13]处理后得到的结果图像(图(i))整体的视觉效果要优于其他算法,然而,书上的字还是很难辨认。在由本章提出的 HDR 场景再现算法得到的结果图像(图(j))中,书上的字清晰可见,同时,灯后物体的细节信息也可被人眼感知。更重要的是,在图(j)中,黄色灯光的颜色投影被大幅消除,整幅图像看上去更加自然、生动。

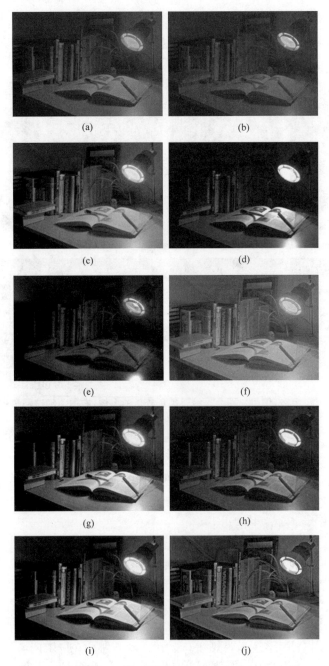

图 6-10 不同算法的效果比较

(a)Ashikhmin[39]；(b)Choudhury[40]；(c)Drago[6]；(d)Durand[38]；

(e)Fattal[26]；(f)Pattanaik[27]；(g)Ward[12]；(h)Krawczyk[13]；(i)Reinhard02[28]；(j)本章提出的算法

为了进一步说明本章算法的高效性,图 6-11 给出了更多的实验结果。其中,每组图中的左侧图像是 HDR 图像没有经过任何处理时的图像,右侧是经过本章算法处理后的结果图像。该实验再次证实了本章算法具有很好的稳定性,针对各种类型(如室内/室外,白天/晚上)的 HDR 场景,都能较好地恢复原场景的内容。

图 6-11   更多实验结果,每组左图为映射前结果,右图为映射后结果

6.6   本章小结

HDR 场景再现的最终目标是在显示生成的结果图像后,人类所获得的感知要和其置身于真实环境中获得的感知一样,即被观察图像与真实场景不但展现的信息一致,而且给人类带来的视觉感知也是一致的。为了符合这种认知过程,如何根据 HVS

对亮度的感知特性实现 HDR 色调映射算法的研究得到了研究者的广泛关注。本章首先梳理了基于 HVS 视觉特性的色调映射算法,对各种算法的优缺点进行了分析和比较。针对现有色调映射算法存在的问题,在双锚亮度感知理论的基础上提出了 HDR 图像的动态范围压缩方法。另外,本章还提出了对亮度通道进行动态范围压缩的同时,对 HDR 图像的色度信息进行颜色校正(color correction)的并行处理机制,大幅降低了 HDR 图像成像时光照对其色度信息的影响。最后,通过主观和客观的实验对比与分析验证了本章算法的有效性。

参考文献

第 7 章

基于稀疏表示和可平移复方向金字塔变换的多曝光融合

多曝光图像融合根据图像序列将来自不同图像的特征融合在一起,能够生成细节丰富且对比度高的图像。用什么样的特征描述一幅图像的细节信息是该领域要解决的关键问题之一。为了解决这个问题,研究者提出利用稀疏表示理论描述图像边缘、方向等显著信息,在稀疏表示框架的基础上实现多曝光融合。目前,通用相机获取的图像通常是高分辨率的,整幅图像作为输入导致基于该框架的多曝光融合算法的时间复杂度较高,从而限制了其应用。本章将提出结合稀疏表示框架和多尺度分解的框架,以实现多曝光融合,利用多尺度分解得到的低频图像近似模拟原始图像,并利用"原子利用率"设计一种融合规则,实现稀疏表示理论框架的低频信息融合处理,而对于高频图像,利用像素点的邻域信息作为衡量标准的融合策略,可以获取图像更多的边缘和纹理信息。

7.1 引言

基于稀疏表示框架的多曝光融合过程如图 7-1 所示,不同曝光的图像序列经过"滑窗技术"处理并向量化后可以构成图像块矩阵,利用训练好的过完备字典可以得到相应的稀疏系数表示,最后采用某种融合规则获得融合后的系数,经重构后得到融合结果图像。在该框架中,由于"滑窗技术"依赖图像的大小,目前通用相机获取的图像通常是高分辨率的,这会导致基于该框架的多曝光融合算法的时间复杂度较高,从而限制了其应用。

为了解决上述问题,考虑到人类视觉系统对图像特征的刺激存在于不同的尺度上,基于这一思想,产生了图像的多尺度分解,并在图像融合领域中被广泛使用。通常的做法是在融合处理过程中利用多尺度分解方法把图像分解为不同的频率层,融合过程是在各频率层上分别进行的,这样就可以针对不同频率层的特征与细节采用不同的

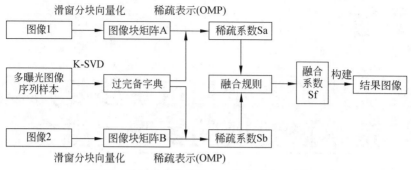

图 7-1　基于过完备稀疏表示的多曝光融合框架

融合规则,从而达到突出特定频带上的特征和细节的目的[1]。该融合思想可以有效地将来自不同图像的特征与细节融合在一起,产生的结果图像与人类的视觉感知更为接近。在频率域内实现多曝光融合,需要解决以下两个关键问题:

① 选择什么样的算法对图像进行多尺度分解;

② 对不同频率层的特征与细节,如何设计融合规则进行系数选择。

针对以上问题,本章提出利用具有平移不变、低冗余的可平移复方向金字塔变换(PDTDFB)进行金字塔分解,把图像分解为高频图像和低频图像,相对于原始图像,低频图像的尺寸大幅降低,然后采用"滑窗技术"进行融合,可以大幅降低时间复杂度,对于高频信息,我们采用像素点的邻域信息作为衡量标准,它相对于仅根据单一独立像素的简单选择(灰度极值法)或简单加权(加权平均法)进行图像融合,更加合理。

7.2　可平移复方向金字塔变换

图像的多尺度分解是指对图像进行自底向上的分解,每层图像都是其前一层图像结果经过某种运算得到的[2]。在基于多尺度分解的图像融合中,基于塔形分解的图像融合算法得到了广泛关注,它的基本思想是[3]:对每幅输入图像进行金字塔分解,然后通过融合规则算法进行系数选择并得到融合后的金字塔,最后对新金字塔进行反变换以重构图像,从而得到融合结果图像,该过程可用图 7-2 表示。

金字塔变换方法是由 Burt 和 Adelson 首先提出的,最早用于图像的压缩处理及HVS 的视觉特性研究[4]。目前,常用的塔形分解分为无方向的塔形分解和有方向的塔形分解[5]。下面将分别对这两种类型的塔形分解原理进行简要介绍,然后介绍本章采用的多尺度分解算法 PDTDFB。

1. 无方向拉普拉斯金的塔形分解

在高斯金字塔的构建过程中,图像经过卷积和下采样操作会丢失部分高频细节信息。为了解决这个问题,在高斯金字塔的基础上,提出了拉普拉斯(Laplacian)金字塔,它的基本思想是:用高斯金字塔的每层图像减去其上一层图像,对结果进行上采样并进行高斯卷积处理,便可以得到一系列差值图像,即 Laplacian 分解图像。概括地讲,建立图像的 Laplacian 金字塔分为四个基本步骤:低通滤波、降采样、内插值和带通滤波。图像的 Laplacian 金字塔的各层(顶层除外)均保留和突出了图像的边缘特征信息,该信息对于图像的压缩或进一步分析、理解和处理有重要意义。下面将从分解和重构两个方面分别进行介绍。

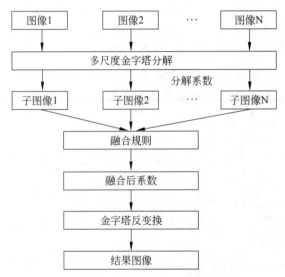

图 7-2　基于塔形分解的图像融合过程

(1) Laplacian 塔形分解过程。

首先将 G_l 内插放大,得到放大图像 G_l^*,使 G_l^* 的尺寸与 G_{l-1} 的尺寸相同。为了简化书写,同样引入放大算子 Expand,公式定义为

$$G_l^* = \text{Expand}(G_l) \tag{7-1}$$

其中,Expand 算子被定义为

$$G_l^*(i,j) = 4\sum_{m=-2}^{2}\sum_{n=-2}^{2} w(m,n)G_l'\left(\frac{i+m}{2},\frac{j+n}{2}\right), \quad (0<l\leqslant\text{Num}, 0\leqslant i<C_l, 0\leqslant j<R_l) \tag{7-2}$$

$$G_l'\left(\frac{i+m}{2},\frac{j+n}{2}\right) = \begin{cases} G_l\left(\dfrac{i+m}{2},\dfrac{j+n}{2}\right), & \dfrac{i+m}{2},\ \dfrac{j+n}{2}\ \text{为整数} \\ 0, & \text{其他} \end{cases} \tag{7-3}$$

Expand 算子是 Reduce 算子的逆算子,G_l^* 的尺寸与 G_{l-1} 的尺寸相同。从公式(7-2)

可以看出,在原有像素之间内插的新像素的灰度值是通过对原有像素灰度值的加权平均确定的。因为对 G_{l-1} 进行低通滤波才能得到 G_l,即 G_l 是模糊化、降采样的 G_{l-1},所以 G_l^* 所包含的细节信息少于 G_{l-1}。Laplacian 金字塔的分解过程定义如下。

$$\begin{cases} LP_l = G_l - \text{Expand}(G_{l+1}), & 0 \leqslant l < \text{Num} \\ LP_{\text{Num}} = G_{\text{Num}}, & l = \text{Num} \end{cases} \tag{7-4}$$

公式(7-4)中,Num 表示 Laplacian 金字塔顶层的层号;LP_l 表示 Laplacian 塔形分解的第 l 层图像。

由 $LP_0, LP_1, \cdots, LP_l, \cdots, LP_{\text{Num}}$ 就构成了 Laplacian 金字塔,它的每层图像都是高斯金字塔本层图像与其高一层图像经放大算子放大后的图像的差,此过程相当于带通滤波。

(2)由 Laplacian 金字塔重建原图像过程。

由公式(7-4)可得到 Laplacian 金字塔的重构公式为

$$\begin{cases} G_N = LP_N, & l = \text{Num} \\ G_l = LP_l + \text{Expand}(G_{l+1}), & 0 \leqslant l < \text{Num} \end{cases} \tag{7-5}$$

公式(7-5)表明,从 Laplacian 金字塔的顶层开始逐层由上至下按照上式进行递推,可以恢复其对应的高斯金字塔,并最终可得到原图像 G_0,即将 Laplacian 金字塔各层图像经过 Expand 算子逐步内插放大到与原图像一样大,然后再相加,即可精确重建原图像。这表明图像的 Laplacian 金字塔形分解时图像的完整表示,这是 Laplacian 金字塔形分解的重要特性之一[6]。

2. 有方向梯度金字塔的塔形分解

以上介绍的各种多尺度金字塔分解方法能够表示出图像的边缘信息和对比度信息。但是,它们均不能提供图像的方向细节信息。本节将介绍一种典型的具有方向的多尺度分解:梯度金字塔。

Burt 等人[6]提出的梯度金字塔也是一种基于高斯金字塔的多尺度分解算法。通过对高斯金字塔的每层子图像进行梯度算子运算,便可得到图像的梯度金字塔表示。在梯度金字塔中,每层分解图像都包含水平、垂直和两个对角线这四个方向的细节信息,能够提取出图像的边缘信息。

(1)梯度金字塔塔形分解过程。首先构建图像的高斯金字塔。其次建立图像梯度金字塔。通过滤波的方法从高斯金字塔的各层提取方向梯度的细节图像,其中,金字塔最上面一层不进行滤波,而是作为低频图像。其余各层通过滤波提取出四个方向的细节图像,具体公式定义如下。

$$D_{lk} = \boldsymbol{d}_k \otimes (G_l + \boldsymbol{w} \otimes G_l) \tag{7-6}$$

$$\boldsymbol{d}_1 = \begin{bmatrix} 1 \\ -1 \end{bmatrix}; \boldsymbol{d}_2 = \frac{1}{\sqrt{2}} \begin{bmatrix} 0 & -1 \\ 1 & 0 \end{bmatrix}; \boldsymbol{d}_3 = \begin{bmatrix} -1 \\ 1 \end{bmatrix}; \boldsymbol{d}_4 = \frac{1}{\sqrt{2}} \begin{bmatrix} -1 & 0 \\ 0 & 1 \end{bmatrix}; \boldsymbol{w} = \frac{1}{16} \begin{bmatrix} 1 & 2 & 1 \\ 2 & 4 & 2 \\ 1 & 2 & 1 \end{bmatrix}$$

$$(7\text{-}7)$$

其中，$\otimes$ 是卷积算子，D_{lk} 代表金字塔第 l 层 k 方向的细节图像，$\boldsymbol{d}_1 \sim \boldsymbol{d}_4$ 是方向滤波器。经过对高斯金字塔的各分解层（最高层除外）的方向梯度滤波，就构成了包含四个方向细节和边缘信息的图像梯度金字塔。

（2）由梯度金字塔重建原图像过程。

由梯度金字塔重构原图像，需要引入 FSD 拉普拉斯金字塔作为中间结果，即将梯度金字塔转换为 Laplacian 金字塔，再由 Laplacian 金字塔重构原图像[6]。

3. 可平移复方向金字塔变换简介

可平移复方向金字塔变换（PDTDFB）是 Nguyen 等人提出的一种有方向的多尺度、多方向复变换方法[7]。PDTDFB 变换是多分辨率滤波器组（FB）和双树方向滤波器组的有机结合[8]，它不仅具有小波变换的局部化特性和多分辨特性，而且具有多方向性、各向异性和低冗余性的优点，并且可以得到不同的尺度下具有任意数目的方向子带。基于 PDTDFB 变换域统计建模的图像融合过程如下：首先采用有限带宽的多尺度滤波器组对源图像进行多尺度分解，同时防止源图像在分解过程中产生频率混叠现象，然后利用双树方向滤波器组对源图像进行多方向分解，得到源图像在不同尺度和不同方向上的分解系数，从而完成对待融合源图像的多尺度、多方向分解。

PDTDFB 变换包括多尺度滤波器组（Filter Bank，FB）变换和对偶的方向滤波器组（DTDFB）变换。首先，源图像由多尺度 FB 进行多尺度分解。在分解过程中，所用的滤波器要保证图像不产生频率混叠现象，然后利用 DTDFB 多方向分析细节子带图像，得到不同尺度和不同方向子带上的分解系数，从而完成对图像的多尺度和多方向的分析。图 7-3 为 PDTDFB 变换的分解结构示意图和重构结构示意图。

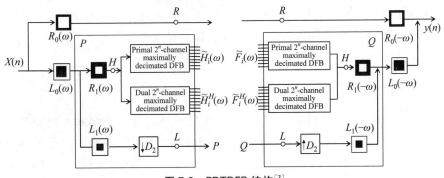

图 7-3　PDTDFB 结构[7]

如图 7-3 所示,源图像经过 $R_0(w)$ 和互补的 $L_0(w)$ 这两个非抽样双通道滤波器组进行滤波。其中,$L_0(w)$ 是低通滤波器,该滤波器的输出可以用于后续的多分辨率分析及多方向分析。$L_0(w)$ 是高通滤波器,它的输出主要由频率为 $w_i = \pm\pi$, $i = 1, 2$ 周围的信号组成,并利用 $R_0(w) = \sqrt{1 - L^2(w)}$ 进行构造。非抽样的双通道 $R_0(w)$ 和 $L_0(w)$ 用来分离频率为 $(\pm\pi, \cdot)$ 和 $(\cdot, \pm\pi)$ 附近的高频成分。为了实现完全重构,滤波器 $R_0(w)$ 和 $L_0(w)$ 必须满足

$$| R_0(w) | + | L_0(w) | = 1 \qquad (7\text{-}8)$$

如图 7-3 所示,多分辨率金字塔 FB 在得到 $L_0(w)$ 输入的信号后,信号分为两部分:低频信息 L 和高频信息 H。模块 P 由低通滤波器 $L_1(w)$、带通滤波器 $R_1(w)$ 及 DTDFB 构成。低通滤波器 $L_1(w)$ 输出的低频部分经过 $D_2 = 2\mathbf{I}$($\mathbf{I}$ 为二维单位矩阵)抽取后,图像进行多尺度分解的第二层。高通滤波器 $R_1(w)$ 输出的高频成分通过 DTDFB 分解后,输出 2^n(n 为方向分解的层数)个复值子带的实部和虚部。为了使模块 P 和 Q 构成的 FB 具有完全重构性和抗混叠性,滤波器 $L_1(w)$ 和 $R_1(w)$ 应满足

$$| R_1(\omega) |^2 + \frac{1}{4} | L_1(\omega) |^2 = 1$$

$$\qquad\qquad\qquad\qquad\qquad\qquad\qquad (7\text{-}9)$$

$$L_1(\omega_1, \omega_2) = 0, \ | \omega_1 | > \frac{\pi}{2} \ 或 \ | \omega_2 | > \frac{\pi}{2}$$

根据 PDTDFB 变换的结构和频谱分布可以看出,它具有以下特性:①近似的平移不变性;②多尺度、多方向性;③冗余率低,执行效率高;④PDTDFB 变换能提供局部相位信息。

7.3 基于稀疏表示和可平移复方向金字塔变换的多曝光融合

7.2 节介绍和总结了各种图像的多尺度分解方法,指出了各种方法的优缺点。为了克服这些缺点,本章将提出一种基于稀疏表示和可平移复方向金字塔变换的多曝光融合算法。在给出算法的具体实现过程之前,首先对稀疏表示和可平移复方向金字塔的原理进行简要介绍。

7.3.1 稀疏表示简介

稀疏表示理论最早由 Mallat 提出,其基本思想是用被称为字典的超完备冗余函数系统取代非冗余的正交基函数,字典中的元素被称为原子,信号由原子的线性组合表示。其中,原子的数目比信号的维数大,由此产生了冗余(称为超完备性)。正是由于这种特性,有很多表示信号的方法,其中具有最少系数(最稀疏)的表示是最简单的,

也被认为是最优的一种表示方法。超完备稀疏表示理论能够使很多图像处理方法的性能得以改进,主要得益于稀疏表示的两点特性:字典的过完备性和表达系数的稀疏性。过完备性保证了字典的内容更加丰富,其中,超完备字典中的原子不仅可以是傅立叶变换、小波变换、离散余弦变换、脊波(Ridgelet)、曲波(Curvelet)、带波(Bandelet)、轮廓波(Contourlet)等变换的基函数,还可以是这几种变换基的任意组合,以适应不同类型的待处理信号。另外,超完备字典还可以根据不同的图像类型以及不同图像处理任务通过样本学习得到。

给定一个集合 $D = \{g_\gamma, \gamma = 1, 2, \cdots, \Gamma\}$,其中的元素可以张成完整的 Hilber 空间 $H = R^N$ 的单位矢量,$\Gamma \gg N$,我们把其中的元素称为原子(或者基函数),对于任意给定的 $\sqrt{N} \times \sqrt{N}$ 维的图像信号 $s \in H$,都可以将其表示成为 g_γ 迭加的形式,即

$$s = \sum_{\gamma \in \Gamma} \alpha_\gamma g_\gamma \tag{7-10}$$

公式(7-10)表示在集合 D 的字典中选取一定个数的原子对信号 s 进行逼近。其中 Γ 为展开系数。如果字典 D 能够成为一个完整的 Hilber 空间,则称字典 D 是完备的(Complete),如果 $\Gamma \gg N$,则称字典为冗余的,如果冗余字典同时能够成为完整的 Hilber 空间,则称 D 为过完备的(Overcomplete)。对于过完备字典,矢量 g_γ 内的原子不是线性无关的,因此,公式(7-10)中的信号表示是非唯一的。

表示结果的不唯一性也意味着可以根据需要选择最合适的表示系数,这恰恰为图像的自适应表示提供了可能。在稀疏分解的结果中,最好的结果是表示系数中系数向量的大部分分量为零,仅存在少数的非零系数,而这些非零系数又能很好地揭示图像的内在结构。采用 l_0 范数的稀疏性度量,过完备稀疏表示可以从所有表示中找出分解系数最为稀疏的一个,即

$$\arg\min \| \alpha \|_0 \text{ subject to } s = D\alpha \tag{7-11}$$

其中,l_0 范数为 l_p 范数 $p \to 0$ 时的极限形式,表示系数中非零项的个数。该优化问题是 NP 问题,可以转化为 l_1 范数的凸优化问题。通常,通过学习的方法得到稀疏表示字典,如 K-SVD 算法。

7.3.2　基于稀疏表示和 PDTDFB 的多曝光融合算法

我们知道,图像的低频信息能够近似模拟原始图像,并继承原始图像的一些属性,如平均亮度及纹理信息。为了解决上述问题,本章将提出一种结合多尺度分解和稀疏表示框架的多曝光融合技术 SC-PDTDFB[17]。利用 PDTDFB 金字塔分解把图像分解为高频图像和低频图像,相对于原始图像,低频图像的尺寸大幅降低,这样再采用"滑窗技术"进行融合,可以大幅降低时间复杂度,针对高频信息,我们采用了像素点的邻域信息作为衡量标准,提出一种自适应加权平均融合规则,相对于仅根据单一独立像

素的简单选择(灰度极值法)或简单加权(加权平均法)的方式进行图像融合,它可以获取更多的图像边缘和纹理信息,更加合理。算法的框架如图 7-4 所示,原始图像序列被分解为黑线和黄线所示的两组,分别对应低频图像序列和高频图像序列,两部分单独进行融合处理,最后通过重构得到融合结果图像。下面分别对低频和高频的融合机制进行阐述。

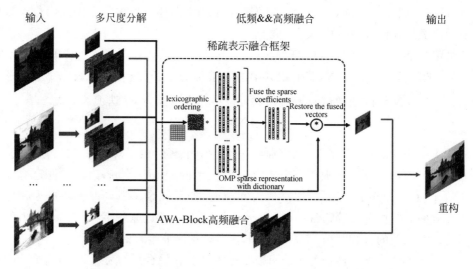

图 7-4　基于稀疏表示和多尺度分解框架的多曝光融合算法

1. 低频图像融合机制

在稀疏表示框架中,如何获取学习字典是需要解决的关键问题之一。基组合的构建方法是一种操作简单的可行方法。可以选择的基或变换有小波(wavelet)包、带波(bandlet)包等。然而,基组合的字典构建方法虽然简单、直观,但是使用该方法得到的过完备字典不具备自适应性。当所构建的字典适合于某类信号的稀疏表示时,对于其他不同类型的信号,却不一定能够保证其表示系数具有良好的稀疏性。因此,在实际应用中,常通过对某类信号的字典学习构建适合于该类信号的过完备字典。本章采用多幅典型的室内/室外场景图像的 PDTDFB 低频图像作为训练样本,利用字典学习算法构建过完备字典。

低频融合规则如下。

对于滑窗技术,把每个子窗口的像素值按照列排序构建一个向量,为了简化描述,假设第 j 块大小为 $n \times n$,构建的向量定义为 $x^j(n^2 \times 1)$,如图 7-5 所示。

然后,根据稀疏表示理论,x^j 可表示为

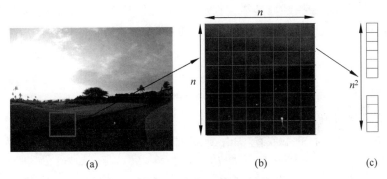

图 7-5　图像的向量化表示

(a)输入图像；(b)图像块($n \times n$ 大小)；(c)构建的向量表示

$$x^j = \sum_{t=1}^{T} s^j(t) d_t \tag{7-12}$$

其中，d_t 是字典 $D = [d_1 \cdots d_i \cdots d_T]$ 中的一个原子，采用近似 K-SVD 算法得到 D，T 表示原子数量。$s^j = [s^j(1) \cdots s^j(t) \cdots s^j(T)]^T$ 是利用字典 D 得到系数向量，由 Batch 正交匹配追踪 OMP 算法计算得到。

假设图像被分解为 L 数量的块，构建输入矩阵 $\boldsymbol{X}$，其大小为 $n^2 \times L$，根据稀疏表示理论，$\boldsymbol{X}$ 可由下式表示。

$$\boldsymbol{X} = [d_1, d_2, \cdots, d_T] \begin{bmatrix} s^1(1) & s^2(1) & \cdots & s^L(1) \\ s^1(2) & s^2(2) & \cdots & s^L(2) \\ \cdots & \cdots & & \cdots \\ s^1(T) & s^2(T) & \cdots & s^L(T) \end{bmatrix} \tag{7-13}$$

如果用 $\boldsymbol{S} = [s^1 \cdots s^l \cdots s^L]$ 表示系数矩阵，那么可以得到 $\boldsymbol{X} = D\boldsymbol{S}$。

基于过完备稀疏表示融合算法中通常采用系数绝对值取大的融合规则，即稀疏系数向量的 l_1 范数取大的规则。采用该融合规则得到的融合结果会丢失场景的细节信息。考虑到过完备字典中的原子表达的是一些边缘特征，那么表示系数的稀疏度越低，即非零系数越多，则意味着图像块中的显著特征越多，所含信息量越丰富。而当源图像对应的系数向量的稀疏度一致时，选择其 l_1 范数较大的系数进行融合，即选择边缘特征数量相同、特征更明显的图像块重构结果图像。本章分析过完备稀疏表示及稀疏表示系数的特点，设计一种利用"原子利用率"的融合规则实现低频图像的融合。

假设输入源图像的个数为 J 个，针对同一位置，会得到 J 个块(用 p 表示)，每个块利用稀疏表示，针对训练得到的字典 D 中每个原子 m，会得到 J 个系数 $s_j^p(m)$，先利用系数值是否为 0 计算该原子的使用频率，设原子的利用次数为 t_m，那么"原子利用率"可用 t_m / J 表示。之后就可以利用该"利用率"设计融合规则，考虑到系数的绝对值反映了被表示图像块的局部能量大小,而局部能量较大的则表明其为清晰区域。针对某个原子,首先要找到系数绝对值最大的系数,然后结合"原子利用率",设计的融合规则定义如下。

$$s_f^p(m) = (t_m/J) \times s_{l^*}^p(m)$$
$$l^* = \underset{l^*}{\mathrm{argmax}} = (abs(s_l^p(m)))$$

$$(7\text{-}14)$$

其中,abs 表示绝对值。

每一块利用融合后的系数 S_f 和字典 D 即可重构融合结果图像,公式为

$$I_f = DS_f \tag{7-15}$$

另外,字典的选择也是影响稀疏表示理论的重要因素之一,以下两种方式可以获取字典:①利用 wavelet、curvelet 或 contourlet 变换获取的基;②通过样本训练得到。本章采用第二种方式,训练数据包括 60 000 个 8×8 的块,随机从一些典型的室内和室外场景图像中获取,共采用 12 组图像序列,如图 7-6 所示,利用近似 K-SVD 方法训练,获得的字典大小为 64×512,如图 7-7 所示。

图 7-6　典型的室内/室外场景图像

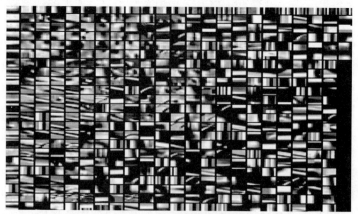

图 7-7　训练得到的字典

2. 高频图像融合机制

针对 PDTDFB 分解后的高频图像,值越大,越能表示图像的底层特征,如边缘、轮廓等信息。传统融合机制是在灰度值的基础上提出的[6][9],但是此类融合机制是在输入图像只有两幅的前提下提出的,处理的大多是遥感图像或多聚焦图像。此类融合机制如何扩展到多幅图像序列中,文献中没有提及。多曝光融合算法处理的源图像序列一般都多于两幅,针对这种情况,权重平均(Weight Average,WA)的融合机制是常用的方法,但是这种机制会降低图像的对比度。为了解决这个问题,本章提出一种自适应的权重平均融合机制(Adaptive Weight Average,AWA),该方法利用邻域块的熵作为衡量标准,能够保留更多的图像信息,并且可以直接对多个源图像进行融合。具体步骤如下。

首先,根据源图像个数 n,定义阈值$\{w_1, w_2, \cdots, w_i, \cdots, w_n\}$,其中 $w_i = 0.1 \times i$($1 \leqslant i \leqslant n$),$n$ 个子图像用$\{C_1, C_2, \cdots, C_i, \cdots, C_n\}$表示,把 n 个子图像划分 $d \times d$ 大小的块。

然后,针对某个像素位于(x, y),确定它所在块位置。根据该位置,确定子块序列。

接下来,由于块的"熵"值能够反映其包含的信息量的多少,其定义为

$$E = \sum_{j=0}^{255} -p_j \log(p_j) \tag{7-16}$$

其中,p_j 表示灰度级别 j 出现的概率,由灰度直方图可以获得 p_j,n 个子块得到 n 个"熵"值,根据"熵"值排序结果,对图像序列进行重新排列,得到$\{C_1^{\text{new}}, C_2^{\text{new}}, \cdots,$ $C_i^{\text{new}}, \cdots, C_n^{\text{new}}\}$,其中,$C_1^{\text{new}}$ 的"熵"值最小,C_n^{new} 的"熵"值最大。

最后,根据排序后的子块序列,针对该像素计算融合系数,公式为

$$C^F(x, y) = \sum_{j=1}^{n} w(j) C_j^{\text{new}}(x, y) / \sum_{j=1}^{n} w(j) \tag{7-17}$$

在基于区域"熵"的融合规则中,采用像素点的邻域信息作为衡量标准,它相对于仅根据单一独立像素的简单选择(灰度极值法)或简单加权(加权平均法)的方式进行图像融合,显得更合理。

7.4　实验结果与分析

在本节中,为了验证提出的算法 SC-PDTDFB 的有效性,我们采用了多组曝光序列进行测试。目前,对于多曝光融合算法的性能评价方式有两种:一种是主观评价(视觉上的),另一种是客观评价(量化上的)。实验中,我们采用这两种方式验证提出算法的性能。实验的软件运行环境为 MATLAB R2012 和 Windows 7,硬件环境是:

Intel Core i5 3.0Hz、4G 内存计算机。

7.4.1 评价标准

融合算法的性能评价是图像融合领域中的一个比较重要的问题。图像融合的结果通常是由融合图像的使用者或该领域的专家进行主观的定性评价。实际应用中,由于理想的融合图像并不存在,因此对融合性能的客观定量评价比较复杂和困难。为了验证提出算法的性能,本章采用边缘保持度、空间频率、信息熵、互信息和标准差作为客观评价标准。

1. 边缘保持度

图像融合的目的是合并和保留各输入图像中的重要信息,所以在设计融合性能指标时应考虑:① 如何提取输入图像中的重要信息;② 如何尽可能准确地测定出融合算法从输入图像向输出图像传递这些信息的能力[10]。基于这一思想,Xydeas 和 Petrovic 利用边缘信息作为图像重要信息的具体描述,提出了边缘保持度评价指标 $Q^{AB/F}$[11],它通过衡量输入图像传递到输出图像的边缘信息的多少评价融合算法的性能。边缘保持度越大,说明融合图像保留的边缘信息越多,理想情况下,$Q^{AB/F}=1$。具体实现过程可分为以下 5 个步骤。

① 对输入图像和融合图像进行边缘提取。假设融合的两幅图像分别为 A、B,图像大小为 $M\times N$,经融合处理后得到的融合图像为 F。计算源图像 A、B 以及融合图像 F 的梯度幅值和相角,以图像 A 为例,其梯度幅值和相角分别为

$$g_A(m,n)=\sqrt{s_A^h(m,n)^2+s_A^v(m,n)^2} \tag{7-18}$$

$$\alpha_A(m,n)=\tan^{-1}\left(\frac{s_A^v(m,n)}{s_A^h(m,n)}\right) \tag{7-19}$$

其中,$s_A^h(m,n)$ 和 $s_A^v(m,n)$ 为利用 Sobel 算子对图像 A 分别进行水平和垂直方向滤波的结果。

② 计算 A 与 F 的相对幅值 $G_{AF}(m,n)$ 和相对相角 $A_{AF}(m,n)$,以及 B 与 F 的相对幅值 $G_{BF}(m,n)$ 和相角 $A_{BF}(m,n)$。以图像 A 为例,公式表示为

$$(G^{AF}(m,n),A^{AF}(m,n))=\left(\left(\frac{g_F(m,n)}{g_A(m,n)}\right)^D,\ 1-\frac{\mid\alpha_A(m,n)-\alpha_F(m,n)\mid}{\pi/2}\right) \tag{7-20}$$

其中,如果 $g_A(m,n)>g_F(m,n)$,则 $D=1$,否则 $D=-1$。

③ 计算 A 与 F 之间的边缘幅值和相角保留程度,公式为

$$Q_{AF}^g(m,n)=\frac{\Gamma_g}{1+e^{K_g(G^{AF}(m,n)-\sigma_g)}} \tag{7-21}$$

$$Q_{AF}^{\alpha}(m,n) = \frac{\Gamma_{\alpha}}{1 + e^{K_{\alpha}(A^{AF}(m,n) - \sigma_{\alpha})}} \tag{7-22}$$

其中，Γ_g、K_g、σ_g、Γ_α、K_α、σ_α 用于调节函数的形状，通常取 $\Gamma_g = 0.994$，$K_g = -15$，$\sigma_g = 0.5$，$\Gamma_\alpha = 0.9879$，$K_\alpha = -22$，$\sigma_\alpha = 0.8$[12]。同样，计算 B 与 F 之间边缘幅值和相角保留程度 $Q_{BF}^{g}(m,n)$ 和 $Q_{BF}^{\alpha}(m,n)$。

④ 计算 A 与 F 以及 B 与 F 之间各像素边缘信息的保留程度，公式为

$$\begin{aligned} Q_{AF}(m,n) &= Q_{AF}^{g}(m,n) \cdot Q_{AF}^{\alpha}(m,n) \\ Q_{BF}(m,n) &= Q_{BF}^{g}(m,n) \cdot Q_{BF}^{\alpha}(m,n) \end{aligned} \tag{7-23}$$

⑤ 得到边缘保持度客观评价指标 $Q^{AB/F}$，即

$$Q^{AB/F} = \frac{\sum_{m=1}^{M}\sum_{n=1}^{N}\{Q_{AF}(m,n) \cdot w_A(m,n) + Q_{BF}(m,n) \cdot w_B(m,n)\}}{\sum_{m=1}^{M}\sum_{n=1}^{N}\{w_A(m,n) + w_B(m,n)\}} \tag{7-24}$$

其中，$w_A(m,n) = |g_A(m,n)|^L$，$w_B(m,n) = |g_B(m,n)|^L$，L 为常数(实验中 $L=1$)[12]。

上面的定义基于两幅输入图像的情形，实验中，我们把它进行扩展并应用到多个输入(假设输入图像序列定义为 $\{A, B, C, \cdots, Z\}$)，公式定义为

$$Q^{AB \cdots Z/F} =$$

$$\frac{\sum_{m=1}^{M}\sum_{n=1}^{N}\{Q_{AF}(m,n) \cdot w_A(m,n) + Q_{BF}(m,n) \cdot w_B(m,n) + \cdots + Q_{ZF}(m,n) \cdot w_Z(m,n)\}}{\sum_{m=1}^{M}\sum_{n=1}^{N}\{w_A(m,n) + w_B(m,n) + \cdots + w_Z(m,n)\}}$$

$$\tag{7-25}$$

针对标准差和边缘保持度这两个评价标准，在实验中，我们将 R、G 和 B 通道的平均值作为衡量融合结果的评价标准。

2. 空间频率

空间频率反映了一幅图像空间的总体活跃程度[13]，它由空间行频率 RF 和空间列频率 CF 组成，其公式定义为

$$RF = \sqrt{\frac{1}{M \times N} \sum_{m=0, n=1}^{M-1, N-1} \left[F(m,n) - F(m, n-1)\right]^2} \tag{7-26}$$

$$CF = \sqrt{\frac{1}{M \times N} \sum_{n=0, m=1}^{N-1, M-1} \left[F(m,n) - F(m-1, n)\right]^2} \tag{7-27}$$

其中，$F(m,n)$ 为融合后图像位于 (m,n) 点的亮度值。总体的空间频率取 RF 和 CF 的均方根，即

$$\mathrm{SF} = \sqrt{(\mathrm{RF})^2 + (\mathrm{CF})^2} \tag{7-28}$$

3. 信息熵

信息熵(entropy)是用于衡量融合后的图像中信息丰富程度的指标,信息熵定义为

$$\text{entropy} = -\sum_{i=0}^{255} p_i \log_2 p_i \tag{7-29}$$

其中,p 是图像灰度值等于 i 的概率。

4. 互信息

互信息(Mutual Information,MI)统计的是两个随机变量的相关性,也就是一个随机任意变量含有其他变量的数据量。在图像融合中,MI 值越大,说明融合结果图像和源图像越相关。给定两幅图像 A 和 B,以及融合结果图像 F,定义 F 和 A、F 和 B 的互信息为

$$I_{FA}(f,a) = \sum_{f,a} p_{FA}(f,a) \log \frac{p_{FA}(f,a)}{p_F(f) p_A(a)}$$
$$I_{FB}(f,b) = \sum_{f,b} p_{FB}(f,b) \log \frac{p_{FB}(f,b)}{p_F(f) p_B(b)} \tag{7-30}$$

$p_{FA}(f,a)$表示联合概率分布,$p_F(f)$ 和 $p_A(a)$ 是边缘概率分布,$p_{FA}(f,a)$ 的定义为

$$p_{FA}(f,a) = \frac{1}{2NM} h_{FA}(f,a) \tag{7-31}$$

其中,M 和 N 表示图像大小,$h_{FA}(f,a)$是 F 和 A 的联合直方图,其定义为

$$h_{FA}(f,a) = \sum_{f,a} h_{FA}(L(f), L(a)) \tag{7-32}$$

其中,$L(f)$ 和 $L(a)$ 是图像 F 和图像 A 同一位置的亮度值。

F、A、B 的互信息为 I_{FA} 和 I_{FB} 之和,即

$$MI_F^{AB} = I_{FA}(f,a) + I_{FB}(f,b) \tag{7-33}$$

5. 标准差

标准差(Standard Difference,SD)反映了图像灰度值相对于图像灰度均值的离散程度,即图像像素值的分布情况,其定义公式为

$$\mathrm{SD} = \sqrt{\frac{1}{M \times N} \sum_{m=0}^{M-1} \sum_{n=0}^{N-1} (I(m,n) - \bar{I})^2} \tag{7-34}$$

其中,$\bar{I}$ 代表整幅图像的平均灰度值。图像的标准差越大,表明图像的灰度级分布越分散,图像的对比度也就越大,信息的可视程度就越好,反之,标准差越小,图像的反差就越小,色调趋于单一均匀,信息的可视程度就越差。

7.4.2　实验结果与分析

首先,为了验证所提出的自使用权重平均 AWA 融合规则相对于与 WA 方法能够保留更多的纹理信息,图 7-8 和图 7-9 给出了比较结果。其中,图像(a)表示原图像,图像(b)由 AWA 融合规则得到,图像(c)由 WA 融合规则得到。为了更好地说明

图 7-8　自适应权重平均 AWA 和加权平均 WA 融合规则的比较结果

(a)Source image; (b)AWA_Block Fusion; (c)WA Fusion

AWA 的性能，截取图像(b)和图像(c)中雕像部分区域和水面部分区域进行比较，可以明显看出 AWA 能够保留更多的细节信息。为了进一步验证，表 7-1 和表 7-2 给出了量化的比较结果，针对 4 个量化评价标准 $Q^{AB\cdots Z/F}$、SF、entropy 和 MI，AWA 算法都要高于 WA 算法。

图 7-9 　自适应权重平均 AWA 和加权平均 WA 融合规则的比较结果

(a)Source image；(b)AWA_Block Fusion；(c)WA Fusion

表 7-1　图 7-8 的量化比较结果

图像	方法	MI	$Q^{A,B,\cdots,Z/F}$	Entropy	SF
图 7-8	AWA_Block	10.782 0	0.636 6	7.409 6	11.753 8
	WA	10.275 9	0.529 6	7.393 7	10.299 1

表 7-2　图 7-9 的量化比较结果

图像	方法	MI	$Q^{A,B,\cdots,Z/F}$	Entropy	SF
图 7-9	AWA_Block	6.856 1	0.398 0	5.264 0	15.142 2
	WA	6.705 5	0.339 6	4.967 0	14.480 5

接下来,给出稀疏表示框架下的融合算法 SC-EF 和所提出算法 SC-PDTDFB 的比较结果。SC-EF 算法把整幅图像作为输入,通过滑窗技术把图像分解为小块,融合规则采用最大值融合规则。比较结果如图 7-10 所示,图(a)是多曝光源图像序列,左侧为低曝光图像,右侧为高曝光图像。图(b)是利用算法 SC-PDTDFB 获得的结果。图(c)是利用 SC-EF 算法获得的结果。可以看到,相比图(b),半球形屋顶上的纹理信息在图(c)中体现得更多。在对应的放大图(d)和(e)中,对比更加明显,这样就验证了 SC-PDTDFB 中的高频信息融合能够更好地保留边缘信息。

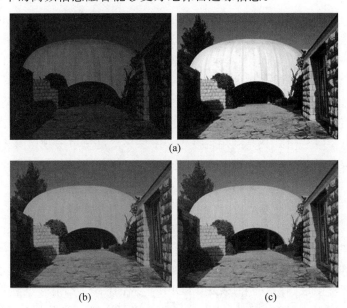

图 7-10　SC-PDTDFB 和 SC-EF 的比较结果

(a)Source image；(b)SC-PDTDFB；(c)SC-EF[22]；(d)Part rooftop of image(b)；(e)Part rooftop of image(c)

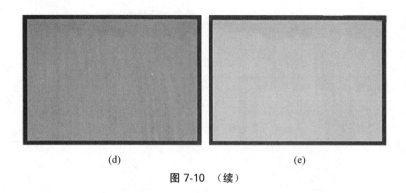

(d)   (e)

图 7-10 （续）

表 7-3 给出了 C-PDTDFB 和 SC-EF 的时间复杂度的比较结果,从表 7-3 中可以看出,对于分辨率是 1025×769 的源图像,SC-EF 算法处理的时间需要 12.41 秒,而 SC-PDTDFB 算法只用了 7.82 秒,进一步说明结合多尺度分解和稀疏表示的融合策略能大幅降低算法的时间复杂度。

表 7-3 SC-PDTDFB 和 SC-EF 的时间复杂度比较（图像大小为 1025×769）

方 法	SC-EF[14]	SC-PDTDFB
Run time (seconds)	12.41	7.82

为了进一步验证提出算法的高效性,对另外一个典型的在室内拍摄的带有阳光直射窗户的图像序列进行各种算法的比较。选取 3 种经典的多曝光融合算法[15][16][14]进行比较。其中,文献[15]中的算法是一种基于图像分块的方法,它选取包含信息量多的块进行融合。图像块是采用硬性分割得到的,由于一个块可能跨越不同的物体,所以该算法不能很好地处理图像的边缘,容易产生块效应。Mertens 等人提出基于 Laplacian 金字塔分解的多曝光融合算法[16],以分别处理 R、G 和 B 3 个通道以获取场景的色度信息。算法[14]只是利用可操作金字塔多尺度分解实现多曝光融合。

实验结果如图 7-11 所示,其中图(a)是多曝光图像序列,图(b)是由文献[15]中的算法产生的结果,图(c)是经文献[16]中的算法处理后的结果,图(d)是由算法[14]获取的结果,图(e)由所提出算法 SC-PDTDFB 获得。在细节信息保持上,3 个结果图像产生了相似的效果,很难说出哪个算法更优。但是,在图(b)和(c)中,亮度翻转现象仍然存在。比如,在源图像序列中,窗框的亮度级别要高于室内书架,而在图(b)和(c)中,窗户的整体亮度略低于室内物体,使其显得有些暗,这和真实场景是不符的。由文献[14]中的算法生成的图(d)和 SC-PDTDFB 生成的图(e)都能较好地保留输入图像序列的整体对比度。但相对于图(d)来说,图(e)中的书架区域看上去更加自然。

图 7-11　不同曝光融合算法的比较结果

(a)Source images；(b)Result obtained by[52]；(c)Result obtained by[51]；

(d)Result obtained by[50]；(e)Result obtained by SC-PDTDFB

　　为了验证本章提出的算法 SC-PDTDFB 也适合于彩色图像聚焦融合，图 7-12 给出了实验结果。其中，图(a)和(b)是原图像，在图(a)中，左半部分被模糊，右半部分清晰，图(b)与其相反。图(c)是经 SC-PDTDFB 处理后得到的结果。从图(b)和(c)中可以看出，SC-PDTDFB 能够很好地保留图(b)中左侧书皮上的文字信息。为了直观地验证在图(c)中 SC-PDTDFB 也同时保留了图像右侧部分清晰的内容，图(d)和(e)给出了图(b)和(c)对应的一部分区域。相对于图(d)，图(e)中的内容清晰可见，模糊现象基本被消除。

　　最后，当图像序列中存在小的空间位置不匹配时，多尺度分解算法 PDTDFB 变换的平移不变性特性可以降低融合结果图像中光晕现象的产生。为了验证这一结论，图 7-13 给出了实验结果。图(a)是原图像，图(b)是图(a)的一个子区域，可以看出胳膊位置有明显的位置偏移。图(c)是 SC-PDTDFB 算法得到的结果，图(d)是没有采用多尺度分解的融合方法 SC-EF 得到的结果，可以看出，图(c)相对于图(d)来说更加清晰。

(a) (b) (c)

(d) (e)

图 7-12 多聚焦图像融合结果

（a）Right-focus image；（b）Left-focus image；（c）SC-PDTDFB；
（d）Part region of（a）；（e）Part region of（c）

(a)

(b)

图 7-13 SC-PDTDFB 和 SC-EF 在聚焦融合上的比较结果

（a）Source images；（b）Partly region of（a）；（c）SC-PDTDFB；（d）SC-EF［22］

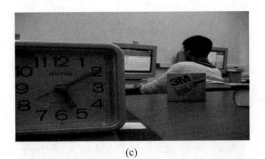

(c)

(d)

图 7-13　（续）

7.5　本章小结

　　本章提出了一种利用稀疏表示和多尺度分解的多曝光融合算法。利用多尺度分解算法得到的低频图像作为稀疏表示融合框架的输入，由于其大小远远小于原始图像，因此能够降低算法的时间复杂度。另外，提出了利用原子的"使用频率"设计的一种融合规则，可以实现稀疏表示理论框架的低频信息融合处理，而对于高频图像，利用像素点的邻域信息作为衡量标准的融合策略可以获取更多图像的边缘和纹理信息。在实验中，通过主观评价和客观评价两个方面进行了对比和分析，验证了所提出的算法能够保持场景的大部分细节信息，而且使时间复杂度大幅降低。

参考文献

第 **8** 章

一种端到端深度学习框架下的
多曝光图像融合算法

传统的多曝光融合算法通常需要解决两个关键问题：图像特征表示和融合规则设计。现有的融合方式大多是分别解决这两个问题以达到融合的目的。本章从另一种角度出发，利用卷积神经网络研究一种端到端的多曝光融合算法，所谓端到端，指的是图像特征表示和融合规则一并利用网络学习方式得到，而不是分开设计。本章将利用深度学习理论研究端到端的多曝光融合算法，图像特征表示和融合规则一并利用网络学习方式得到，解决的关键问题包括：①如何设计深度学习网络结构和损失函数的定义是需要解决的核心问题；②如何在不改变网络参数的基础上，利用每个像素更多的邻域像素进行卷积操作，以保留更多的场景细节信息是需要解决的另一个关键问题；③针对所设计的网络，如何构建训练样本集也是需要解决的关键问题。

8.1　引言

随着深度学习在计算机图形学和计算机视觉领域的兴起[1,2,3,4]，立足于卷积神经网络对于数字图像强大的处理解析能力，深度模型也开始应用于 HDR 图像生成领域[5]。由于深度学习技术的日渐成熟与计算框架的简化[6]，基于深度模型的 HDR 图像处理算法比传统的算法模型更加简便快速，但深度学习用于图像融合仍有一些探索性的工作需要做。

在卷积神经网络中的卷积层，针对某个像素，通常选择以该像素为中心的 N 邻域像素作为卷积操作的结果，没有考虑邻域外更多的像素对该像素的影响，如果想利用更多邻域像素，则在设计网络时可以使用大的卷积核参数。但是这样会导致网络过于复杂，使参数过多，影响算法的性能。本章提出将原始图像先通过下采样的方式得到多个子图像，这样可以利用原来 N 邻域以外更多的像素进行卷积处理，可以提升融合效果。

本章提出的融合框架需要解决两个核心问题：网络结构的设计和训练数据的构建。由于是一种端到端的融合，输出即为融合后的结果图像，因此网络中只有卷积层，结构简单，便于实现。另外，目前该研究领域还没有一个公用的深度学习框架下的多曝光融合训练样本集，本章利用 ImageNet 数据集构建网络的训练样本。由于 ImageNet 数据集中的图像都是自然场景，因此具有很好的光照条件，这些样本被设定为标记样本(在正常曝光条件下生成)，本章采用一种随机改变亮度的策略，得到对应的低曝光和高曝光图像，标记图像和低曝光图像/高曝光图像分别构成"匹配对"用于网络训练。

8.2 存在的问题

目前，基于深度学习框架的图像融合框架如图 8-1 所示，该框架不是一种端到端的融合机制，输入是两个图像块，网络输出的两个值决定了该对应块的融合权重，为了更好地保留场景的更多细节，经过网络后，还要加入分割和一致性校验等步骤，这大幅增加了算法的复杂性。另外，现有的融合框架只能融合 2 幅图像，不适合多曝光融合处理，因为多曝光融合算法处理的图像序列数一般大于 2 幅。为了解决这些问题，本章将提出一种端到端的融合机制，其输入是多个曝光图像序列，经过卷积网络后，可以直接得到融合结果图像，而不需要后续的处理。

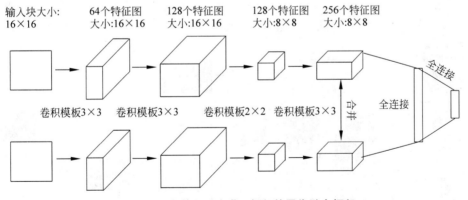

图 8-1 现有基于深度学习框架的图像融合框架

8.3 端到端深度学习框架下的多曝光图像融合

本章提出利用卷积神经网络实现端到端的多曝光融合技术[10]，卷积神经网络的输入是多幅具有不同曝光度的图像序列，经过网络直接得到一幅高质量的融合结果图像。通过网络训练过程能够得到不同曝光度的图像和真实场景图像(标准光照)之间的映射关系。所提出的融合框架如图8-2所示,黑线所示的网络结构定义如下。

① 灰度化输入图像序列,得到 N 个具有不同曝光度的图像序列。

② 第一卷积层设计,其计算公式为

$$F_1(Y) = \max(0, W_1 Y + B_1) \tag{8-1}$$

其中,W_1 和 B_1 表示滤波器和偏置,W_1 是 n_1 个 $f_1 \times f_1$ 卷积核,可以看出,W_1 是对原始图像序列进行 n_1 次卷积操作,每个卷积操作采用 $f_1 \times f_1$ 大小的卷积核。第一层卷积输出 n_1 个特征图,该层可看作为原始图像序列的一种非线性表示,max 是非线性函数(Rectified Linear Unit,ReLU),默认 $n_1 = 64$,$f_1 = 5$。

③ 第二卷积层设计。在上面的第一层卷积过程中得到了 n_1 维的特征表示,在本层中,我们把 n_1 维特征映射为 n_2 维特征,其计算公式为

$$F_2(Y) = \max(0, W_2 F_1(Y) + B_2) \tag{8-2}$$

其中,W_2 是一个 $n_1 \times n_2$ 个 $f_2 \times f_2$ 大小的卷积核,B_2 是第二层卷积层的偏置,默认 $n_2 = 32$,$f_2 = 3$。

④ 重构层的设计。传统的方法是针对前一层的 n_2 个 map 使用一种直接平均的方法,即可生成一幅融合结果图像,即每个 map 的权重是相同的,这样会降低融合结果图像的对比度。本章在该层设计一个卷积层重构结果图像,其计算公式为

$$F(Y) = W_3 F_2(Y) + B_3 \tag{8-3}$$

其中,W_3 是 n_2 个 $f_3 \times f_3$ 大小的卷积核,默认 $f_3 = 3$。

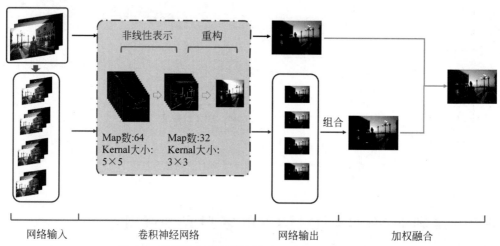

图 8-2　基于卷积神经网络的端到端多曝光融合框架

为了学习一个端到端的映射函数 F,需要估计上面涉及的参数 $\Theta = \{W_1, W_2, W_3,$

B_1, B_2, B_3},通过优化损失函数实现,该损失函数是利用网络的重构融合图像 $F(Y; \Theta)$ 和标准曝光下的图像(记为 X)之间的最小平方误差定义的,公式定义为

$$L(\Theta) = \frac{1}{n} \sum_{i=1}^{n} || F(Y; \Theta) - X_i ||^2 \qquad (8-4)$$

其中,n 表示训练样本的个数。训练数据使用 ImageNet 上的 ILSVRC 2012 校验集,该数据集共有 50 000 幅图像,每幅图像可看作为曝光度较好的自然场景图像,通过一种随机数生成机制,使其获得的数值范围在[0.4,1],这样乘以原始图像,即可改变图像的亮度值,从而得到对应的低曝光图像。另外,还要产生对应的高曝光图像,随机数的范围设置在[1.2,1.8]。这样,每幅原始图像都可以得到对应的低曝光和高曝光图像,原始图像作为标记图像,即上面的标记 X,得到的低曝光和高曝光图像作为网络的输入。在原始图像和对应的低/高曝光图像中随机截取 33×33 的图像块,得到 744 175 个"匹配对"作为训练数据。

定义损失函数的优化过程采用随机梯度下降的方法实现。在训练阶段,batch 的大小设置为 128,利用下面的公式进行权重更新。

$$\vartheta_{i+1} = 0.9 \cdot \vartheta_i - 0.0005 \cdot \alpha \cdot w_i - \alpha \cdot \frac{\partial L}{\partial w_i}, \quad w_{i+1} = w_i + \vartheta_{i+1} \qquad (8-5)$$

其中,ϑ 是 momentum 变量(默认值 0.9),i 表示迭代次数,α 是学习率(默认值 0.0001),权重衰减(即 L2 正则化惩罚系数)设置为 0.0005,L 是公式(8-4)定义的损失函数,$\partial L / \partial w_i$ 表示损失函数对权重的偏导,训练过程采用 Caffe 框架实现。

根据上面设计的网络,具有不同曝光度的图像序列经过网络后,即可重构一幅融合图像。但是在卷积过程中,每个像素只用卷积核大小的邻域的像素值进行计算。为了简化描述,我们用图 8-3 上半部分表示一幅 16×16 的图像(每个像素用不同的颜色表示),给定一个像素,如红框所示,如果用 3×3 卷积核,通常情况下在进行卷积时只用到里侧黑色框中的像素进行计算。我们知道,针对一个像素,周边像素的影响是随距离增大而逐渐减小的,是一个渐变的过程,如果只用卷积核大小的邻域像素,则会影响最终的效果。为了解决这个问题,可以在设计网络时增大卷积核的大小,但是这会增加网络的复杂性(参数过多)和训练时间。本章采用一种先对原始图像进行下采样以得到多个子图像,这样就可以利用更多的邻域信息进行卷积操作。如对原始图像进行 N 下采用,得到 N^2 个子图像,为了简化描述,以 $N = 2$ 为例,如图 8-3 所示,对 16×16 图像进行 2 下采样,得到 4 个子图像,如图 8-3 下半部分所示。针对同一个像素(如红框所示),在黄色子图中,用 3×3 卷积操作时,对应原始图像中的 1～8 号像素,相对原始的内侧的黑色框中的邻域,这种方式可以增加邻域像素的影响(如外侧黑色框所示)。随着 N 的增加,可以进一步扩大邻域像素的影响,并且这种方式不会影响网络的设计。

基于以上分析,本章在图 8-2 中给出了一种端到端的基于卷积神经网络的多曝光融合框架,可以看出,除了对原始图像序列的直接处理,我们把原始图像分解为 4 组子图像序列($N=2$),每组分别作为网络的输入(如图 8-2 的黄色箭头所示),每组得到一个输出,然后进行组合,得到合并图像,该图像是利用较远的邻域像素进行 3 层卷积得到的。这样即可和原始图像序列的输出进行加权平均(默认原始结果占 0.7 比重,组合结果占 0.3 比重),最终获得结果融合图像。

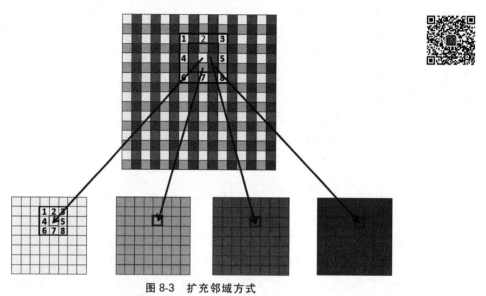

图 8-3　扩充邻域方式

8.4　实验结果与分析

本章采用 8.2 节提到的三个客观评价指标验证所提算法的性能。第一个是互信(Mutual Information,MI),用来衡量融合结果图像和输入图像之间的相关度。第二个评价标准 $Q^{A,B,\cdots,Z/F}$ 用来衡量结果图像保留输入图像的边缘信息的多少。第三个评价标准熵 entropy 用来评价结果图像的综合信息量。

实验中,采用经典的 grandcanal 原图像验证算法的性能。图 8-4 给出了比较结果。上排是原始图像序列,图(b)由文献[7]中的算法计算得到,图(c)由文献[8]中的算法计算得到,图(d)由本章所提出的算法计算得到。可以看出,图(b)和图(c)出现了亮度反转的现象。虽然看上去更多的天空云的信息被保留,但是丢失了大量的色度信息。总体来看,图(b)和图(c)相对于人眼来说不够自然。图(d)能够给人眼带来柔和的视觉体验。

图 8-4　和经典的融合算法的比较结果

(a)源图像序列；(b)Merterns 算法得到；(c)Goshtasby 算法得到；(d)EFCNN 算法得到

为了验证所提出的采样融合策略能够保留更多的细节信息，利用图 8-5 给出的 5 组图像序列，并采用 $Q^{A,B,\cdots,Z/F}$、entropy 和 MI 的客观评价指标进行比较。综合的量化比较结果在表 8-1 中给出。可以看出，带采样策略的融合结果要好于不带采样策略的融合结果。如针对 $Q^{A,B,\cdots,Z/F}$，带采样策略的结果是 0.4876，高于不带采样策略的结果 0.4639。针对 MI，带采样策略的结果是 11.2966，高于不带采样策略的结果 10.6545。针对 entropy，带采样策略的结果是 7.4078，高于不带采样策略的结果 7.3603。基于比较结果，可以看出所提出的采样策略可以保留图像更多的细节信息。

图 8-5　用来验证提出算法性能的图像示例

表 8-1　$Q^{A,B,\cdots,Z/F}$、MI 和 entropy 的量化比较结果

方　　法	$Q^{A,B,\cdots,Z/F}$	MI	entropy
不带采样策略	0.4639	10.6545	7.3603
带采样策略	0.4876	11.2966	7.4078

由于色调映射算法和曝光融合的目的都是得到高质量的图像,为了验证本算法的性能,图 8-6 给了本算法和经典色调映射算法的比较结果。图(a)为原图像序列,图(b)由 Fattal 算法得到,图(c)由 Drago 算法得到,图(d)由 Krawczyk 算法得到,图(e)由 Ashikhmin 算法得到,图(f)由 Reinhard 算法得到,上述结果图像由 Cadik[9] 给出,图(g)由所提出的算法得到。从图 8-6 可以看出,图(b)缺少局部对比度,看上去不自然。图(c)发白,色度信息丢失严重。图(d)中,台灯后的书架信息丢失严重。图(e)和图(f)的视觉效果类似,但相对于图(g)来说,图(e)还是丢失了一些细节信息。为了进一步说明所提出算法的性能,针对图 8-6,也给出了量化的比较结果。由于评价标准 $Q^{A,B,\cdots,Z/F}$ 和 MI 是输入相关的,但色调映射算法和曝光融合算法的输入不同,所有只用 entropy 标准验证本算法和色调映射算法的性能。结果在表 8-2 中给出,图(g)的 entropy 值为 7.4755,要高于其他色调映射算法所得到的结果,进一步验证了算法在保留图像细节方面具有很好的性能。

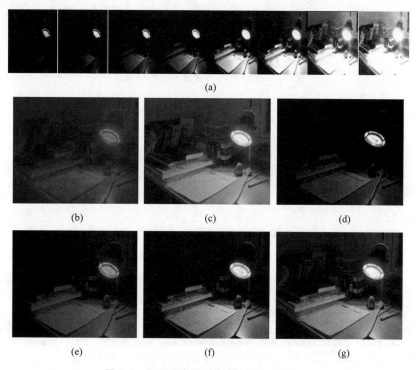

图 8-6 和不同色调映射算法的比较结果

(a)源图像序列;(b)Fattal;(c)Drago;(d)Krawczyk;(e)Ashihmin;(f)Reinhard;(g)EFCNN

表 8-2 EFCNN 和色调映射算法的比较结果

image	图(b)	图(c)	图(d)	图(e)	图(f)	图(g)
entropy	6.3108	7.3101	6.6746	6.8799	7.3115	7.4755

8.5　本章小结

多曝光融合技术弥补了因普通数码摄像及显示器材的动态范围窄于现实场景而导致信息丢失的缺陷,使得人们仅利用消费级数码产品就可以获得专业级的高质量图像。本章利用深度学习框架实现了一种端到端的多曝光融合方法,改变了传统方式通过网络仅计算融合系数的方式,大幅降低了算法的复杂性。所以,本章提出的多曝光图像融合技术既具有实际的应用价值,又具有理论研究价值。

参考文献

第 **9** 章

基于生成对抗网络的多曝光
图像融合框架

目前，生成对抗网络（Generative Adversarial Network，GAN）在无监督的学习任务中发挥着重要作用。GAN 的基本思想是同时训练判别器和生成器：判别器旨在区分真实数据和生成数据；生成器尝试生成尽可能真实的伪样本，使判别器相信伪样本来自真实数据。基于 GAN 的反色调映射方法，能够根据同一场景中的多幅不同曝光的图像序列生成场景对应的 HDR 图像，但还需要后续的色调映射算法（如第 6 章所描述的算法）处理才能在通用设备上显示。本章将提出一种基于生成对抗网络的多曝光图像融合框架（GAN-Exposure Fusion，GAN-EF），能够对多幅不同曝光度的图像序列进行融合，生成一幅高质量图像并直接在通用设备上显示，无须后续处理。该算法是利用 GAN 实现的一种端到端的多曝光图像融合方法，通过生成网络实现多曝光图像融合，并通过判别网络判别生成网络所融合图像的真伪，它需要解决以下 3 个关键问题。

① 生成网络、判别网络的结构设计。

② 为了获取更多的图像细节信息，如何定义生成网络和判别网络的损失函数。

③ 标准生成对抗网络仅支持固定数量的输入图像序列，如何支持不同数量的曝光序列作为输入。

9.1　引言

随着深度学习在计算机图形学和计算机视觉领域的兴起，立足于卷积神经网络对于数字图像强大的处理解析能力，深度模型也开始应用于 HDR 图像生成领域[17,18,19]。这类算法利用多幅同一场景下不同曝光的图像序列合成一幅该场景的 HDR 图像。但是，现有的通用显示设备（如 CRT 显示器）仅能显示约两个数量级动态范围的亮度，这一状况由于受到硬件成本的制约，短时期内难以得到改变。所以，如何使已获得的 HDR 图像在低动态范围的显示设备上有效地进行显示输出,即高动态范围图像的色调映射问题,已在第 6 章进行了描述,这里不再赘述。由于实时性的要求限制了此类算法的实际应用,因此本章提出一种基于生成对抗网络的多曝光图像融合框架,和第 8 章提出的算法相似,它同样是一种端到端的融合方法,能够对多幅具有不同曝光度的图像直接进行融合,以生成一幅高质量的图像并直接在通用显示设备上显示,无须后续处理。不同的是,本章提出的是一种融合框架,其扩展性较高。

2014 年,Goodfellow 等人提出了生成对抗网络算法[1],它已应用于许多特定任务,如图像生成、图像超分辨率、文本到图像合成和图像到图像翻译。尽管 GAN 取得了巨大的成功,但提高生成图像的质量仍然是一个挑战。在 GAN 中,如何设计生成网络和判别网络的结构是要解决的关键问题。与第 8 章描述的基于浅层卷积神经网络的多曝光图像融合算法相比,深度卷积神经网络可以通过数据驱动的方式挖掘出更深层次的高频特征,获得更丰富的图像细节,生成更准确的融合结果图像。虽然深度卷积神经网络使得图像的恢复质量得到了进一步提升,但其仍然存在很多问题。其一,通过大量基于深度卷积神经网络的多曝光图像融合方法的研究,领域内得到了一种较为普遍的共识:通过扩展网络的宽度(滤波器的个数)以及加深网络的深度(卷积层数)可以增强融合结果图像的视觉质量。然而,更深、更复杂的网络结构会降低网络的收敛速度,增加模型的训练难度,容易产生梯度消失和梯度爆炸问题。其二,通常更宽、更深的网络结构代表具有更多的滤波器个数及网络层数,从而导致参数数量急剧上升。相较于简洁紧凑型网络,复杂庞大的网络模型需要更多的存储空间。

为解决深度卷积神经网络带来的各种问题,本章提出一种基于生成对抗网络的多曝光图像融合框架。生成网络结构采用递归残差网络,目的是在不损失图像恢复质量的前提下使构建模型参数更少,计算复杂度更低,网络结构更紧凑,使多曝光图像融合方法在实际生活中更好地被应用。实验中,我们给出了 ResNet[30]、VDSR[31]、DRRN[32]、DenseNet[35] 这四种网络作为生成网络结构,分析其对融合结果图像的影响。

标准的 GAN 忽略了先验知识,即批量样本中有 50% 是假的,这会使判别器的训练过程很难收敛,并且判别器很难做出合理的预测,这意味着标准 GAN 中的判别器存在梯度消失情况,不能被训练到最佳状态。本章采用相对生成对抗网络设计损失函数,它不是在测量"输入数据是真实的概率",而是在测量"输入数据比对立类型(如果输入是真实的,则为伪造;如果输入是伪造的,则为真实)的随机采样数据更真实的概率"。为了使生成对抗网络更具全局性,将损失函数进一步定义在平均意义上[15],而不是在相对类型数据的随机样本上。同样,在实验验证分析中给出标准 GAN、最小二乘 GAN (Least Squares GAN,LSGAN)[16]、相对 GAN (Relativistic GAN,RGAN)[15]、相对平均 GAN(Relativistic average GAN,RaGAN)[15]和相对平均最小二乘 GAN(Relativistic average LSGAN,RaLSGAN)这五种损失对整个框架性能的影响,得出相对损失能够使网络训练过程更加稳定,并获得更好的融合结果图像。

另外,多曝光图像融合算法的输入图像序列的个数往往不确定,这就限制了许多现有生成对抗网络的应用。本章提出一种层间共享权重卷积层,可以解决输入不确定的问题。不管图像序列包含多少幅图像作为输入,在经过层间共享卷积操作后,都可以得到固定数量的特征图,该特征图将作为后续网络的输入。

9.2　GAN 网络结构

GAN 会在两个神经网络判别器 D 和生成器 G 之间的对抗过程中不断提升性能。训练 D 可以区分真实数据和假数据,而训练 G 可以生成伪造的数据,最终,D 会错误地将其识别为真实数据。在 Goodfellow 等人的原始 GAN(称为标准 GAN(SGAN))中[1],D 是分类器,预测输入数据为真实数据的可能性。当 D 最佳时,SGAN 的损失函数大约等于真实数据和生成数据之间的 Jensen-Shannon 散度(JSD)。

SGAN 对于生成器损失函数有两种变体:饱和和非饱和。在实践中,发现前者不够稳定,后者更加稳定[1]。在某些条件下,Arjovsky 和 Bottou 证明[2],如果对真实数据和假数据进行了完美分类,则饱和损失的梯度为零,非饱和损失的梯度为非零,但不稳定。在实践中,这意味着 SGAN 中的判别器会由于梯度消失而不能被训练到最佳状态。

为了改善 SGAN,研究者提出了许多 GAN 变体,它们使用了不同的损失函数和不同分类器的判别器(如 LSGAN[3]、WGAN[4])。Radford 等人[14]首先将卷积层引入 GAN 架构,并提出了一种称为深度卷积生成对抗网络(Deep Convolutional GAN,DCGAN)的网络架构。尽管这些方法在提高稳定性和数据质量方面取得了一定效果,但 Lucic 等人[5]的大规模研究表明这些方法不能在 SGAN 上进行持续改进。此外,一些最成功的方法,如 WGAN-GP[6]对计算的要求要比 SGAN 高得多。

大多数 GAN 变体都基于积分概率度量(Integral Probability Metric,IPM)[7](如 WGAN[4]、WGAN-GP[6]、Sobolev GAN[8]、Fisher Fisher GAN[9])。在基于 IPM 的 GAN 中,判别器被限制在一类特定的函数中,以使它不会增长得太快。这是一种正则化形式,可防止 D 变得过强(将真假数据完美分类)。实践中发现基于 IPM 的 GAN 的训练中,判别器可以多次迭代,而不会导致梯度消失。IPM 约束已被证明在基于非 IPM 的 GAN 中同样具有优势。通过频谱归一化,已证明 WGAN 的约束(即 Lipschitz 判别器)在其他 GAN 中是有益的[10]。在 SGAN 中,已证明 WGAN-GP 的约束(即在真实数据和假数据之间的数据的梯度范数等于 1 的判别器)是有益的[11](与 Kodali 等人提出的梯度惩罚非常相似[12])。尽管这表明某些 IPM 约束条件可以提高 GAN 的稳定性,但并不能解释为什么 IPM 所提供的稳定性通常比 GAN 中的其他度量或散度提供的更好(例如,针对 SGAN 的 JSD,针对 f-GAN 的 f-散度[13])。为了使 GAN 接近散度最小化,并根据小批量样本中"有一半为假"这一先验知识产生合理的预测,相对判别器是必要的。实验表明,带有相对判别器的 GAN 更稳定,并且可以产生更高质量的数据[15]。

9.2.1　标准 GAN

标准 GAN 中的判别器损失和生成器损失通常定义如下。

$$L_D = E_{x_r \sim P}[f_1(D(x_r))] + E_{z \sim P_z}[f_2(D(G(z)))]$$
$$L_G = E_{x_r \sim P}[g_1(D(x_r))] + E_{z \sim P_z}[g_2(D(G(z)))]$$

(9-1)

其中,f_1、f_2、g_1 和 g_2 是标量对标量函数,P 是真实数据分布,P_z 一般是均值为 0、方差为 1 的多元正态分布,$D(x)$ 是 x 的判别器的输出值。$G(z)$ 是 z 的生成器输出(对应伪样本的分布 Q)。真实数据用 x_r 表示,伪样本(即生成样本)用 x_f 表示。

在标准 GAN 中,判别器损失和生成器损失用交叉熵进行定义,即 $f_1(D(x)) = -\log(D(x))$,$f_2(D(x)) = -\log(1 - D(x))$,$D(x) = \text{sigmoid}(C(x))$,$C(x)$ 为判别器没有进行变换的输出值。

真实数据 $D(x_r)$ 成为真实数据的概率应随伪数据 $D(x_f)$ 成为真实数据的概率的增加而降低。假设以高的学习率或多次迭代训练生成器,对于将真实和伪造样本都归类为真实的样本,伪造样本可能看起来更真,即对大多数 x_r 和 x_f 来说,$C(x_f) > C(x_r)$。在这种情况下,考虑到一半样本是伪造样本的假设,对于判别器而言,真实样本被伪造的可能性更高,而不是对所有样本分类成真实的。

在 SGAN 中,判别器损失函数等于 JSD[1]。因此,计算 JSD 可以表示为解以下最大化问题。

$$\text{JSD}(P \parallel Q) = \frac{1}{2}\left(\log(4) + \max_D E_{x_r \sim P}[\log(D(x_r))] + E_{x_f \sim Q}[\log(1 - D(x_f))]\right)$$

(9-2)

可以看出,当所有 $x_r \in P$ 且 $x_f \in Q$,$D(x_r) = D(x_f) = 0.5$ 时,JSD 最小($\text{JSD}(P \parallel Q) = 0$),而当 $D(x_r) = 1$ 且 $D(x_f) = 0$ 时,JSD 最大,即 $\text{JSD}(P \parallel Q) = \log(2)$。因此,如果直接最小化从最大值到最小值的散度值,则对于大多数 x_r,$D(x_r)$ 将从 1 平稳地减小到 0.5。对于大多数 x_f,$D(x_f)$ 将从 0 平稳地增加到 0.5。但是,当最小化 SGAN 中的损失时,我们仅增加 $D(x_f)$,而没有减少 $D(x_r)$。此外,我们使 $D(x_f)$ 接近于 1,而不是 0.5,这意味着 SGAN 训练过程与 JSD 的最小化有很大不同。为了使 SGAN 更接近于散度最小化,训练生成器不仅应增加 $D(x_f)$,还应减小 $D(x_r)$。

总而言之,通过不随 $D(x_f)$ 的增加而减少 $D(x_r)$,SGAN 完全忽略了先验知识,即批量样本中有一半是假的,这样会使判别器的训练过程更加困难,并且判别器不会做出合理的预测。

9.2.2　相对 GAN

在标准 GAN 中,将判别器非变换层输出定义为 $C(x)$,利用 $D(x) = \text{sigmoid}(C(x))$ 将其归一化在 $(0,1)$ 之间。相对判别器中,真实数据和假数据构成一对,记作 $\tilde{x} = (x_r, x_f)$,$D(\tilde{x})$ 定义为 $D(\tilde{x}) = \text{sigmoid}(C(x_r) - C(x_f))$。可以通过以下方式解释这种修改:判别器能够估计给定真实数据比随机采样的假数据更真实的概率。类似地,也可以将 $D_{rev}(\tilde{x}) = \text{sigmoid}(C(x_f) - C(x_r))$ 定义为给定假数据比随机采样的真实数据更真实的概率。该判别器的一个有趣的特性是不需要通过 $\log(1 - D_{rev}(\tilde{x}))$ 的方式在损失函数中包含 D_{rev} 项,因为

$$1 - D_{rev}(\tilde{x}) = 1 - \text{sigmoid}(C(x_f) - C(x_r)) = \text{sigmoid}(C(x_r) - C(x_f)) = D(\tilde{x})$$

$$(9\text{-}3)$$

所以

$$\log(D(\tilde{x})) = \log(1 - D_{rev}(\tilde{x}))$$

根据以上分析,相对标准 GAN 的判别器和生成器的损失定义如下。

$$L_D^{\text{RSGAN}} = -E_{(x_r, x_f) \sim (P,Q)}[\log(\text{sigmoid}(C(x_r) - C(x_f)))]$$
$$L_G^{\text{RSGAN}} = -E_{(x_r, x_f) \sim (P,Q)}[\log(\text{sigmoid}(C(x_f) - C(x_r)))]$$

$$(9\text{-}4)$$

更一般地,认为任何定义为 $a(C(x_r) - C(x_f))$ 的判别器都是相对的,其中,a 是激活函数。这意味着几乎所有 GAN 都可以具有相对的性质。这形成了一类新的模型,称为相对 GAN(RGAN)。

重写公式(9-1),普通 SGAN 可以定义为

$$L_D^{\text{GAN}} = E_{x_r \sim P}[f_1(C(x_r))] + E_{x_f \sim Q}[f_2(C(x_f))]$$
$$L_G^{\text{GAN}} = E_{x_r \sim P}[g_1(C(x_r))] + E_{x_f \sim Q}[g_2(C(x_f))]$$

$$(9\text{-}5)$$

其中,f_1、f_2、g_1 和 g_2 都是标量对标量函数,如果使用相对判别器,那么 GAN 可以表示为

$$L_D^{\text{RGAN}} = E_{(x_r, x_f) \sim (P,Q)}[f_1(C(x_r) - C(x_f))] + E_{(x_r, x_f) \sim (P,Q)}[f_2(C(x_f) - C(x_r))]$$
$$L_G^{\text{RGAN}} = E_{(x_r, x_f) \sim (P,Q)}[g_1(C(x_r) - C(x_f))] + E_{(x_r, x_f) \sim (P,Q)}[g_2(C(x_f) - C(x_r))]$$

$$(9\text{-}6)$$

基于 IPM 的 GAN 代表 RGAN 的一种特殊情况,其中,$f_1(y) = g_2(y) = -y$,$f_2(y) = g_1(y) = y$。重要的是,GAN 中通常忽略 g_1,因为它的梯度为零,且生成器并不能影响它。但是,在 RGAN 中,g_1 受伪数据的影响,通常具有非零梯度,且需要在生成器损失中定义。这意味着在大多数 RGAN 中,生成器在训练过程中会以最大的程度降

低总体损失,而不仅仅只是它的一半。

当具有以下两个属性时,可以简化 RGAN 的公式:① $f_2(-y)=f_1(y)$;②假设生成器非饱和损失($g_1(y)=f_2(y)$ 和 $g_2(y)=f_1(y)$)。SGAN、使用对称标记(-1 和 1)的 LSGAN、基于 IPM 的 GAN 等都具有这两个属性。具有这两个属性,非饱和 RGAN 可以简单地表示为

$$L_D^{\mathrm{RGAN}*} = E_{(x_r,x_f)\sim(\mathrm{P,Q})}\big[f_1(C(x_r)-C(x_f))\big]$$
$$L_G^{\mathrm{RGAN}*} = E_{(x_r,x_f)\sim(\mathrm{P,Q})}\big[f_1(C(x_f)-C(x_r))\big]$$

(9-7)

证明如下。

① 由 $f_2(-y)=f_1(y)$,可以证明:

$$
\begin{aligned}
L_D^{\mathrm{RGAN}*} &= E_{(x_r,x_f)\sim(\mathrm{P,Q})}\big[f_1(C(x_r)-C(x_f))\big] + E_{(x_r,x_f)\sim(\mathrm{P,Q})}\big[f_2(C(x_f)-C(x_r))\big]\\
&= E_{(x_r,x_f)\sim(\mathrm{P,Q})}\big[f_1(C(x_r)-C(x_f))\big] + E_{(x_r,x_f)\sim(\mathrm{P,Q})}\big[f_1(C(x_r)-C(x_f))\big]\\
&= 2E_{(x_r,x_f)\sim(\mathrm{P,Q})}\big[f_1(C(x_r)-C(x_f))\big]
\end{aligned}
$$

(9-8)

② 由 $f_2(-y)=f_1(y)$、$g_1(y)=f_2(y)$ 和 $g_2(y)=f_1(y)$,可以证明:

$$
\begin{aligned}
L_G^{\mathrm{RGAN}*} &= E_{(x_r,x_f)\sim(\mathrm{P,Q})}\big[g_1(C(x_r)-C(x_f))\big] + E_{(x_r,x_f)\sim(\mathrm{P,Q})}\big[g_2(C(x_f)-C(x_r))\big]\\
&= E_{(x_r,x_f)\sim(\mathrm{P,Q})}\big[f_2(C(x_r)-C(x_f))\big] + E_{(x_r,x_f)\sim(\mathrm{P,Q})}\big[f_1(C(x_f)-C(x_r))\big]\\
&= E_{(x_r,x_f)\sim(\mathrm{P,Q})}\big[f_1(C(x_f)-C(x_r))\big] + E_{(x_r,x_f)\sim(\mathrm{P,Q})}\big[f_1(C(x_f)-C(x_r))\big]\\
&= 2E_{(x_r,x_f)\sim(\mathrm{P,Q})}\big[f_1(C(x_f)-C(x_r))\big]
\end{aligned}
$$

(9-9)

根据公式 9-7,非饱和 RGAN 算法的学习过程如算法 9-1 所示。

算法 9-1　非饱和 RGAN 算法学习过程描述

假设:判别器的迭代次数用 n_D 表示,批处理样本大小为 m,判别器目标函数为 f。

① 初始化判别器 D 的参数 θ_d 和生成器 G 的参数 θ_g。

② 每次迭代过程如下。

训练判别器过程(更新 n_D 次)如下。

- 从真实数据分布 $P_{\mathrm{data}}(x)$ 中采样 m 个样本,记作 $\{x^1,x^2,\cdots,x^m\}$。
- 从先验分布 $P_{\mathrm{prior}}(z)$ 中随机采样 m 个噪声样本,记作 $\{z^1,z^2,\cdots,z^m\}$。
- 根据生成器 G,获得生成样本,记作 $\{\widetilde{x}^1,\widetilde{x}^2,\cdots,\widetilde{x}^m\}$,$\widetilde{x}^i=G(z^i)$。
- 利用 SGD 更新判别器参数 θ_d 如下:

$$\nabla_{\theta_d} = \frac{1}{m}\sum_{i=1}^{m}\big[f(C(x^i)-C(\widetilde{x}^i))\big]$$

训练生成器过程(更新一次)如下。

- 从真实数据分布 $P_{\mathrm{data}}(x)$ 中采样 m 个样本,记作 $\{x^1,x^2,\cdots,x^m\}$。
- 从先验分布 $P_{\mathrm{prior}}(z)$ 中随机采样 m 个噪声样本,记作 $\{z^1,z^2,\cdots,z^m\}$。
- 根据生成器 G,获得生成样本,记作 $\{\widetilde{x}^1,\widetilde{x}^2,\cdots,\widetilde{x}^m\}$,$\widetilde{x}^i=G(z^i)$。

• 利用 SGD 更新生成器参数 θ_g 如下：

$$\nabla_{\theta_g} = \frac{1}{m} \sum_{i=1}^{m} [f(C(\widetilde{x}^i) - C(x^i))]$$

9.2.3 相对平均 GAN

相对判别器利用了 SGAN 中所需的缺失属性，它不是在测量"输入数据是真实的概率"，而是在测量"输入数据比对立类型的随机采样数据更真实的概率"。为了使相对判别器更具全局性，将相对判别器定义在平均意义上[15]，而不是在相对类型数据的随机样本上。可以通过以下方式将其概念化。

$$
\begin{aligned}
P(x_r \text{ 是真实的}) &= E_{x_f \sim Q}[P(x_r \text{ 比 } x_f \text{ 更真实})] \\
&= E_{x_f \sim Q}[\text{sigmoid}(C(x_r) - C(x_f))] \\
&= E_{x_f \sim Q}[D(x_r, x_f)]
\end{aligned}
\tag{9-10}
$$

$$
\begin{aligned}
P(x_f \text{ 是真实的}) &= E_{x_r \sim P}[P(x_f \text{ 比 } x_r \text{ 更真实})] \\
&= E_{x_r \sim P}[\text{sigmoid}(C(x_f) - C(x_r))] \\
&= E_{x_r \sim P}[D(x_f, x_r)]
\end{aligned}
\tag{9-11}
$$

其中，$D(x_r, x_f) = \text{sigmoid}(C(x_r) - C(x_f))$。

这样，判别器 D 的损失函数可以定义为

$$L_D = -E_{x_r \sim P}[\log(E_{x_f \sim Q}[D(x_r, x_f)])] - E_{x_f \sim Q}[\log(1 - E_{x_r \sim P}[D(x_f, x_r)])]$$

$$\tag{9-12}$$

该策略的主要问题是：它将需要查看批处理样本中真实数据和伪数据的所有可能的组合。这会将问题从 $O(m)$ 转换为 $O(m^2)$ 复杂度，其中，m 是批处理样本的数量，这会影响算法的性能，因此不建议使用这种方法。相反，使用相对平均判别器（Relativistic average Discriminator，RaD）[15]将输入数据的判别值与相反类别样本的平均判别值进行比较，该策略的损失函数可以表示为

$$
\begin{aligned}
L_D^{\text{RaGAN}} &= -E_{x_r \sim P}[\log(D(x_r))] - E_{x_f \sim Q}[\log(1 - D(x_f))] \\
L_G^{\text{RaGAN}} &= -E_{x_f \sim Q}[\log(D(x_f))] - E_{x_r \sim P}[\log(1 - D(x_r))] \\
D(x_r) &= \text{sigmoid}(C(x_r) - E_{x_f \sim Q}C(x_f)) \\
D(x_f) &= \text{sigmoid}(C(x_f) - E_{x_r \sim P}C(x_r))
\end{aligned}
\tag{9-13}
$$

与相对判别器相比，RaD 和标准判别器的解释更相似。从 RaD 可以看出，判别器能够估计给定真实数据比平均假数据更真实的概率。此方法具有 $O(m)$ 复杂度，可以使用以下公式将这种方法推广到任何 GAN 损失函数中。

$$L_D^{\text{RaGAN}} = E_{x_r \sim P}[f_1(C(x_r) - E_{x_f \sim Q}C(x_f))] + E_{x_f \sim Q}[f_2(C(x_f) - E_{x_r \sim P}C(x_r))]$$

$$L_G^{\text{RaGAN}} = E_{x_r \sim P}\big[g_1(C(x_r) - E_{x_f \sim Q}C(x_f))\big] + E_{x_f \sim Q}\big[g_2(C(x_f) - E_{x_r \sim P}C(x_r))\big]$$

$$(9\text{-}14)$$

我们称这种通用方法为相对平均 GAN(Relativistic average GAN,RaGAN),算法 9-2 描述了其训练过程。

算法 9-2　非饱和 RaGAN 算法学习过程描述

假设：判别器的迭代次数用 n_D 表示,批处理样本大小为 m,确定判别器目标函数的函数 f_1 和 f_2。

① 初始化判别器 D 的参数 θ_d 和生成器 G 的参数 θ_g。

② 每次迭代。

训练判别器过程(更新 n_D 次)：

- 从真实数据分布 $P_{data}(x)$ 中采样 m 个样本,记作 $\{x^1, x^2, \cdots, x^m\}$。

- 利用当前判别器,得到 $\bar{C}(x_r) = \dfrac{1}{m}\sum\limits_{i=1}^{m} C(x^i)$。

- 从先验分布 $P_{prior}(z)$ 中随机采样 m 个噪声样本,记作 $\{z^1, z^2, \cdots, z^m\}$。

- 根据生成器 G,获得生成样本,记作 $\{\widetilde{x}^1, \widetilde{x}^2, \cdots, \widetilde{x}^m\}$,$\widetilde{x}^i = G(z^i)$。

- 定义 $\bar{C}(x_f) = \dfrac{1}{m}\sum\limits_{i=1}^{m} C(\widetilde{x}^i)$。

- 利用 SGD 更新判别器参数 θ_d,

$$\nabla_{\theta d} = \frac{1}{m}\sum_{i=1}^{m}\big[f_1(C(x^i) - \bar{C}(x_f)) + f_2(C(\widetilde{x}^i) - \bar{C}(x_r))\big]$$

训练生成器过程(更新一次)：

- 从真实数据分布 $P_{data}(x)$ 中采样 m 个样本,记作 $\{x^1, x^2, \cdots, x^m\}$。

- 利用当前判别器,得到 $\bar{C}(x_r) = \dfrac{1}{m}\sum\limits_{i=1}^{m} C(x^i)$。

- 从先验分布 $P_{prior}(z)$ 中随机采样 m 个噪声样本,记作 $\{z^1, z^2, \cdots, z^m\}$。

- 根据生成器 G,获得生成样本,记作 $\{\widetilde{x}^1, \widetilde{x}^2, \cdots, \widetilde{x}^m\}$,$\widetilde{x}^i = G(z^i)$。

- 定义 $\bar{C}(x_f) = \dfrac{1}{m}\sum\limits_{i=1}^{m} C(\widetilde{x}^i)$。

- 利用 SGD 更新生成器参数 θ_g,

$$\nabla_{\theta g} = \frac{1}{m}\sum_{i=1}^{m}\big[f_1(C(\widetilde{x}^i) - \bar{C}(x_r)) + f_2(C(x^i) - \bar{C}(x_f))\big]$$

9.2.4　最小二乘 GAN

SGAN 中的判别器采用交叉熵损失函数[7],当使用决策边界正确一侧的伪样本更新生成器时,此损失函数将导致梯度消失。当使用伪样本使判别器认为它们来自真实数据并更新生成器时,由于它们位于正确的一侧,因此几乎不会导致错误。但是,这些样本距离真实数据仍然很远,希望将它们拉近为真实数据。基于此观察,Mao 等人[16]提出了最小二乘生成对抗网络(Least Squares GAN,LSGAN),该网络采用最小二乘损失函数作为判别器损失。

LSGAN 算法的优点是提高了学习过程的稳定性。一般来说,由于 SGAN 学习的不稳定性,训练 SGAN 是一个很难的事情。SGAN 学习的不稳定性是由目标函数引起的:SGAN 采用 S 形交叉熵损失函数,在更新生成器时,此损失函数将会导致位于决策边界的正确一侧但仍与真实数据相距甚远的样本的梯度消失问题。LSGAN 可以缓解此问题,因为 LSGAN 会根据样本与决策边界之间的距离对样本进行惩罚,从而产生更多的梯度以更新生成器。在 LSGAN 中,假设 a 和 b 分别是假数据和真实数据的标签,LSGAN 的目标函数定义如下。

$$\max_D V_{\text{LSGAN}}(D) = \frac{1}{2} E_{x \sim p_{\text{data}}(x)} \big[(D(x) - b)^2 \big] + \frac{1}{2} E_{z \sim p_z(z)} \big[(D(G(z)) - a)^2 \big]$$

$$\max_G V_{\text{LSGAN}}(G) = \frac{1}{2} E_{z \sim p_z(z)} \big[(D(G(z)) - c)^2 \big]$$

$$(9\text{-}15)$$

其中,c 表示 G 希望 D 相信伪数据的值。

从公式(9-15)可以看出,SGAN 几乎不会对位于决策边界正确一侧较远处的样本造成任何损失,然而在 LSGAN 中,即使它们已正确分类,LSGAN 也会对这些样本进行惩罚。当更新生成器时,判别器的参数是固定的,即决策边界是固定的,该惩罚能够使生成器朝着决策边界的方向生成样本。

一种确定公式(9-15)中 a、b 和 c 的值的方法是满足 $b-c=1$ 和 $b-a=2$ 的条件,以使公式(9-15)最小化,即最小化 $p_d + p_g$ 和 $2p_g$ 之间的 Pearson χ^2 散度[16]。例如,通过设置 $a=-1$、$b=1$ 和 $c=0$,即可得到以下目标函数。

$$\max_D V_{\text{LSGAN}}(D) = \frac{1}{2} E_{x \sim p_{\text{data}}(x)} \big[(D(x) - 1)^2 \big] + \frac{1}{2} E_{z \sim p_z(z)} \big[(D(G(z)) + 1)^2 \big]$$

$$\max_G V_{\text{LSGAN}}(G) = \frac{1}{2} E_{z \sim p_z(z)} \big[(D(G(z)))^2 \big]$$

$$(9\text{-}16)$$

另一种方法是通过设置 $b=c$ 使 G 生成尽可能真实的样本。例如,使用 0-1 二分类策略得到以下目标函数。

$$\max_D V_{\text{LSGAN}}(D) = \frac{1}{2} E_{x \sim p_{\text{data}}(x)} \big[(D(x) - 1)^2 \big] + \frac{1}{2} E_{z \sim p_z(z)} \big[(D(G(z)))^2 \big]$$

$$\max_G V_{\text{LSGAN}}(G) = \frac{1}{2} E_{z \sim p_z(z)} \big[(D(G(z)) - 1)^2 \big]$$

$$(9\text{-}17)$$

9.3　基于生成对抗网络的多曝光图像融合框架

基于 GAN 的反色调映射方法能够根据场景中多幅不同曝光度的图像序列生成场景对应的 HDR 图像,但需要后续的色调映射算法进行处理。本章提出一种基于生成对抗网络的多曝光图像融合框架,能够对多幅不同曝光度的图像直接进行融合,最终生成一幅高质量图像并直接在通用显示设备上显示,无须后续处理。该算法利用 GAN 实现一种端到端的多曝光图像融合框架,需要解决 2 个关键问题:①生成网络、判别网络的结构设计;②生成网络和判别网络损失函数的定义。

9.3.1　基于 GAN 的多曝光图像融合架构

本章提出的利用生成对抗网络实现的端到端的多曝光图像融合框架如图 9-1 所示。该融合框架主要由生成网络、判别网络、特征提取网络组成。生成网络根据输入的多曝光图像序列生成一幅融合结果图像。生成网络损失包括内容损失(MSE)、特征损失(MSE)、清晰度损失(MSE)和生成判别损失四部分。判别网络用于判断输入的图像是真实图像(拍摄的清晰图像)还是生成的伪图像(由生成网络生成的图像)。特征提取网络用于提取图像特征,辅助生成网络进行训练,特征提取网络采用预先训练的模型,对抗网络训练过程中不需要对特征提取网络进行训练。

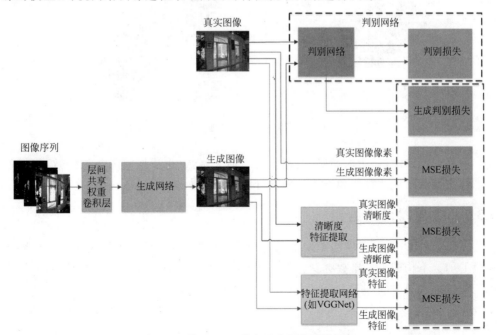

图 9-1　基于 GAN 的多曝光图像融合框架

从图 9-1 可以看出,多曝光图像序列经过层间共享权重卷积层之后再作为生成网络的输入。对于多曝光图像融合,输入图像序列的个数往往不确定,这就限制了许多现有生成网络的应用。本章提出的层间共享权重卷积层可以解决输入不确定的问题。不管多少图像序列作为输入,在经过层间共享卷积操作后,都可以得到固定数量的特征图,输出的特征图将作为后续网络的输入。层间共享权重卷积的公式如下。

$$F_1(Y) = \max\left(0, \sum_{i=1}^{N} W_1 * Y_i\right) \tag{9-18}$$

其中,N 表示图像序列个数,i 表示输入图像序列的第 i 个图像。W_1 表示滤波器,它是 n_1 个 $f_1 \times f_1$ 卷积核,可以看出,W_1 表示对原始图像序列进行 n_1 次卷积操作,每个卷积操作采用 $f_1 \times f_1$ 大小的卷积核,第一层卷积输出 n_1 个特征图,该层可看作原始图像序列的一种非线性表示,max 是非线性函数。例如,如果是 RGB 彩色图像的卷积核大小是 $3 \times 3 \times 3 \times n_1$。当 $n_1 = 1024$ 时,图像序列经过一组 $3 \times 3 \times 3$ 过滤器后会得到一个特征图像;经过 1024 组过滤器就可以得到 1024 个特征图像,1024 个过滤器可以捕获足够多的图像特征数据,从而使后续的网络训练有充足的信息。权重共享过程如图 9-2 所示。

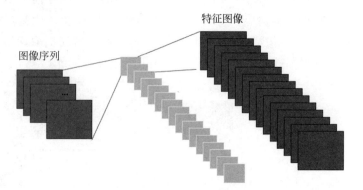

图 9-2　层间共享权重卷积过程

下面对网络结构(生成网络、判别网络)、损失函数(生成网络的损失函数、判别网络的损失函数)、优化方法和训练过程进行详细阐述。

9.3.2　生成器网络结构

在融合框架中,生成网络结构采用递归残差网络,目的是在不损失融合结果图像质量的前提下构建模型参数更少、计算复杂度更低、网络结构更紧凑的模型结构,使多曝光图像融合算法能够在实际生活中更好地被应用。我们对比分析了 ResNet[30]、VDSR[31]、DRRN[32]、DenseNet[35] 这四种网络作为生成网络结构对融合结果的影响。

下面对这四种网络结构进行梳理和介绍。

1. ResNet

深层的卷积神经网络可以整合各种层次的特征,在如图像分类、图像超分辨率重建等任务中都表现出了其优势。但是,构建深层网络的困难是训练过程中容易出现梯度消失和梯度爆炸。这一问题可以通过规范初始化和批量归一化得到一定程度的解决。但是随着网络层数的增加,网络的精确率达到饱和,之后就迅速退化。为了解决这个问题,He 等人提出了一种深层残差网络结构[30],它的主要思想是网络中的每层能够根据上一层的输出学习残差函数而非原始函数,简化了深层网络的训练,使得网络优化更加简单,并通过深层网络的学习获得更高的准确率。

将 $H(x)$ 作为由一些堆叠层(不一定是整个网络)拟合的基础映射,其中 x 表示这些层中第一层的输入。如果假设多个非线性层可以渐近地逼近复杂函数,则等效于假设它们可以渐近地近似残差函数,即 $H(x)-x$(假设输入和输出的维数相同)。因此,可以让堆叠的层近似为残差函数 $F(x):=H(x)-x$。这样,原始函数变为 $F(x)+x$。尽管两种形式都能够渐近地逼近所需的函数,但学习的难易程度有所不同。

对每几个堆叠的层采用残差学习,构建块如图 9-3 所示,残差单元定义为

$$y = F(x, W_i) + x \tag{9-19}$$

其中,x 和 y 表示残差单元的输入和输出。函数 $F(x, W_i)$ 表示需要学习的残差映射。对于堆叠两个卷积层的基本残差块 $F(x, W) = W_2 \sigma(W_1 x)$,$\sigma$ 表示 ReLU 激活函数。$F + x$ 由短连接和逐元素相加得到。在相加后采用第二个非线性函数进行处理(即 $\sigma(y)$,如图 9-3 所示)。

恒等映射的短连接既没有引入额外的参数,也没有引入额外的计算量。x 和 F 的大小在公式(9-19)中必须相等。残差函数 F 的形式是灵活的,可以是一个具有两层或三层的函数 F,而更多的层也是可以的。两种典型的结构如图 9-4 所示。

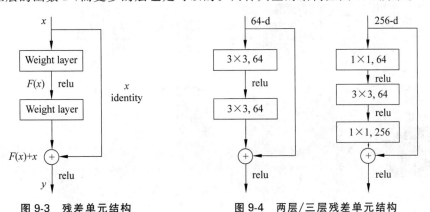

图 9-3　残差单元结构　　　　图 9-4　两层/三层残差单元结构

由于 ResNet 中的残差学习是在多个堆叠的层中实现的,因此该策略是局部残差学习的一种形式,其中,残差单元以链模式堆叠构成整个 ResNet 网络,如图 9-5 所示。

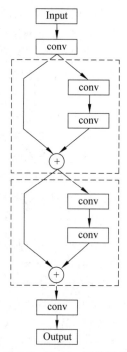

图 9-5　ResNet 网络结构

采用 ResNet 作为基于 GAN 的多曝光图像融合框架的生成网络,其结构如图 9-6 所示,所对应的各层描述见表 9-1。

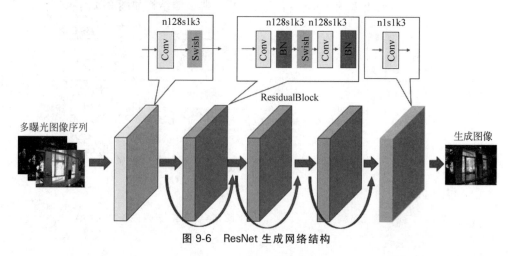

图 9-6　ResNet 生成网络结构

表 9-1　　ResNet 生成网络结构描述

Stage	Operator	#Channels	#Stride
1	Conv+Swish,k3×3	128	1
2	ResidualBlock,k3×3	128	3
3	Conv,k3×3	1	1

ResidualBlock：Conv+BN+Swish+Conv+BN

2. VDSR

通过浅层网络学习原始映射函数构建图像,其收敛速度慢,训练时间长。为了改进上述问题,2016 年,Kim 等人提出了一种非常深(Very Deep Super-Resolution,VDSR)的卷积神经网络,用于超分辨率重建[31]。该方法使用多层卷积层,仅学习残差函数,使得收敛速度大幅加快,并在深层网络结构中多次级联小型滤波器,有效利用大图像区域的上下文信息,使得精度显著提升。VDSR 的网络结构如图 9-7 所示。

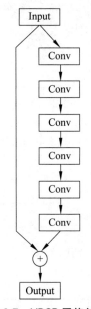

图 9-7　VDSR 网络结构

VDSR 只是简单地堆叠了多个卷积层,在网络末端将输入图像与残差图像相加,生成最终的输出图像。除最后一层使用 1 个大小为 3×3 的滤波器,其他每层均使用 64 个大小为 3×3 的滤波器学习残差映射,并在卷积操作之前进行"0"填充,以保持每层输出图像的大小相同。

 然而,训练非常深的网络,收敛速度是关键。若仅通过提高学习率加快收敛速度,则可能会导致梯度消失或梯度爆炸。为解决该问题,Kim 等人提出了一种可调整的梯度裁剪方法[31],即将梯度裁剪为 $[-\theta/\eta, \theta/\eta]$,其中,$\eta$ 表示当前学习率,θ 为提前设定好的接近于零的值。

 采用 VDSR 作为基于 GAN 的多曝光图像融合框架的生成网络,其结构及具体描述如图 9-8 和表 9-2 所示。

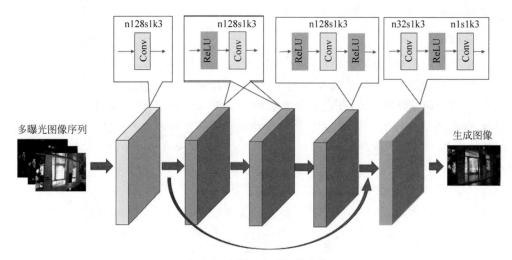

图 9-8　VDSR 生成网络结构

表 9-2　VDSR 生成网络结构描述

Stage	Operator	#Channels	#Stride
1	Conv+ReLU,k3×3	128	1
2	Conv+ReLU,k3×3	128	1
3	Conv+ReLU,k3×3	128	1
4	Conv+ReLU,k1×1	32	1
5	Conv,k3×3	1	1

3. DRRN

 2017 年,Tai 等人[32]提出了一种使用不同的跳跃连接方式构成的增强型残差块结构(Deep Recursive Residual Network,DRRN)。DRRN 中的残差块的所有恒等分支均保持相同输入,即每个残差块都要加上第一层卷积层提取到的特征图像。通过在残差单元中引入递归结构,缩小了网络规模,使得模型更加紧凑。同时,权重在残差单元之间共享,减少了模型的参数数量。该算法不仅能够向网络深层传递更多的图像信息,其恒等分支还有助于训练阶段梯度的反向传播,有效避免出现过拟合现象。

（1）残差单元

在 ResNet 中,激活功能（BN 和 ReLU）在权重卷积层之后执行。与这种"后激活"结构相反,He 等人[33]提出了一种"先激活"结构,该结构在权重卷积层之前执行激活。这种激活方式使网络更容易训练,并且能产生更好的性能。具体而言,将具有"先激活"结构的标准残差单元表示为

$$H^{u} = F(H^{u-1}, W) + H^{u-1} \qquad (9\text{-}20)$$

其中,$u = 1, 2, \cdots, U, U$ 表示递归块中残差单元的个数。H^{u-1} 和 H^{u} 表示第 u 个残差单元的输入与输出,F 表示残差单元函数。

在 DRRN 中,修改公式（9-20）,使恒等分支和残差分支的输入不同。一个递归块中残差单元的所有恒等分支的输入都保持不变,即

$$H^{u} = \varphi(H^{u-1}) = F(H^{u-1}, W) + H^{0} \qquad (9\text{-}21)$$

其中,H^{u} 为经过第 u 个残差单元的输出结果,U 表示递归结构中包含的残差单元数,φ 表示残差单元函数,$F(H^{u-1}, W)$ 表示待学习的残差映射,H^{0} 是递归块中第一个卷积层输出的特征图像。由于残差单元是递归学习的,因此权重 W 在递归块内的残差单元之间共享,但是在不同的递归块之间是不同的,残差单元结构如图 9-9 所示。残差分支有助于学习高度复杂的特征,而恒等分支有助于在训练期间进行梯度反向传播。与链模式相比,这种多分支模式促进了学习,并且不容易出现过拟合现象[34]。

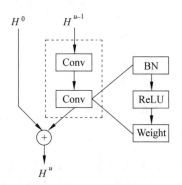

图 9-9　DRRN 中的第 u 个残差单元。虚线框表示残差函数 F,它由 2 个 conv 层组成,每个 conv 层由 BN-ReLU-Weight 层堆叠

（2）递归块

递归块的输入和输出之间存在多条路径,如图 9-10 所示。在递归块的开头构建一个卷积层,然后堆叠多个残差单元。用 B 表示递归块的数量,x_{b-1} 和 x_b（$b = 1, 2, \cdots, B$）表示为第 b 个递归块的输入和输出,并且 $H_b^0 = f_b(x_{b-1})$,表示 x_{b-1} 通过第

一卷积层 f_b 后的结果。第 u 个残差单元的结果可表示为

$$H_b^u = \varphi(H^{u-1}) = F(H_b^{u-1}, W_b) + H_b^0 \qquad (9\text{-}22)$$

因此,第 b 个递归块 x_b 的输出为

$$x_b = H_b^U = \varphi^{(U)}(f_b(x_{b-1})) = \varphi(\varphi(\cdots(\varphi(f_b(x_{b-1})))\cdots)) \qquad (9\text{-}23)$$

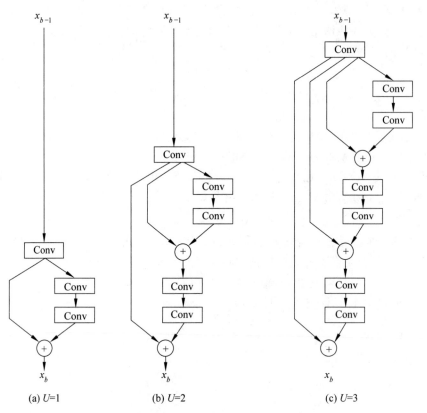

(a) U=1   (b) U=2   (c) U=3

图 9-10 递归块的结构(U 表示递归块中的残差单位数)

（3）网络结构

整个网络结构首先由几个递归块堆叠在一起,然后是一个卷积层,最后将残差图像和输入的图像相加得到全局恒等映射。DRRN 的整个网络结构如图 9-11 所示。DRRN 具有两个关键参数:递归块数量 B 和每个递归块中残差单元数量 U。给定不同的 B 和 U,可以得到具有不同深度(卷积层数)的 DRRN。具体而言,DRRN 的深度 d 的计算公式为

$$d = (1 + 2 \times U) \times B + 1 \qquad (9\text{-}24)$$

用 x 和 y 表示 DRRN 的输入和输出,Φ 是第 b 个递归块的函数,则有

$$x_b = \Phi_b(x_{b-1}) = \varphi^{(U)}(f_b(x_{b-1})) \qquad (9\text{-}25)$$

当 $b=1$ 时,定义 $x_0=x$,DRRN 可以表示为

$$y=D(x)=f_{\mathrm{Rec}}(\varPhi_B(\varPhi_{B-1}(\cdots(\varPhi_1(x))\cdots)))+x \qquad (9\text{-}26)$$

其中, f_{Rec} 是 DRRN 中最后一个卷积层的函数。

给定训练集合 $\{x^{(i)},\widetilde{x}^{(i)}\}_{i=1}^{N}$,其中, N 表示训练样本的个数, $\widetilde{x}^{(i)}$ 表示伪数据。 $x^{(i)}$ 表示真实数据,DRRN 的损失函数定义为

$$L(\theta)=\frac{1}{2N}\sum_{i=1}^{N}\|x^{(i)}-D(\widetilde{x}^{(i)})\|^2 \qquad (9\text{-}27)$$

其中, θ 表示网络参数集合。

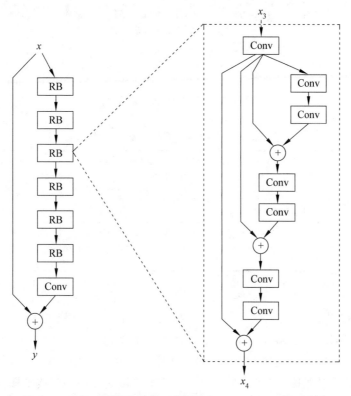

图 9-11　DRRN 的网络结构示例图, $B=6$, $U=3$,RB 指递归块

采用 DRRN 作为基于 GAN 的多曝光图像融合框架的生成网络,其网络结构和具体描述如图 9-12 和表 9-3 所示。

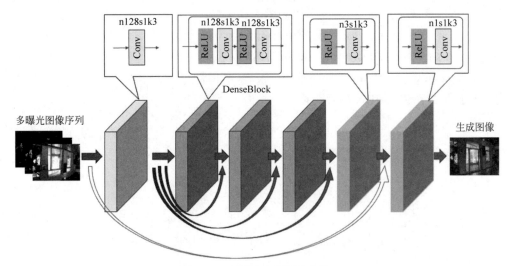

图 9-12　DRRN 生成网络结构

表 9-3　DRRN 生成网络结构描述

Stage	Operator	#Channels	#Stride
1	Conv, k3×3	128	1
2	DenseBlock	128	3
3	ReLU＋Conv, k3×3	128	1
4	ReLU＋Conv, k3×3	1	1

DenseBlock：ReLU＋Conv＋ReLU＋Conv

4. DenseNet

2017 年提出的 DenseNet 在 ResNet 的基础上使用了更简单的特征传递方式[35]，即通过将前层特征直接连接到后层的输入中实现了特征重用的功能。DenseNet 使用了一种分块的设计策略，仅在每个块内使用稠密连接。网络的结构如图 9-13 所示，每层都将所有先前的特征图作为输入。

DenseNet 网络以前馈方式将每层连接到其他每一层。具有 L 层的传统卷积网络具有 L 个连接（每层与其后续层之间有一个连接），而 DenseNet 网络具有 $L×(L+1)/2$ 个直接连接。对于每层，所有先前层的特征图都用作输入，而其自身的特征图则用作所有后续层的输入。DenseNet 网络结构的优点是：它们减轻了消失梯度的问题，增强了特征传播，同时大幅减少了参数数量。

假设通过卷积网络传递的单个图像为 x_0。该网络包括 L 层，每层执行一个非线

性变换 $H_l(\,\cdot\,)$，其中 l 表示层索引。$H_l(\,\cdot\,)$ 可以是诸如批归一化 BN、ReLU、Pooling 采样或 Conv 之类的运算的复合函数，将第 l 层的输出表示为 x_l。

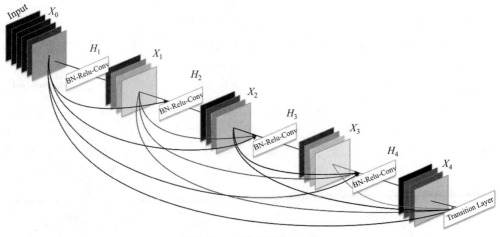

图 9-13　一个 5 层 Dense 块

ResNet：传统的卷积前馈网络将第 l 层的输出作为输入连接到第 $l+1$ 层，即 $x_l=H_l(x_{l-1})$。ResNet 增加了一个跳连接，该连接使用恒等函数的非线性转换，即

$$x_l=H_l(x_{l-1})+x_{l-1} \tag{9-28}$$

ResNet 的优点是梯度可以直接通过恒等函数从后面的层传递到前面的层。但是，若恒等函数和 H_l 的输出通过求和相结合，则可能会阻碍网络中的信息流。

稠密连接（dense connectivity）：为了进一步改善各层之间的信息流，DenseNet 引入了从任何层到所有后续层的直接连接。第 l 层接收前面所有层 $x_0,x_1,\cdots,x_{l-1}$ 的特征图作为输入，即

$$x_l=H_l([x_0,x_1,\cdots,x_{l-1}]) \tag{9-29}$$

复合函数（composite function）：将 $H_l(\,\cdot\,)$ 定义为 3 个连续操作的复合函数，即批归一化 BN、ReLU 和 3×3Conv。

池化层（pooling layers）：公式(9-29)要求 $x_0,x_1,\cdots,x_{l-1}$ 大小要一致。但是，卷积网络的重要组成部分是下采样层，这些层会更改特征图的大小。为了便于在结构中进行下采样，将网络划分为多个密集连接的密集块，将块之间的层称为过渡层，它们进行卷积和池化。使用的过渡层包括批处理规范化 BN 层和 1×1 卷积层，然后是 2×2 平均池化层。

增长率（growth rate）：如果每个函数 H_l 生成 k 个特征图，则得出第 l 层具有 $k_0+k\times(l-1)$ 个输入特征图，其中，k_0 是输入层中的通道数。DenseNet 与现有网络架构之间的重要区别是 DenseNet 可以具有非常狭窄的层，如 $k=12$，将超参数 k 称为

网络的增长率。由于每个层都可以访问所有该块前面的特征图,因此可以访问网络的集体知识。可以将特征图视为网络的全局状态。每层将自己的 k 个特征图添加到此状态。增长率调节每层为全局状态贡献多少新信息。

瓶颈层(**bottleneck layers**):在每个块内的最后都使用了一个额外的 Bottleneck 层。Bottleneck 层是一个 1×1 的卷积层,其主要作用是压缩特征图的厚度及减少网络的参数量。在每个 3×3 卷积之前将 1×1 卷积作为瓶颈层引入,以减少输入特征图的数量,从而提高计算效率。将具有此类瓶颈层的网络称为 DenseNet-B[35],其结构为 BN-ReLU-Conv(1×1)-BN-ReLU-Conv(3×3)。

DenseNet 结构块的构造与 ResNet 和其他网络不同,其每个块内是一系列 BN-ReLU-Conv 的组合,有别于传统 ResNet 的 Conv-BN-ReLU 结构,但 DenseNet 在网络开始处有一个额外的卷积层,这样的操作使得每个块内的第一个 BN 和 ReLU 结构其实是处理上一个卷积层输出的结果。

压缩(**compression**):为了进一步提高模型的紧凑性,可以减少过渡层的特征图数量。假设一个密集块包含 m 个特征图,则让下面的过渡层生成 $\lfloor \theta m \rfloor$ 输出特征图,其中,$0 < \theta \leqslant 1$ 称为压缩因子。当 $\theta = 1$ 时,经过过渡层的特征图数量保持不变。我们将 $\theta < 1$ 的 DenseNet 称为 DenseNet-C[35],如 $\theta = 0.5$。当同时使用 $\theta < 1$ 的过渡层和瓶颈层时,我们将模型称为 DenseNet-BC。

采用 DenseNet 作为基于 GAN 的多曝光图像融合框架的生成网络,其网络结构和具体描述如图 9-14 和表 9-4 所示。

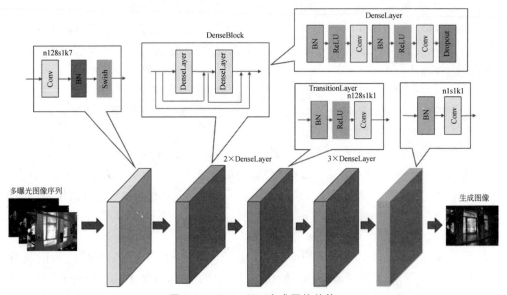

图 9-14　DenseNet 生成网络结构

表 9-4 DenseNet 生成网络结构描述

Stage	Operator	♯Channels	♯Stride
1	Conv＋BN＋Swish,k3×3	128	1
2	DenseLayer	160	1
3	DenseLayer	192	1
4	TransitionLayer	96	1
5	DenseLayer	128	1
6	DenseLayer	160	1
7	DenseLayer	192	1
8	BN＋Conv,k1×1	1	1

DenseLayer：BN＋ReLU＋Conv＋BN＋ReLU＋Conv

TransitionLayer：BN＋ReLU＋Conv

9.3.3 判别器网络结构

判别网络用于判断输入图像是生成网络生成的伪图像还是真实图像。网络输出是一个概率值。具体网络结构如图 9-15 和表 9-5 所示。

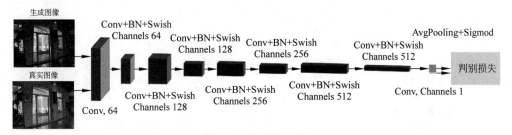

图 9-15 判别网络结构

由表 9-5 可以看出,最后一层采用了 Sigmod 激活函数,其他激活层采用了 Swish 激活函数,其定义如下。

$$f(x) = x \cdot \text{Sigmod}(x) \tag{9-30}$$

表 9-5　判别网络结构描述

Stage	Operator	# Channels	# Stride
1	Conv,k3×3	64	1
2	Conv+BN+Swish,k3×3	64	2
3	Conv+BN+Swish,k3×3	128	1
4	Conv+BN+Swish,k3×3	128	2
5	Conv+BN+Swish,k3×3	256	1
6	Conv+BN+Swish,k3×3	256	2
7	Conv+BN+Swish,k3×3	512	1
8	Conv+BN+Swish,k3×3	512	2
9	Conv+Pooling+Sigmod k1×1	1	1

如 9.2 节所述,与 SGAN 中的标准判别器 D 估算一个输入图像 x 是真实的概率不同,相对 GAN 试图预测的是真实图像 x_r 比生成的假图像 x_f 相对更真实的概率[20]。在 GAN-EF 中,采用相对平均判别器 RaD[20] 代替标准判别器,记为 D_{Ra}。标准判别器可以表示为 $D(x)=\sigma(C(x))$,其中 σ 是 S 型函数,$C(x)$ 是未经过转换的判别器输出值。相对平均判别器 RaD 表示为 $D_{Ra}(x_r,x_f)=\sigma(C(x_r)-E_{x_f}[C(x_f)])$,其中,$E_{x_f}[\cdot]$ 表示对批处理中的所有伪数据输出取平均值,相对平均判别器的损失定义为

$$L_D^{Ra}=-E_{x_r}[\log(D_{Ra}(x_r,x_f))]-E_{x_f}[\log(1-D_{Ra}(x_f,x_r))] \qquad (9\text{-}31)$$

生成器的损失为公式(9-31)的对称形式,即

$$L_G^{Ra}=-E_{x_r}[\log(1-D_{Ra}(x_r,x_f))]-E_{x_f}[\log(D_{Ra}(x_f,x_r))] \qquad (9\text{-}32)$$

基于 GAN 的多曝光图像融合框架中的各种比较损失函数的具体描述将在 9.3.4 节进行详细介绍。

9.3.4　损失函数

1. 生成器损失定义

基于 GAN 的多曝光图像融合框架中的生成网络的目标函数定义为

$$\hat{\theta}_G=\arg\min_{\theta_G}\frac{1}{N}\sum_{n=1}^{N}\text{Loss}_G(G_{\theta_G}(I_{seq}^n),I_r^n) \qquad (9\text{-}33)$$

其中,N 表示批处理图像样本个数,I_{seq} 表示输入多曝光图像序列,I_r 表示真实图像。θ_G 为生成网络参数。Loss_G 为生成网络的损失,它由内容损失、特征损失、清晰度损失和生成判别损失四部分组成。

（1）内容损失

内容损失是指像素级的 MSE 损失，具体公式为

$$\text{Loss}_{\text{Pixel}} = \frac{1}{WH} \sum_{x=1}^{W} \sum_{y=1}^{H} ((I_r)_{x,y} - (G_{\theta_G}(I_{\text{seq}}))_{x,y})^2 \qquad (9\text{-}34)$$

其中，W 和 H 表示图像的宽度和高度。MSE 损失可以保持图像融合后的低频信息，但缺少高频信息，导致图像过于平滑，视觉效果不够自然。

（2）特征损失

特征损失是生成图像的特征与真实图像特征的 MSE 值。特征通过 VGG19[37] 提取，损失分别提取生成图像和真实图像的 VGG 特征，并计算两个特征的 MSE 值，并将此值作为 VGG 特征损失。定义 φ_{ij} 是 VGG 网络图中第 j 个最大池化层之前的第 i 个卷积神经网络的输出。

$$\text{Loss}_{\text{VGG}} = \frac{1}{W_{ij}H_{ij}} \sum_{x=1}^{W_{ij}} \sum_{y=1}^{H_{ij}} (\varphi_{ij}(I_r)_{x,y} - \varphi_{ij}(G_{\theta_G}(I_{\text{seq}}))_{x,y})^2 \qquad (9\text{-}35)$$

其中，W_{ij}、H_{ij} 分别代表特征图像的宽度和高度。

（3）清晰度损失

清晰度损失可以分别提取生成图像和真实图像的清晰度特征，并计算两个特征的 MSE 值，这可以通过计算梯度的方式实现。梯度计算采用过滤器与灰度图像进行卷积得到，可以分别得到垂直和水平两个方向的梯度图像。第一个卷积核如公式（9-36）所示，用于提取水平方向的梯度。

$$\begin{bmatrix} -3 & 0 & 3 \\ -10 & 0 & 10 \\ -3 & 0 & 3 \end{bmatrix} \qquad (9\text{-}36)$$

第二个卷积核如公式（9-37）所示，用于提取垂直方向的梯度。

$$\begin{bmatrix} -3 & -10 & -3 \\ 0 & 0 & 0 \\ 3 & 10 & 3 \end{bmatrix} \qquad (9\text{-}37)$$

若输入图像是彩色图像，则需要通过 $\text{Gray} = R \times 0.299 + G \times 0.587 + B \times 0.114$ 转为灰度图像后再进行清晰度特征提取。

灰度图像经过水平和垂直卷积操作后会得到两个特征图，然后进行均值池化处理，获得局部梯度值，池化核大小设置为 3×3，步长为 3，然后计算真实图像的清晰度特征和生成图像的清晰度特征的 MSE，得到损失为

$$\text{Loss}_{\text{clarity}} = \frac{1}{2W_s H_s} \sum_{x=1}^{W_s} \sum_{y=1}^{H_s} (S_h(L_r) - S_h(G_{\theta_G}(L_{\text{seq}})))^2 +$$
$$\qquad\qquad (9\text{-}38)$$
$$\frac{1}{2W_s H_s} \sum_{x=1}^{W_s} \sum_{y=1}^{H_s} (S_v(L_r) - S_v(G_{\theta_G}(L_{\text{seq}})))^2$$

S_h 表示水平梯度图像,S_v 表示垂直梯度图像,L_r 表示真实图像对应的灰度图像,$G_{\theta G}(L_{seq})$ 表示生成图像对应的灰度图像,W_s 和 H_s 表示梯度图像的大小。

（4）生成判别损失

生成器的生成判别损失通过交叉熵函数定义,公式（9-32）可以改写为

$$\text{Loss}_{\text{Gen}} = -E_{I_r}[\log(1-D_{Ra}(I_r,I_f))] - E_{If}[\log(D_{Ra}(I_f,I_r))] \tag{9-39}$$

其中,$D(x) = \sigma(C(x))$,D_{Ra} 表示为 $D_{Ra}(I_r,I_f) = \sigma(C(I_r) - E_{If}[C(I_f)])$,其中,$E_{If}[\cdot]$ 表示对批处理中所有伪图像判别值的平均值。

2. 判别器损失定义

基于 GAN 的多曝光图像融合框架中的判别网络的目标函数定义如下:判别器损失不是测量"输入数据是真实的概率",而是测量"输入数据比对立类型的随机采样数据更真实的概率"。判别器损失为公式（9-39）的对称形式。

$$\text{Loss}_D = -E_{I_r}[\log(D_{Ra}(I_r,I_f))] - E_{If}[\log(1-D_{Ra}(I_f,I_r))] \tag{9-40}$$

可以看出,判别器损失能够估计给定真实数据比平均假数据更真实的概率,此方法具有 $O(m)$ 复杂度。

为了说明相对均值 GAN 损失在多曝光图像融合中可以获得质量更高的融合图像,给出了 SGAN 损失、RGAN 损失、LSGAN 损失、相对均值 RaLSGAN 损失作为对比,从而分析损失函数对多曝光融合结果的影响。

（1）对于 SGAN

生成器的生成判别损失公式（9-39）可以用下列公式替换。

$$\text{Loss}_{\text{Gen}}^{\text{SGAN}} = -E_{If}[\log(C(I_f))] \tag{9-41}$$

判别器的判别损失公式（9-40）可以用下列公式替换。

$$\text{Loss}_D^{\text{SGAN}} = -E_{I_r}[\log(C(I_r))] - E_{If}[\log(1-C(I_f))] \tag{9-42}$$

（2）对于 RSGAN

生成器的生成判别损失公式（9-39）可以用下列公式替换。

$$\text{Loss}_{\text{Gen}}^{\text{RSGAN}} = -E_{(I_r,I_f)}[\log(\sigma(C(I_f)-C(I_r)))] \tag{9-43}$$

判别器的判别损失公式（9-40）可以用下列公式替换。

$$\text{Loss}_D^{\text{RSGAN}} = -E_{(I_r,I_f)}[\log(\sigma(C(I_r)-C(I_f)))] \tag{9-44}$$

（3）对于 LSGAN

生成器的生成判别损失公式（9-39）可以用下列公式替换。

$$\text{Loss}_{\text{Gen}}^{\text{LSGAN}} = E_{If}[(C(I_f)-1)^2] \tag{9-45}$$

判别器的判别损失公式（9-40）可以用下列公式替换。

$$\text{Loss}_D^{\text{LSGAN}} = E_{I_r}[(C(I_r)-1)^2] + E_{If}[(C(I_f)-0)^2] \tag{9-46}$$

（4）对于相对均值 RaLSGAN

生成器的生成判别损失公式（9-39）可以用下列公式替换。

$$\text{Loss}_{\text{Gen}}^{\text{RaLSGAN}} = E_{I_f}\big[(C(I_f) - E_{I_r}[C(I_r)] - 1)^2\big] + E_{I_r}\big[(C(I_r) - E_{I_f}[C(I_f)] + 1)^2\big]$$

$$(9\text{-}47)$$

判别器的判别损失公式(9-40)可以用下列公式替换。

$$\text{Loss}_D^{\text{RaLSGAN}} = E_{I_r}\big[(C(I_r) - E_{I_f}[C(I_f)] - 1)^2\big] + E_{I_f}\big[(C(I_f) - E_{I_r}[C(I_r)] + 1)^2\big]$$

$$(9\text{-}48)$$

综合以上分析，我们给出了基于 GAN 的多曝光图像融合框架的训练过程，如算法 9-3 所示。

初始化判别器 D 的参数 θ_d 和生成器 G 的参数 θ_g。

算法 9-3　GAN-EF 算法训练过程描述

假设判别器的迭代次数用 n_D 表示。

① 初始化判别器 D 的参数 θ_d 和生成器 G 的参数 θ_g。

② 每次迭代。

训练判别器过程(更新 n_D 次)：

- 从真实图像中采样 N 个图像，记作 $\{I^1, I^2, \cdots, I^N\}$。

- 定义 $\overline{C}(I_r) = \dfrac{1}{N}\sum_{i=1}^{N} C(I^i) = E_{I_r}[C(I_r)]$($C(\cdot)$ 表示当前判别器输出概率值)。

- 获取 N 个图像样本对应的多曝光图像序列，记作 $\{I_{\text{seq}}^1, I_{\text{seq}}^2, \cdots, I_{\text{seq}}^N\}$。

- 根据生成器 G，获得融合结果图像，记作 $\{I_f^1, I_f^2, \cdots, I_f^N\}$，$I_f^i = G_{\theta G}(I_{\text{seq}}^i)$。

- 定义 $\overline{C}(I_f) = \dfrac{1}{N}\sum_{i=1}^{N} C(I_f^i) = = E_{I_f}[C(I_f)]$。

- 根据公式 9-40，采用 SGD 更新判别器参数 θ_d：

$$\nabla_{\theta d} = \frac{1}{N}\sum_{i=1}^{N} \text{Loss}_D$$

训练生成器过程(更新一次)：

- 从真实图像中采样 N 个图像，记作 $\{I^1, I^2, \cdots, I^N\}$。

- 定义 $\overline{C}(I_r) = \dfrac{1}{N}\sum_{i=1}^{N} C(I^i) = E_{I_r}[C(I_r)]$($C(\cdot)$ 表示当前判别器输出概率值)。

- 获取 N 个图像样本对应的多曝光图像序列，记作 $\{I_{\text{seq}}^1, I_{\text{seq}}^2, \cdots, I_{\text{seq}}^N\}$。

- 根据生成器 G，获得融合结果图像，记作 $\{I_f^1, I_f^2, \cdots, I_f^N\}$，$I_f^i = G_{\theta G}(I_{\text{seq}}^i)$。

- 定义 $\overline{C}(I_f) = \dfrac{1}{N}\sum_{i=1}^{N} C(I_f^i)$。

- 根据 $\text{Loss}_G = \text{Loss}_{\text{VGG}} + \text{Loss}_{\text{Pixel}} + \text{Loss}_{\text{Gen}} + \text{Loss}_{\text{clarity}}$、公式 9-34、公式 9-35、公式 9-38 和公式 9-39，采用 SGD 更新判别器参数 θ_g：

$$\nabla_{\theta g} = \frac{1}{N}\sum_{i=1}^{N} (\text{Loss}_{\text{VGG}} + \text{Loss}_{\text{Pixel}} + \text{Loss}_{\text{VGG}} + \text{Loss}_{\text{clarity}})$$

9.4　实验结果

在本节中,为了验证 GAN-EF 算法的有效性,我们采用了 24 组曝光序列进行测试,该数据集来自文献[20],网络模型训练采用 8.3 节构建的多曝光图像数据集完成。目前,对于多曝光融合算法的性能评价方式有两种:一种是主观评价(视觉上的),另一种是客观评价(量化上的)。实验中,我们采用这两种方式验证各种算法的性能。实验的软件运行环境为:Python 3.6＋Pytorch 深度学习框架,Windows 10 操作系统。硬件环境为:Intel Core i7 4.2GHz、16GB 内存计算机。GPU 型号为:GTX 2080ti 12GB。

9.4.1　评价指标

融合算法的性能评价是图像融合领域比较重要的问题。实际应用中,由于理想的融合图像并不存在,因此对融合性能的客观定量评价比较复杂和困难。为了验证提出算法的性能,采用 7.4.1 节所描述的边缘保持度(EG)、信息熵(Entropy)、互信息(MI)和标准差(SD)作为客观评价标准。

9.4.2　结果分析

实验中,24 组源多曝光图像序列[20]如图 9-16 所示,它们包含不同的室内和室外典型场景。

GAN-EF 融合框架的核心包括两方面的内容:生成器设计和损失函数的定义。这两方面都会影响融合结果图像的质量。首先,为了验证各种损失函数对结果的影响,选择 DRRN 作为生成器结构,利用 24 组多曝光图像序列进行测试,给出了标准GAN(记作 SGAN)、最小二乘 GAN(记作 LSGAN)、相对 GAN(记作 RGAN)、相对平均最小二乘 GAN(记作 RaLSGAN)和相对平均 GAN（记作 RaGAN)这 5 种损失在评价指标 EG、MI、Entropy 和 SD 中的结果。

DRNN 生成网络利用 5 种损失在 EG 指标上的比较结果见表 9-6。从表 9-6 中可以看出 24 组图像序列的 EG 均值:SGAN 的值为 0.437,LSGAN 的值为 0.436,RGAN 的值为 0.472,RaGAN 的值为 0.508,RaLSGAN 的值为 0.460。RaGAN 的值最高,可以得出 RaGAN 损失可以保留更多的边缘信息。

图 9-16　源图像序列示例图[20]

表 9-6　DRNN 生成网络和 6 种损失在 EG 指标上的比较结果

EG 指标	SGAN	LSGAN	RGAN	RaGAN	RaLSGAN
Arno	0.376	0.384	0.430	0.454	0.415
Balloons	0.409	0.401	0.434	0.465	0.431
Belg_House	0.428	0.434	0.473	0.507	0.453
Cave	0.408	0.397	0.433	0.443	0.418
C_Garden	0.437	0.423	0.456	0.514	0.453
Church	0.498	0.480	0.516	0.561	0.507
Farmhouse	0.459	0.432	0.429	0.490	0.424
House	0.489	0.482	0.520	0.557	0.515
Kluki	0.435	0.446	0.489	0.530	0.467
Lamp	0.445	0.409	0.470	0.477	0.455

续表

EG 指标	SGAN	LSGAN	RGAN	RaGAN	RaLSGAN
Landscape	0.318	0.392	0.416	0.450	0.391
Lau	0.447	0.453	0.488	0.540	0.483
L_house	0.425	0.418	0.454	0.486	0.427
M_Capitol	0.475	0.479	0.513	0.558	0.507
Mask	0.444	0.426	0.468	0.513	0.449
Office	0.472	0.514	0.551	0.583	0.526
Ostrow	0.371	0.331	0.396	0.442	0.389
Room	0.449	0.442	0.475	0.491	0.470
Set	0.451	0.450	0.471	0.523	0.473
Studio	0.466	0.478	0.515	0.542	0.496
Tower	0.399	0.369	0.409	0.468	0.399
Venice	0.376	0.367	0.402	0.402	0.391
Window	0.432	0.438	0.477	0.521	0.476
Y_Hall	0.582	0.614	0.649	0.683	0.630
平均值	0.437	0.436	0.472	**0.508**	0.460

DRNN 生成网络利用 5 种损失在 MI 指标上的比较结果见表 9-7。从表 9-7 中可以看出 24 组图像序列的 MI 均值：SGAN 的值为 1.266，LSGAN 的值为 1.268，RGAN 的值为 1.344，RaGAN 的值为 1.465，RaLSGAN 的值为 1.359。同样可以得出 RaGAN 损失可以保留更多的原始图像信息的结论。

表 9-7　DRNN 生成网络和 6 种损失在 MI 指标上的比较结果

MI 指标	SGAN	LSGAN	RGAN	RaGAN	RaLSGAN
Arno	1.630	1.584	1.699	1.951	1.769
Balloons	1.219	1.194	1.208	1.286	1.261
Belg_House	0.945	1.032	1.105	1.241	1.125
Cave	0.765	0.794	0.838	0.851	0.847
C_Garden	1.156	1.167	1.221	1.364	1.251
Church	0.845	0.834	0.917	1.067	0.950

续表

MI 指标	SGAN	LSGAN	RGAN	RaGAN	RaLSGAN
Farmhouse	1.092	1.037	1.045	1.169	1.050
House	1.098	1.227	1.279	1.393	1.273
Kluki	1.609	1.686	1.788	1.920	1.755
Lamp	1.132	1.092	1.209	1.199	1.154
Landscape	1.425	1.387	1.508	1.512	1.499
Lau	1.452	1.456	1.490	1.717	1.554
L_house	1.047	1.078	1.187	1.273	1.076
M_Capitol	0.851	0.927	0.947	1.054	0.986
Mask	1.314	1.172	1.310	1.435	1.256
Office	1.107	1.045	1.158	1.275	1.186
Ostrow	1.406	1.330	1.610	1.797	1.601
Room	1.241	1.308	1.337	1.369	1.342
Set	1.481	1.474	1.457	1.683	1.510
Studio	1.446	1.534	1.580	1.686	1.673
Tower	1.627	1.572	1.623	1.838	1.668
Venice	1.273	1.278	1.407	1.313	1.345
Window	1.260	1.141	1.219	1.535	1.361
Y_Hall	1.969	2.079	2.119	2.222	2.131
平均值	1.266	1.268	1.344	**1.465**	1.359

　　DRNN 生成网络利用 5 种损失在 Entropy 指标上的比较结果见表 9-8。从表 9-8 中可以看出 24 组图像序列的 Entropy 均值：SGAN 的值为 7.068，LSGAN 的值为 6.963，RGAN 的值为 7.018，RaGAN 的值为 7.079，RaLSGAN 的值为 7.038。同样可以得出 RaGAN 损失也能获取更多的场景细节信息的结论。

表 9-8　DRNN 生成网络和 6 种损失在 Entropy 指标上的比较结果

Entropy 指标	SGAN	LSGAN	RGAN	RaGAN	RaLSGAN
Arno	7.050	6.999	7.017	7.216	7.038
Balloons	7.186	7.157	7.155	7.132	7.152

续表

Entropy 指标	SGAN	LSGAN	RGAN	RaGAN	RaLSGAN
Belg_House	6.661	6.769	6.847	6.907	6.875
Cave	6.873	6.916	6.914	6.801	6.945
C_Garden	7.098	7.151	7.113	7.212	7.184
Church	7.031	6.973	7.052	7.171	7.141
Farmhouse	6.991	6.982	6.942	6.978	6.980
House	7.202	7.213	7.221	7.314	7.281
Kluki	7.167	7.128	7.261	7.341	7.188
Lamp	7.166	6.968	7.154	7.079	7.067
Landscape	7.182	6.784	7.042	6.877	7.078
Lau	7.168	6.988	6.926	7.136	7.057
L_house	6.431	6.084	6.373	6.435	6.154
M_Capitol	7.312	7.317	7.286	7.338	7.347
Mask	7.207	6.961	7.021	7.120	6.875
Office	7.203	7.032	7.112	7.178	7.176
Ostrow	6.814	6.664	6.890	6.997	6.874
Room	7.243	7.194	7.182	7.110	7.256
Set	6.383	6.070	5.888	6.320	6.056
Studio	7.400	7.415	7.413	7.424	7.468
Tower	7.271	7.151	7.216	7.346	7.158
Venice	7.258	7.204	7.331	7.126	7.237
Window	7.379	7.113	7.201	7.396	7.350
Y_Hall	6.953	6.868	6.875	6.947	6.972
平均值	7.068	6.963	7.018	**7.079**	7.038

　　DRNN 生成网络利用 5 种损失在 SD 指标上的比较结果见表 9-9。从表 9-9 中可以看出 24 组图像序列的 SD 均值：SGAN 的值为 42.927，LSGAN 的值为 41.414，RGAN 的值为 43.129，RaGAN 的值为 45.787，RaLSGAN 的值为 43.652。可以看出 RaGAN 损失在结果图像的对比度上也取得了较好结果。

表 9-9　DRNN 生成网络和 6 种损失在 SD 指标上的比较结果

SD 指标	SGAN	LSGAN	RGAN	RaGAN	RaLSGAN
Arno	35.697	34.202	34.660	42.105	37.359
Balloons	47.384	47.356	47.679	47.994	48.014
Belg_House	30.203	32.585	35.110	37.184	35.542
Cave	36.868	37.089	38.039	35.717	39.009
C_Garden	43.744	43.816	44.200	49.673	47.267
Church	47.865	48.817	48.956	51.084	50.218
Farmhouse	38.619	38.395	36.236	40.749	38.916
House	38.401	40.577	40.307	45.025	41.731
Kluki	44.078	43.697	46.197	50.695	45.384
Lamp	39.511	34.520	39.598	37.673	37.304
Landscape	56.263	49.237	53.151	52.584	53.751
Lau	49.756	41.629	42.457	51.095	47.537
L_house	32.488	34.211	36.294	38.465	32.739
M_Capitol	44.389	43.450	42.880	46.170	44.853
Mask	44.404	39.944	44.180	46.228	43.830
Office	39.773	36.705	39.668	41.167	39.998
Ostrow	33.791	30.918	36.449	40.989	35.288
Room	56.833	57.085	57.687	57.690	57.904
Set	35.138	33.339	32.919	37.192	34.295
Studio	52.950	52.539	54.573	55.766	56.016
Tower	57.337	53.565	57.971	65.182	53.593
Venice	46.812	44.910	49.007	45.354	46.896
Window	45.134	42.135	43.761	48.586	45.804
Y_Hall	32.812	33.219	33.124	34.512	34.397
平均值	42.927	41.414	43.129	**45.787**	43.652

根据以上各种损失函数在不同评价指标的比较结果,可以得出 RaGAN 在多曝光图像融合中的性能最好。为了进一步验证该结论,下面给出 4 种生成网络 DRRN、VDSR、DenseNet 和 ResNet 利用 5 种损失在 24 组图像序列上的 EG、MI、Entropy 和 SD 指标的平均值的比较结果。

4 种生成网络分别利用 5 种损失在 24 组图像序列上的 EG 平均值的比较结果如图 9-17 所示。蓝色表示 DRRN 的结果,红色表示 VDSR 的结果,绿色表示 DenseNet 的结果,紫色表示 ResNet 的结果。可以看出,生成网络 VDSR 利用 SGAN 损失的平均 EG 值为 0.564,利用 LSGAN 损失的平均 EG 值为 0.576,利用 RGAN 损失的平均 EG 值为 0.566,利用 RaGAN 损失的平均 EG 值为 0.591,利用 RaLSGAN 损失的平均 EG 值为 0.569。可以得出两种结论:①这 4 种生成网络中,VSDR 在边缘保持度上性能最佳;②相对平均 GAN 损失 RaGAN,不管采用哪种生成网络,EG 值都是最高的,更能验证该损失在边缘保持度上的有效性。

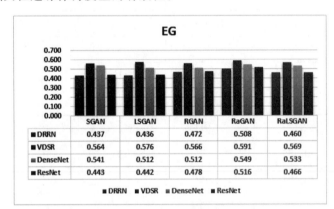

	SGAN	LSGAN	RGAN	RaGAN	RaLSGAN
■ DRRN	0.437	0.436	0.472	0.508	0.460
■ VDSR	0.564	0.576	0.566	0.591	0.569
■ DenseNet	0.541	0.512	0.512	0.549	0.533
■ ResNet	0.443	0.442	0.478	0.516	0.466

图 9-17　4 种生成网络和 5 种损失在 24 组数据集上的 EG 均值比较结果

4 种生成网络分别利用 5 种损失在 24 组图像序列上的 MI 平均值的比较结果如图 9-18 所示。蓝色表示 DRRN 的结果,红色表示 VDSR 的结果,绿色表示 DenseNet 的结果,紫色表示 ResNet 的结果。可以看出,生成网络 VDSR 利用 SGAN 损失的平均 MI 值为 1.743,利用 LSGAN 损失的平均 MI 值为 1.855,利用 RGAN 损失的平均 MI 值为 1.877,利用 RaGAN 损失的平均 MI 值为 1.823,利用 RaLSGAN 损失的平均 MI 值为 1.888。同样可以得出两种结论:①4 种生成网络中,VSDR 在原始图像信息保持度上的性能最佳;②RaGAN 损失要比 SGAN 损失的性能更好。

4 种生成网络分别利用 5 种损失在 24 组图像序列上的 Entropy 平均值的比较结果如图 9-19 所示。蓝色表示 DRRN 的结果,红色表示 VDSR 的结果,绿色表示 DenseNet 的结果,紫色表示 ResNet 的结果。可以看出,生成网络 VDSR 利用 SGAN

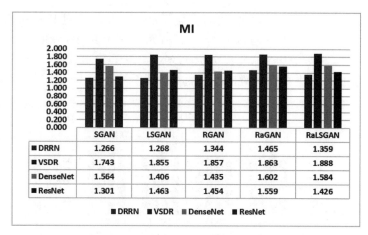

图 9-18　4 种生成网络和 5 种损失在 24 组数据集上的 MI 均值比较结果

损失的平均 Entropy 值为 7.154，利用 LSGAN 损失的平均 Entropy 值为 7.227，利用 RGAN 损失的平均 Entropy 值为 7.244，利用 RaGAN 损失的平均 Entropy 值为 7.226，利用 RaLSGAN 损失的平均 Entropy 值为 7.221。同样可以得出两种结论：①4 种生成网络中，VSDR 在图像信息量上的性能最佳；②RaGAN 损失要比 SGAN 损失的性能更好。

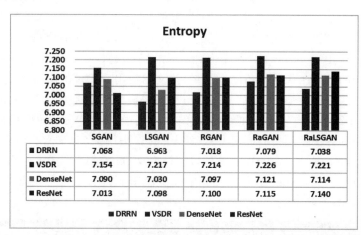

图 9-19　4 种生成网络和 5 种损失在 24 组数据集上的 Entropy 均值比较结果

4 种生成网络分别利用 5 种损失在 24 组图像序列上的 SD 平均值的比较结果如图 9-20 所示。蓝色表示 DRRN 的结果，红色表示 VDSR 的结果，绿色表示 DenseNet 的结果，紫色表示 ResNet 的结果。可以看出，生成网络 VDSR 利用 SGAN 损失的平均 SD 值为 50.105，利用 LSGAN 损失的平均 SD 值为 53.158，利用 RGAN 损失的平均 SD 值为 52.880,利用 RaGAN 损失的平均 SD 值为 53.111,利用 RaLSGAN 损失的平均 SD 值为 52.188。可以得出两种结论:①4 种生成网络中,VSDR 在图像对比度上的性能最佳;②相对平均 GAN 损失 RaGAN,不管采用哪种生成网络,SD 值都是最大的,更能验证该损失在图像对比度上的有效性。

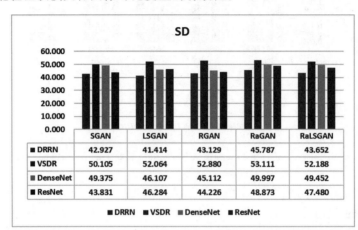

SD

	SGAN	LSGAN	RGAN	RaGAN	RaLSGAN
■ DRRN	42.927	41.414	43.129	45.787	43.652
■ VSDR	50.105	52.064	52.880	53.111	52.188
■ DenseNet	49.375	46.107	45.112	49.997	49.452
■ ResNet	43.831	46.284	44.226	48.873	47.480

■ DRRN ■ VSDR ■ DenseNet ■ ResNet

图 9-20 4 种生成网络和 5 种损失在 24 组数据集上的 SD 均值比较结果

最后,为了验证基于 GAN 的多曝光图像融合算法的有效性,给出和经典一些多曝光图像融合算法的比较结果,包括主观评价(视觉上的)和客观评价(量化上的)。比较算法包括局部平均和全局平均算法(分别用 LE 和 GE 表示)、Mertens09[21]、Raman09[22]、Shen11[23]、Shutao12[24]、Zhang12[25]、Bruce14[26]、Li13[27]、Ma15[28] 和 Shen14[29]。

主观比较的结果图像由文献[20]提供,该文献指出所比较的多曝光融合算法的融合结果一部分从原作者那里获取,另一部分通过具有默认参数的公开可用代码生成。图 9-21 和图 9-22 给出了两组图像的比较结果。其中,图(a)表示源图像序列,图(b)由文献[29]中的算法得到,图(c)由文献[27]中的算法得到,图(d)由文献[21]中的算法得到,图(e)由文献[22]中的算法得到,图(f)由文献[24]中的算法得到,图(g)由文献[26]中的算法得到,图(h)由文献[28]中的算法得到,图(i)由所提出的框架 GAN-EF(VSDR+RaGAN)得到。

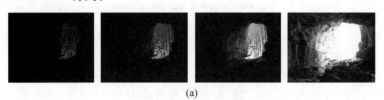

(a)

图 9-21 各种融合算法比较

(a)源图像序列;(b)Shen[29];(c)Li[27];(d)Mertens[21];(e)Raman[22];
(f)Li Shuto[24];(g)Bruce[26];(h)Ma[28];(i)GAN-EF(VSDR+RaGAN)

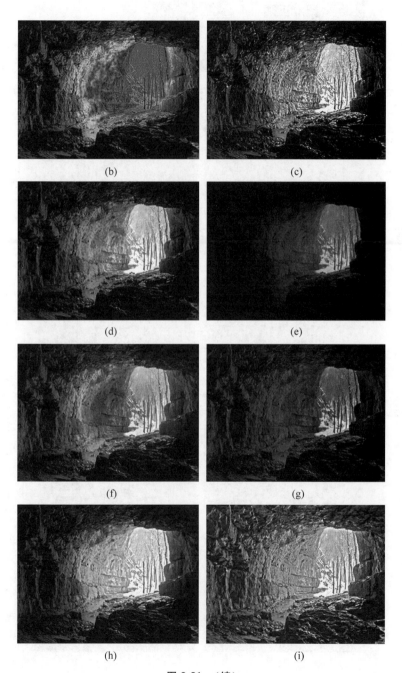

图 9-21　（续）

图 9-22　各种融合算法比较

(a)源图像序列；(b)Shen[29]；(c)Li[24]；(d)Mertens[21]；(e)Raman[22]；(f)Li Shuto[24]；

(g)Bruce[26]；(h)Ma[28]；(i)GAN-EF(VDSR＋RaGAN)

从图 9-21 可以看出,图(b)、图(e)、图(f)和图(g)仅仅关注细节增强,而无法保留源序列中的整体外观,结果导致融合后的图像显得很不自然。相比之下,图(c)和图(d)能较好地保留输入图像序列的整体明暗度。虽然图(h)可恢复鲜艳的色彩外观,看起来更加自然和温暖,但洞内的细节信息不够清晰。由所提出的框架 GAN-EF(VDSR＋RaGAN)得到的结果图像(i)保留了更多的洞内细节信息,如石壁的纹理清晰可见,图像看起来更加自然且具有视觉吸引力。同样,从图 9-22 可以看出,图(b)和图(c)在边缘附近出现了严重的光晕伪影,并且在太阳和云区域之间出现了剧烈的亮度变化。图(d)、图(f)和图(g)出现了明显的亮度反转现象,在原始图像序列中,远处的亮度比近处的岸边更亮,然而图(d)、图(f)和图(g)近处岸边的亮度比远处云的亮度更亮,使图像看上去不自然。图(e)看上去发白,丢失了场景的色度信息。图(h)和图(i)都能较好地保留输入图像序列的整体对比度。但相对于图(h)来说,图(i)的前景区域看上去更加清晰。

客观评价比较采用称为多曝光融合结构相似性(Multi-Exposure Fusion Structural Similarity Inedx,MEF-SSIM)的指标[36],该指标与人类对图像质量的感知具有较高的相关性,它主要从局部结构相似性的角度衡量融合效果,MEF-SSIM 的值越高,表明融合图像从源图像中提取的局部结构信息越准确。

比较结果见表 9-10。比较算法包括:局部平均和全局平均算法(分别用 LE 和 GE 表示)、Mertens09[21](记作 M09)、Raman09[22](记作 R09)、Shen11[23](记作 S11)、Shutao12[24](记 12)、Zhang12[25](记作 Z12)、Bruce14[26](记作 B14)、Li13[27](记作 L13)、Ma15[28](记作 M15)、所提出的框架(记作 GAN-EF)。10 种算法的 MEF-SSIM 结果来自文献[20]。从表 9-10 可以看出,GAN-EF 利用 24 组图像计算的平均 MEF-SSIM 值为 0.9472,LE 的平均结果是 0.9094,GE 的平均结果是 0.8467,M09 的平均结果是 0.9381,R09 的平均结果是 0.7960,S11 的平均结果是 0.9212,S12 的平均结果是 0.9459,Z12 的平均结果是 0.9000,B14 的平均结果是 0.8513,L13 的平均结果是 0.9533,M15 的平均结果是 0.9597。GAN-EF 的结果略低于 L13 和 M15,高于其他 8 种算法,说明基于生成对抗网络的多曝光图像融合算法能够获得和主流多曝光融合算法相当的性能,但 GAN-EF 框架具有更好的扩展性,研究更有效的网络架构可以进一步提升该框架的性能。

表 9-10　和各种多曝光图像融合算法的 MEF-SSIM 比较结果

MEF-SSIM	LE	GE	M09	R09	S11	S12	Z12	B14	L13	M15	GAN-EF
Arno	0.9468	0.9388	0.9474	0.8936	0.9604	0.9681	0.9342	0.9258	0.9002	0.9767	0.9601
Balloons	0.8425	0.7422	0.9509	0.5408	0.9343	0.9288	0.8478	0.6044	0.9470	0.9501	0.9214

MEF-SSIM	LE	GE	M09	R09	S11	S12	Z12	B14	L13	M15	GAN-EF
Belg_House	0.8073	0.7389	0.9495	0.5854	0.9015	0.9207	0.8349	0.6136	0.9490	0.9544	0.9270
Cave	0.9251	0.7468	0.9526	0.4926	0.9385	0.9689	0.7833	0.8808	0.9813	0.9723	0.9527
C_Garden	0.9296	0.8374	0.9577	0.7976	0.9179	0.9734	0.8995	0.8885	0.9819	0.9695	0.9737
Church	0.9156	0.8596	0.9503	0.7385	0.8763	0.9674	0.8688	0.8320	0.9870	0.9813	0.9349
Farmhouse	0.9428	0.8280	0.9760	0.7296	0.9450	0.9766	0.9155	0.8618	0.9788	0.9807	0.9580
House	0.8049	0.8003	0.9196	0.7198	0.8867	0.8578	0.9046	0.8377	0.9005	0.9134	0.9012
Kluki	0.9319	0.8906	0.9323	0.8807	0.9341	0.9484	0.9223	0.9282	0.9391	0.9428	0.9311
Lamp	0.8043	0.7269	0.9451	0.5733	0.9054	0.9212	0.9062	0.5756	0.9376	0.9309	0.8661
Landscape	0.9624	0.9252	0.9914	0.9045	0.9423	0.9837	0.9618	0.9620	0.9764	0.9747	0.9822
Lau	0.9302	0.8654	0.9418	0.8481	0.9128	0.9647	0.9125	0.9214	0.9615	0.9490	0.9640
L_house	0.9521	0.8807	0.9706	0.8820	0.9472	0.9185	0.9582	0.9571	0.9261	0.9599	0.9536
M_Capitol	0.8534	0.7594	0.9298	0.5747	0.8659	0.8476	0.8520	0.5999	0.9280	0.9471	0.9371
Mask	0.9352	0.8581	0.9649	0.8055	0.9188	0.9797	0.9220	0.8816	0.9756	0.9673	0.9623
Office	0.9178	0.9457	0.9627	0.8696	0.9439	0.9640	0.9442	0.9224	0.9450	0.9773	0.9747
Ostrow	0.9052	0.9271	0.8941	0.9186	0.9280	0.9474	0.9256	0.9434	0.9532	0.9662	0.9526
Room	0.9366	0.8851	0.9084	0.8647	0.9007	0.9438	0.8936	0.9048	0.9646	0.9673	0.9431
Set	0.9527	0.9290	0.9739	0.9303	0.9475	0.9615	0.9524	0.9649	0.9656	0.9821	0.9709
Studio	0.8839	0.6901	0.8993	0.6243	0.8957	0.9255	0.8352	0.7524	0.9347	0.9170	0.9115
Tower	0.9405	0.8678	0.9541	0.8183	0.9201	0.9766	0.9265	0.9223	0.9780	0.9563	0.9574
Venice	0.9020	0.8372	0.8848	0.7970	0.8952	0.9321	0.8445	0.9016	0.9500	0.9360	0.9558
Window	0.9281	0.8821	0.9381	0.7960	0.9236	0.9647	0.8881	0.8849	0.9705	0.9713	0.9561
Y_Hall	0.9742	0.9591	0.9830	0.9577	0.9677	0.9600	0.9668	0.9633	0.9477	0.9902	0.9849
平均值	0.9094	0.8467	0.9449	0.7726	0.9212	0.9459	0.9000	0.8513	0.9533	0.9597	0.9472

9.5 本章小结

本章提出了一种基于生成对抗网络的多曝光融合框架,解决了两个核心问题:①对抗网络中生成网络的构建,为了验证它对融合结果图像的影响,采用 ResNet、VDSR、DRRN、DenseNet 这四种网络进行验证;②误差损失函数的定义。为了验证其有效性,选择 SGAN、LSGAN、RGAN、RaLSGAN 和 RaGAN 五种损失定义,通过公用的 24 组多曝光图像序列,利用多种评价指标(EG、MI、Entropy 和 SD 等)对所提出的框架进行对比和分析,得出 VDSR+RaGAN 能够获得较稳定的结果且优于一些经典的多曝光图像融合算法。由于对抗生成网络的研究空间较大,探索更好的用于多曝光图像融合框架中的损失函数定义将成为今后的研究重点。

参考文献

第**10**章

总结与展望

10.1 总结

人类的视觉系统具有卓越的视觉信息处理能力。目前,生物学、视觉认知科学等领域的学者对人类的视觉系统进行了全面而且富有成果的研究。知觉恒常性作为人类视觉系统中重要的功能之一得到了计算机视觉研究者的广泛关注。如果能够使计算机视觉系统拥有类似于人类视觉系统的恒常性功能,必将大幅提高计算机视觉系统的稳定性。本书的目标就是将知觉恒常性中最基础的颜色恒常性引入计算机视觉系统中,使计算机视觉系统对光照造成的颜色变化具有很好的稳定性。另外,多曝光图像融合的目的是根据多幅不同曝光的图像序列融合生成一幅高质量的图像进行显示,并使显示的内容符合人眼对场景的视觉感知。针对如何更好地实现真实场景在普通显示设备上的再现,本书对计算机视觉中的颜色感知进行了深入研究,并取得了如下成果。

1. 基于树结构联合稀疏表示的多线索光照估计算法

目前,大多数光照估计算法仅仅根据图像的单个线索信息进行,例如二值化颜色直方图或简单的图像统计信息(如平均 RGB)。大多数现有的光照估计方法仅使用以下 3 种线索之一进行估计:①低层 RGB 颜色分布;②中层初始光源估计值;③高层场景内容的知识(如室内场景和室外场景类别信息)。本书所提出的光照估计算法在树结构的组联合稀疏表示(TGJSR)框架内同时结合了多个线索(Multi-Cue,MC)所提供的信息。在 TGJSR 中,训练数据被分组为子组树。在未知光源下的测试图像,其特征由分组训练数据构建的联合稀疏表示模型重建,然后根据联合稀疏表示模型所得到的权重估算测试图像的光照估计值。实验表明,所提出的算法具有较好的性能。作为一个通用框架,TGJSR 框架还可以很容易地扩展,可以包含将来可能发现的用于光照估计的新特征或线索。

2. 基于纹理相似性的自然图像的颜色恒常性融合算法

对于自然图像,如何针对给定的图像选择一种最优的颜色恒常性算法或者融合现有算法获得最好的光照估计结果成了颜色恒常性计算中的一个重要问题。最近有学者指出,自然图像的纹理特征是图像颜色恒常性算法选择的重要依据。根据这个结论,本书提出了一种基于纹理相似性的自然图像的颜色恒常性算法。首先,利用威布尔分布的参数描述自然图像的纹理特性;然后在综合考虑图像的全局纹理特征和局部纹理特征的基础上,根据纹理相似性为图像选取最合适的颜色恒常性算法或者算法组合。在大量自然图像上的实验表明,这种颜色恒常性算法的选择或融合方案是有效的,能够很好地提高自然图像的颜色恒常性计算的准确度。

3. 自然场景光照估计融合算法的评价

本书对各种光照估计融合算法根据它们是否需要监督训练以及是否依赖于高级场景内容指导(如室内还是室外)进行了分类,使用 4 个不同的误差度量,在 3 个真实图像集上进行了全面比较。此外,评估还包括具有多个光源的场景的结果。为了测试的一致性,根据图像的高层语义特征(如场景的三维几何特征、室内或室外类别)对图像进行标记,并且可以在线获取此标记数据。实验表明,经过训练的融合算法(尤其是基于支持向量回归的光照估计融合算法)明显优于非融合算法和基于场景高层语义特征指导的融合算法。

4. 基于亮度感知理论的 HDR 场景再现算法

色调映射算法的目标是真实地再现人类视觉系统对自然场景的感知,即为计算机视觉提供符合人眼视觉特性的理想图像。如果人类视觉系统对亮度的感知特性能融入色调映射算法中,则可能会提供更适合于人眼感知的高质量图像。因此,基于 HVS 的视觉特性的色调映射方法得到了研究者的广泛关注,成为 HDR 图像处理研究的一个重要课题。本书探索了如何利用双锚亮度感知理论有效地实现 HDR 图像的动态范围压缩,使其结果图像更加符合 HVS 的视觉感知。首先,根据亮度把图像分解为暗区、可视区和亮区 3 个区域;然后确定像素所属框架对其的影响程度,并由“双锚”原理计算得出每个框架中的 2 个锚定值;最后构建压缩算子以实现动态范围压缩。同时,为了更好地再现 HDR 场景内容,使其接近真实场景带给人眼的视觉感受,本书提出了在对亮度通道进行动态范围压缩的同时,对 HDR 图像的色度信息进行颜色校正的并行处理机制。通过大量实验验证了所提出算法是有效的,其结果图像能够保留更多的细节信息,并且很好地表现出了真实场景原有的整体明暗效果。

5. 基于稀疏表示和可平移复方向金字塔变换的多曝光融合

在多曝光融合算法中,用什么样的特征描述一幅图像的细节信息是该领域需要解决的关键问题之一。为了解决这个问题,研究者提出利用稀疏表示理论描述图像边缘、方向等显著信息,在稀疏表示框架的基础上实现多曝光融合。目前,通用相机获取的图像通常是高分辨率的,整幅图像作为输入会导致基于该框架的多曝光融合算法的时间复杂度较高,从而限制了其应用。本书提出结合稀疏表示框架和多尺度分解的框架实现多曝光融合,利用通过多尺度分解得到的低频图像近似模拟原始图像,并利用"原子利用率"设计一种融合规则,实现稀疏表示理论框架的低频信息融合处理。对于高频图像,利用像素点的邻域信息作为衡量标准的融合策略,可以获取更多的图像边缘和纹理信息。

6. 一种端到端深度学习框架下的多曝光图像融合方法

传统的多曝光融合算法通常需要解决两个关键问题:图像特征表示和融合规则设计。现有的融合方式大多是分别解决这两个问题以达到融合目的。本书从另外的角度出发,利用卷积神经网络研究一种端到端的多曝光融合算法,所谓端到端,指的是图像特征表示和融合规则一并利用网络学习的方式得到,而不是分开设计。另外,在卷积神经网络中的卷积层针对某一个像素,通常选择以该像素为中心的 N 邻域像素作为卷积操作的结果,没有考虑邻域外更多的像素对该像素的影响,如果想利用更多邻域像素,则在设计网络时可以使用大的卷积核参数,但是会导致网络过于复杂,参数过多,影响算法性能。本书提出将原始图像先通过下采样的方式得到多个子图像,这样可以利用原来 N 邻域以外更多的像素进行卷积处理,可以提升融合效果。

7. 基于生成对抗网络的多曝光图像融合框架

本书提出了一种基于生成对抗网络的多曝光融合框架。为解决深度卷积神经网络带来的各种问题,在融合框架中,生成网络结构采用递归残差网络,目的是在不损失图像质量的前提下,构建模型参数更少、计算复杂度更低、网络结构更紧凑的模型结构,使多曝光图像融合方法在实际生活中更好地被应用。实验中,为了验证生成网络对融合结果图像的影响,采用 ResNet、VDSR、DRRN、DenseNet 这四种网络进行对比和分析。通过公用的 24 组多曝光图像序列,利用多种评价指标(EG、MI、Entropy 和 SD 等)对所提出的框架进行了验证对比,得出 VDSR＋RaGAN 能够获得较稳定的结果且优于一些经典的多曝光图像融合算法。另外,多曝光图像融合的输入图像序列的个数往往不确定,这就限制了许多现有生成对抗网络的应用。本书提出了一种层间共享权重卷积层,可以解决输入不确定的问题。不管图像序列包含多少幅图像作为输入,在经过层间共享卷积操作后都可以得到固定数量的特征图,该特征图将作为后续网络的输入。

10.2　展望

随着计算机硬件的发展和多媒体软件技术的不断进步,人们对高质量的图像的要求日益提高。本书针对自然场景如何在普通显示器上得到最优输出的关键技术进行了初步研究。今后的研究方向集中在以下几个方面。

1. 多曝光图像样本集的构建

在多曝光图像融合算法的研究中,目前使用深度学习的方法模型仍然较少,这是由于深度学习方法大多都是有监督学习,且多曝光图像融合的可用训练样本较少的缘故。如何使用少数样本进行训练与构建多曝光图像融合训练样本集是下一步研究的一项工作。

2. 算法参数的自适应学习

目前本书实现的算法大多还需要一定程度的人工干预,虽然可以通过预先设置参数值的方法使用户不需要进行参数调节,但这样不能保证对每幅图像都能达到理想的处理效果。因此算法参数的自适应学习也将是下一步的研究重点。

3. 融合评价标准的研究

对于多曝光融合图像,虽然已有一些客观评价标准,但都不是最完善的,如何制定一个更高效、更有针对性的评价指标也是一个有待解决的问题。

4. 户外复杂光照条件下的颜色恒常性计算

户外复杂光照条件作为多光照的一个特殊情况,主要存在两种光源——太阳光(Sunlight)和天空光照(Skylight),因此可以进一步增加颜色恒常性的限制条件。由于户外光照下的颜色恒常性计算具有较强的实用意义和应用前景,因此将成为未来颜色恒常性计算研究的热点,也是将来要关注的一个研究问题。

5. 基于 GAN 的多曝光图像融合模型构建

基于 GAN 的多曝光图像融合框架关于生成对抗网络模型应该进行更多的实验分析,从而找出影响融合效果的潜在因素,构建模型参数更少、计算复杂度更低、网络结构更紧凑的模型结构,这也是今后需要进一步研究的内容。